国家林业和草原局普通高等教育"十三五"规划教材

高等院校林产化工专业系列教材

林特产品化学与利用

蒋建新　主编

王立娟　王宗德　李湘洲　副主编

中国林业出版社
China Forestry Publishing House

内容简介

《林特产品化学与利用》是国家林业和草原局普通高等教育"十三五"规划教材,根据林特产品近年来的发展现状和研究成果,结合各校相关课程讲义编制而成。全书共8章,第1章天然树脂,第2章树胶及黏胶,第3章木本油脂及蜡,第4章植物精油,第5章植物色素,第6章林区食用植物加工利用,第7章化妆品用植物加工利用,第8章木本药用植物加工利用。本书不仅可作为高等院校林产化工、经济林等专业本科生、研究生的教材,还可供林学、农学、有机化学、材料学等相关专业的科技工作者使用。

图书在版编目(CIP)数据

林特产品化学与利用 / 蒋建新主编;王立娟,王宗德,李湘洲副主编. -- 北京:中国林业出版社,2024. 8. -- (国家林业和草原局普通高等教育"十三五"规划教材)(高等院校林产化工专业系列教材). -- ISBN 978-7-5219-2765-8

Ⅰ. TQ351.01

中国国家版本馆 CIP 数据核字第 2024RX4227 号

策划编辑:杨长峰　吴　卉　肖基浒
责任编辑:曹　阳
责任校对:梁翔云　倪禾田
封面设计:睿思视界视觉设计

出版发行	中国林业出版社
	(100009,北京市西城区刘海胡同7号,电话 83223120　83223611)
电子邮箱	cfphzbs@163.com
网　　址	https://www.cfph.net
印　　刷	北京中科印刷有限公司
版　　次	2024年8月第1版
印　　次	2024年8月第1次印刷
开　　本	787mm×1092mm　1/16
印　　张	15.5
字　　数	383千字
定　　价	48.00元

《林特产品化学与利用》编写人员

主　　编：蒋建新
副 主 编：王立娟　王宗德　李湘洲
参编人员：（以姓氏拼音为序）
　　　　　程习闯（河南工业大学）
　　　　　段久芳（北京林业大学）
　　　　　韩春蕊（北京林业大学）
　　　　　吉　骊（北京林业大学）
　　　　　蒋建新（北京林业大学）
　　　　　雷福厚（广西民族大学）
　　　　　李湘洲（中南林业科技大学）
　　　　　梁铁强（河北农业大学）
　　　　　王立娟（东北林业大学）
　　　　　王　堃（北京林业大学）
　　　　　王宗德（江西农业大学）
　　　　　徐　伟（临沂大学）
　　　　　张　骥（江西农业大学）
　　　　　周　军（中南林业科技大学）
　　　　　朱莉伟（北京林业大学）

前　言

特产资源独特的功用与特质使特产资源加工利用的增值幅度远远高于传统农林副产品，对提高农林业经济效益有重要意义。特产资源有相当一部分品种来源于野生，适应性强，耐贫瘠，耐恶劣气候，对生长环境要求较低，无需过多占用农垦土地，而且有利于生态环境的保护。农林特产资源因其具有显著的经济性而在国民经济中占有重要地位。自国家发布"十五"科技计划以来，特产资源高效利用与产业化技术研究先后列入国家科技攻关计划、国家科技支撑计划和国家重点研发计划。自国家实施天然林资源保护工程以来，林特产资源和林特产品得到了大力开发和利用。在由传统林业向现代林业的转变过程中，林特产品已经成为林业产业体系的重要组成部分，是林区经济发展的新的增长点和林区职工致富的重要来源，林特产品在乡村振兴战略中发挥着重要作用。

我国农林特产资源总量居世界前列，但人均资源占有量远远低于世界平均水平。特产资源具有很强的地域性，某地区适宜特色产品生长的自然资源禀赋条件，直接决定了农林特产资源可持续利用的深度与广度。虽然特产资源种类众多，发展阶段各不相同，但都需要先进行化学或物理的粗加工，再加工成精制品，这一过程需要相关领域人员具备系统的化学知识。

本教材根据林特产品发展现状，结合南京林业大学及其他学校课程讲义，将主要林特产品分成八大类进行叙述。第1章天然树脂，包括橡胶、杜仲胶、银菊橡胶和生漆；第2章树胶及黏胶，包括树胶及黏胶的化学组成及结构性质、应用，主要树胶及黏胶植物及其采收、加工利用；第3章木本油脂及蜡，包括油料的主要化学组成、油脂和脂肪酸的化学特性、油脂的分离与精炼、我国重要的木本油脂及蜡；第4章植物精油，包括植物精油理化性质、提取与精制、制品与应用，我国主要木本精油与木本芳香植物；第5章植物色素，包括植物色素的理化性质、提取分离及加工，主要植物色素及资源；第6章林区食用植物加工利用，包括浆果、山野菜和食用菌；第7章化妆品用植物加工利用，包括化妆品植物功能分类及化学组成、有效成分强化提取技术，主要化妆品植物资源的应用；第8章木本药用植物加工利用，包括木本药用植物采集加工、提取物制备、分离纯化及应用实例。

林特产品存在着加工利用水平差异性大和发展不平衡等问题，本教材力求体现重要的林特产品及较为先进的加工技术和研究成果。

本教材第1、2章由王堃、蒋建新、徐伟、段久芳编写，第3章由蒋建新、程习闯、雷福厚编写，第4章由王宗德、张骥编写，第5章由李湘洲、周军编写，第6章由王立娟、梁铁强编写，第7章由吉骊、蒋建新、韩春蕊编写，第8章由王立娟、朱莉伟、梁铁强编写,全书由蒋建新统稿并任主编,王立娟、王宗德和李湘洲任副主编。

  本教材从酝酿到完稿历时3年,由来自7所高等院校相关专业的15位骨干教师共同完成。由于参编人数较多,编写时间仓促,作者水平所限,书中难免有不妥和错漏之处,祈盼广大读者批评、指正。

编 者

2024年7月

目 录

前 言

第1章 天然树脂 (1)
1.1 天然树脂的概念及分类 (1)
1.2 橡胶 (2)
1.3 杜仲胶 (16)
1.4 银菊橡胶 (20)
1.5 生漆 (22)
复习思考题 (29)
推荐阅读书目 (29)

第2章 树胶及黏胶 (30)
2.1 概述 (30)
2.2 树胶及黏胶的化学组成及结构性质 (32)
2.3 树胶与黏胶的应用 (41)
2.4 主要树胶及黏胶植物及其采收、加工利用 (44)
复习思考题 (55)
推荐阅读书目 (55)

第3章 木本油脂及蜡 (56)
3.1 概述 (56)
3.2 油料的主要化学组成 (61)
3.3 油脂和脂肪酸的化学特性 (69)
3.4 油脂分离与精炼 (73)
3.5 我国重要的木本油脂及蜡 (80)
复习思考题 (90)
推荐阅读书目 (91)

第4章 植物精油 (92)
4.1 概述 (92)
4.2 植物精油理化性质 (95)
4.3 植物精油提取与精制 (100)
4.4 植物精油制品与应用 (111)
4.5 我国主要木本精油与木本芳香植物 (118)

  复习思考题 (127)
  推荐阅读书目 (127)
第 5 章　植物色素 (128)
  5.1　植物色素的基本概念 (128)
  5.2　植物色素理化性质 (132)
  5.3　植物色素提取分离及加工 (134)
  5.4　主要植物色素及资源 (139)
  复习思考题 (154)
  推荐阅读书目 (154)
第 6 章　林区食用植物加工利用 (155)
  6.1　概述 (155)
  6.2　浆果 (157)
  6.3　山野菜 (162)
  6.4　食用菌 (168)
  复习思考题 (172)
  推荐阅读书目 (172)
第 7 章　化妆品用植物加工利用 (173)
  7.1　概述 (173)
  7.2　功能分类及化学组成 (175)
  7.3　有效成分强化提取技术 (189)
  7.4　主要化妆品植物资源的应用 (194)
  复习思考题 (203)
  推荐阅读书目 (203)
第 8 章　木本药用植物加工利用 (204)
  8.1　概述 (204)
  8.2　采集加工 (208)
  8.3　提取物制备 (215)
  8.4　提取物的分离纯化 (216)
  8.5　应用实例 (224)
  复习思考题 (230)
  推荐阅读书目 (230)

参考文献 (231)

第 1 章

天然树脂

1.1 天然树脂的概念及分类

天然树脂通常是指由植物(少数由动物)获得的树脂,有些是树木的生理分泌物(常伴生精油,如松脂),有些是已死树木的分泌物埋在土中而转化成的物质(如柯巴树脂),或是昆虫吮吸植物后植物的分泌物(如紫胶)。天然树脂的特点是受热时变软,可熔化,在应力作用下有流动倾向,一般不溶于水,而能溶于醇、醚、酮及其他有机溶剂。天然树脂常温下是固态、半固态,有时也可是液态的有机聚合物。树脂非化学名称,是在相当程度内具有类似物理性质的物质的总称。树脂的状态与是否来源于植物无关,甚至与化学结构无关。天然树脂的非晶质状态是由多种不同化学结构的化合物并存,阻止了物质结晶而导致的。

天然树脂的种类很多,如松香、柯巴树脂、榄香脂、山达脂、乳香、生漆等。天然树脂是多种复杂物质的总称,因此它的分类方法有很多,如根据主要化合物的性质、植物生理学标准、树脂的物理状态等进行分类。

(1)根据主要化合物的性质进行化学分类

单宁性树脂:指含有单宁醇酯的树脂,包括安息香树脂属(安息香、芦手苏合香、芦荟胶、吐鲁香脂等)和伞形科树脂属(桉树胶、格蓬树胶、白芷香等);

中性树脂:以含有中性物为特征,包括橄榄科树脂(榄香、麦加香脂、乳香、没药等)、漆树科树脂(乳香等)和龙脑香科树脂(龙脑香、达玛树脂、古芸香脂等);

树脂酸酯脂:指不含酯类而含大量树脂酸的树脂,包括现代针叶树树脂(山达脂、罗汉松树脂、南洋杉树脂、加拿大冷杉香脂、斯特拉斯香脂、俄勒冈香脂、马尾松树脂、海松树脂、云杉树脂、落叶松树脂、松香等)、近世化石松柏门树脂(贝壳杉珂珀、马尼拉珂珀等)和针叶树化石树脂(琥珀等);

树脂醇树脂:指含有醇性羟基树脂醇的树脂,如愈创木酯等;

脂肪树脂：指结构中含有羟基脂肪酸的树脂，如紫梗、马达加斯加胶质紫胶等；

酶树脂：指树脂中含有生物酶，能促进酚类化合物氧化，如生漆等；

糖树脂：指树脂中含有碳水化合物，水解后产生半乳糖和阿拉伯糖等，如紫茉莉树脂等。

（2）根据植物生理学标准进行生理分类

生理树脂：植物于固有状态之中生成的树脂，如乳香、山达脂等；

病理树脂：植物受伤后生成的树脂，如苏合香、秘鲁香脂、榄香等。

（3）根据树脂的物理状态进行分类

硬树脂：指固体树脂，如安息香、松香、琥珀、乳香、山达脂、海松树脂等；

黏性胶质树脂：指具有黏性的树脂，如藤黄、白芷香、没药、加尔香脂、桉树胶等；

软树脂：指含有精油而成液体或半液体状的树脂，如松清、苏合香、秘鲁树脂、古芸香脂、加拿大冷杉香脂等。

由于松脂、紫胶等天然树脂有专业教材进行介绍，本书就橡胶、杜仲胶、银菊橡胶、生漆等重要的天然树脂进行介绍。

1.2 橡胶

橡胶一词来源于印第安语"cau-uchu"，意为"流泪的树"。天然橡胶是三叶橡胶树割胶时流出的胶乳经凝固、干燥后制得。

1.2.1 天然橡胶的主要来源

橡胶树是天然橡胶的主要来源。橡胶树属于大戟科橡胶树属大乔木，常见的橡胶树有：边沁橡胶（*Hevea benthamiana*）、巴西橡胶（*Hevea brasiliensis*）、坎普橡胶（*Hevea camporum*）、圭亚那橡胶（*Hevea guianensis*）、小叶橡胶（*Hevea microphylla*）、光叶橡胶（*Hevea nitida*）、疏花橡胶（*Hevea pauciflora*）、硬叶橡胶（*Hevea ridigifolia*）和色宝橡胶（*Hevea spruceana*）。根据各国橡胶树品种的育成情况，主要推荐的可大规模种植的品种见表1-1。

表1-1 主要橡胶国家大规模种植的橡胶品种

国别	马来西亚	印度尼西亚	泰国	印度	中国	斯里兰卡	科特迪瓦	尼日利亚
适合大胶园种植的品种	'RRIM600' 'PR255' 'RRIM712' 'PR261' 'PB217' 'GT1' 'PBIG/GG2' 4及5,6种植园种植	'GT1' 'AV2037' 'PR107' 'PR228' 'LCB1320'（无风区），'LCB479'（低海拔无条溃疡病区），'PR255' 'PR261' 'PR300' 'PR303' 'WR101' 'BPM1'	'RRIM600' 'GT1' 'PB5/51' 'PR107'	'RRIM600' 'GT1' 'RRII105' Arisar公司种植园种植	'RRIM600' 'GT1' 'PR107' '云研1'（有寒害地区），'湛试93-114'（有冻害地区）	'PRIC100' 'PRIC102' 'PB28/59' 'PB217' 'PB86'	'GT1' 'PB235' 'PB217' 'PB5/51'	'RRIM600' 'GT1' 'PB5/51' 'PR107' 'PRIM623'

(续)

国 别	马来西亚	印度尼西亚	泰国	印度	中国	斯里兰卡	科特迪瓦	尼日利亚
适合小胶园种植的品种	'GT1' 'PB217' 'PR255' 'PR261' 'RRIM600' 'RRIM712'	'GT1' 'AV2037' 'PR107' 'PR228' 'PR255' 'PR261' 'PR300' 'PR303' 'BPM1'	'GT1' 'RRIM600' 'PR107' 'PB5/51'	'RRIM600' 'GT1' 'RRII105'	'RRIM600' 'GT1' 'PR107' '云研1' '湛试93-114'	'PRIC100' 'PRIC102' 'PB217' 'PB28/59' 'PB86'	'GT1' 'PB235' 'PB217' 'PB5/51'	'GT1' 'RRIM600' 'PRIM623' 'PB5/51' 'PR107'

1.2.2 天然橡胶的生物合成

一般认为天然橡胶是顺式构型的异戊二烯多聚体，最近的研究表明，橡胶链中双键不全是顺式构型，也存在一定的反式构型（图1-1）。

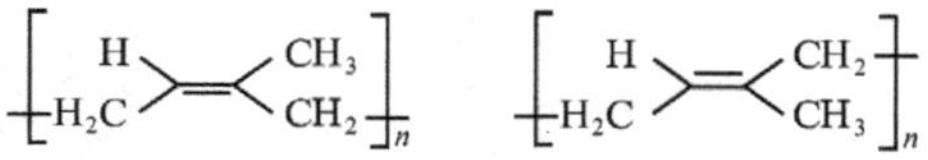

$$\left[\begin{array}{c}H\\H_2C\end{array}\!\!>\!\!=\!\!<\!\!\begin{array}{c}CH_3\\CH_2\end{array}\right]_n \quad \left[\begin{array}{c}H\\H_2C\end{array}\!\!>\!\!=\!\!<\!\!\begin{array}{c}CH_2\\CH_3\end{array}\right]_n$$

图1-1 顺式和反式聚异戊二烯结构

1.2.2.1 天然橡胶的前体

①乙酸和丙酮酸　胶乳能把乙酸掺入橡胶，并且含有把 ^{14}C 标记的乙酸盐生成橡胶所需的全部酶系和辅因子，但掺入率仅为1%；丙酮酸的掺入率更低，原因：一是排胶时线粒体滞留在乳管壁，排出的胶乳中缺乏线粒体；二是在乙酸转化为乙酰CoA的过程中或较后的步骤中存在代谢障碍；三是离体胶乳中，乙酸很快转化为乙醇和乳酸，而不是转化为橡胶。

②乙酰CoA　胶乳能把乙酰CoA掺入橡胶，并具有转化乙酰CoA为乙酰CoA和3-羟基-3-甲基戊二酰CoA所需要的酶系。

③3-羟基-3-甲基戊二酰CoA（HMG-CoA）　50%的 HMG-CoA-3-^{14}C 可掺入橡胶且直接用于橡胶合成，HMG-CoA还原酶的活性远小于其他酶，因此该还原步骤是橡胶合成的限速步骤。

④甲羟戊酸　胶乳能转化甲羟戊酸为高分子橡胶，胶乳中存在使甲羟戊酸经5-磷酸甲羟戊酸和5-焦磷酸甲羟戊酸转化为异戊烯焦磷酸所需要的酶。

⑤异戊烯焦磷酸（IPP）　胶乳乳清中存在IPP异构酶，而且IPP的双键具有亲核反应性和亲电子性，能够被催化转化为二甲基烯丙基焦磷酸（DMAPP），进而生物合成橡胶，掺入率高达97%。DMAPP的碳氧键电离，产生阳离子中心，袭击IPP的外甲乙基中可得到的电子，从而消除质子，形成一个含 C_{10} 的烯丙基焦磷酸，进一步与另一个IPP缩合形成含 C_{15} 的产物。如此反复，最后形成多聚异戊二烯，其中IPP异构酶用于发动碳链伸长反应，橡胶转移酶控制碳链长度。

1.2.2.2 天然橡胶的生物合成途径

由乙酰CoA生物合成橡胶的化学过程如图1-2所示。

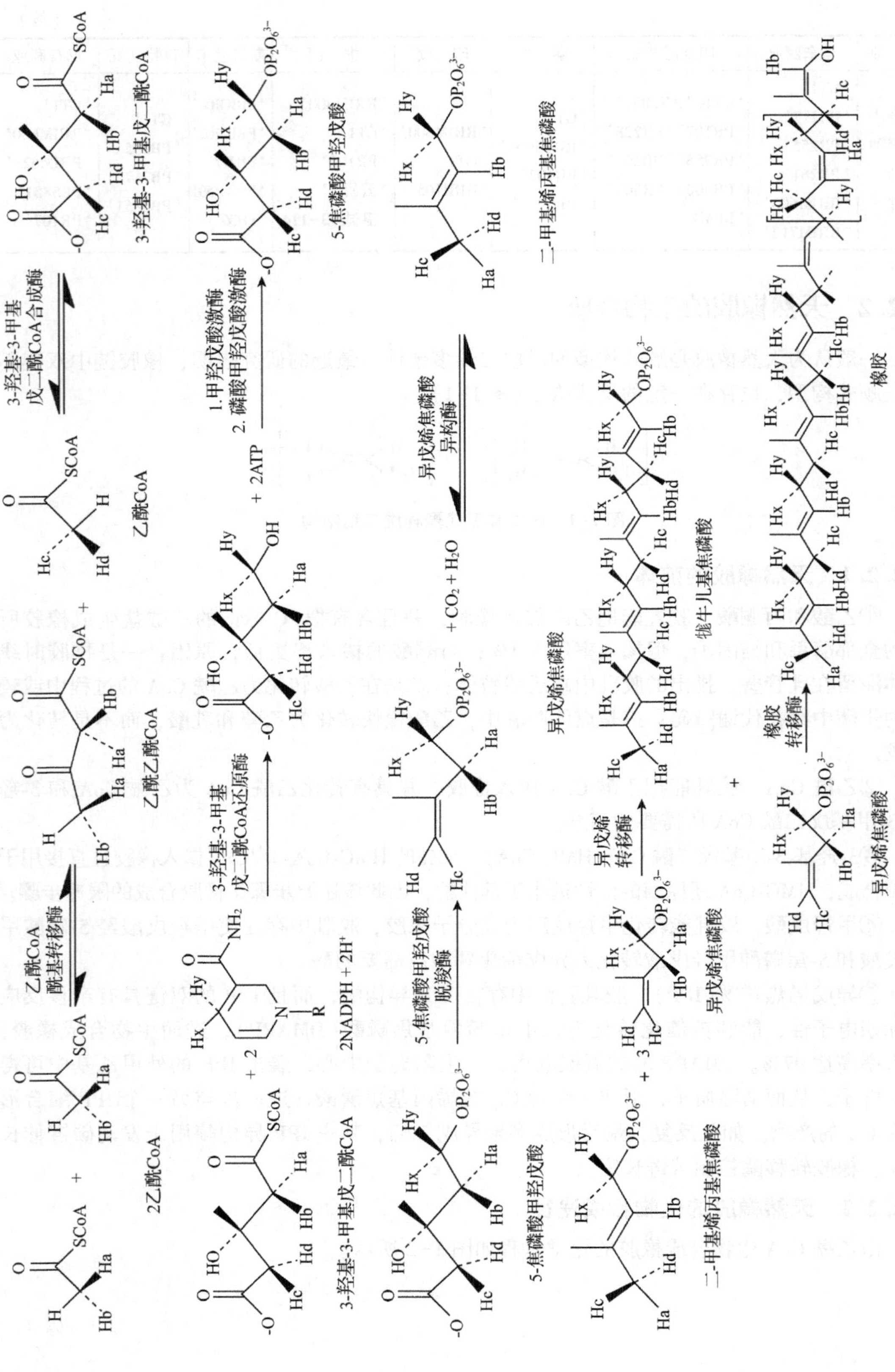

图 1-2 天然橡胶的生物合成途径

1.2.2.3 橡胶生物合成的调节

橡胶的生物合成过程具有自身调节的功能,主要的调节因子有:

①酶 胶乳的 HMG-CoA 还原酶活性会随着时间而发生变化,日落时的酶活性约为白天的2倍,而胶乳中橡胶含量也有类似的变化,表明该酶是橡胶生物合成过程中的限速酶。

②辅因子 HMG-CoA 还原酶催化反应的速率与还原剂 NADPH 的水平密切相关,且橡胶转移酶的活性受 Mg^{2+} 等离子浓度的影响。

③植物生长激素和生长调节剂 乙烯是有效的刺激增产剂。不论是外施、内源还是用于诱导的乙烯,都能显著提高胶乳的排泌量。

④合成抑制剂 胶乳乳清中含有一种相对分子质量约为 $5×10^4$ 的热变性蛋白质,其等电点约为4.7,可通过阻断聚合反应起到橡胶合成抑制作用。

⑤胶乳的 pH 值、硫醇和抗坏血酸 胶乳的酸碱性具有生物化学的"自动稳定器"作用,介质中的酸碱变化都会显著刺激对 pH 值敏感的酶,从而不同程度地影响酶的活性,进而影响橡胶的合成。生理浓度的硫醇能激活胶乳代谢中关键酶的酶促反应,有利于异戊二烯的聚合。硫醇和抗坏血酸能保护乳管细胞进行正常和有效的代谢活动。

1.2.3 橡胶的产胶和排胶

1.2.3.1 橡胶树的产胶潜力和产胶量

橡胶是一种高能物质,其热量相当于同重量木柴的2~2.5倍。橡胶树产胶所需的有机原料是靠树叶的光合作用获得的。7龄实生橡胶树一年生长复叶约6 170枚,有小叶片约1.85万张,叶面积约132 m^2。全树冠平均光合强度为1.13 g $CO_2/(m^2·h)$。根据公式

$$每日同化 CO_2 量 = (全树冠平均光合强度 \times 叶面积) \times 每日光合时数$$

可计算这棵7龄实生橡胶树每日同化 CO_2 量为1 788 g,相当于1 220 g 葡萄糖。

橡胶树的净光合产物用于产胶的比例可用以下公式进行计算:

$$分配率 = \frac{年产干胶量 \times 2.5}{地上部年干重增长量 + 年产干胶量 \times 2.5}$$

未经选择的实生橡胶树,每日同化 CO_2 量用于产胶的比例仅为5%左右,而选育的现代高产无性系橡胶树的产胶比例高达25%~30%。通过进行不断的选育工作,一些优良品种的橡胶产量提高了5~6倍,一个商业性胶园的产量一般可达到2 000 kg/hm^2。橡胶树一旦开割投产,每年可以连续收获100~150次,经济寿命期20年以上。胶乳是通过割伤树皮取得的,割次、当月/年的产量对橡胶树的总产胶量都有影响,妥善处理当前与长远产量、高产和稳产的关系非常重要。橡胶树的产量受多种因素影响。研究影响橡胶产量的各种因素和它们间的相互关系,采取相应措施,可有效提高橡胶产量(图1-3)。

1.2.3.2 橡胶树的排胶

胶乳在橡胶树的乳管里形成并贮藏,割断乳管或刺穿乳管壁使胶乳流出的过程称为排胶。割胶时割掉部分树皮,切断其中的乳管,胶乳外流汇集在割线上,通过导胶"鸭舌"导

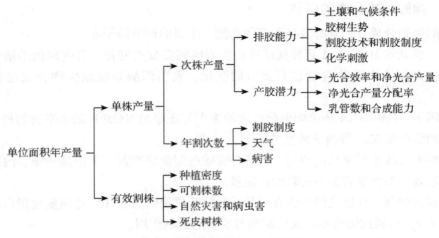

图 1-3 影响橡胶树产胶量的因素

入胶杯。割后前 5~10 min 内胶乳外流很快,含胶量高,随时间推移胶乳排出的速度减慢,含胶量下降,最后停止排胶(表 1-2)。胶乳在割线上凝固形成的一条窄带称为胶线,胶线覆盖在割线上用于保护割口内皮层的各种组织成分。整个排胶过程一般历时 2~3 h,但受多种因素影响排胶时间会延长或缩短。

表 1-2 割胶不同时段的排胶量及干胶含量

项 目	排胶时段/min				
	0~15	16~30	31~60	61~90	90 以上
排胶量占当天排胶总量/%	41~52	20~24	16~26	6~8	极少
干胶含量/%	32~34	29~31	26~27	23~25	

乳管中的胶乳浓度较高,会从邻近的细胞中不断吸水膨胀,产生压力压向乳管壁。由于乳管壁有一定伸缩性,且受乳管周围细胞的挤压不能无限制地扩大,致使乳管内膨胀压升高,导致胶乳停止从周围邻近细胞中继续吸水,直至处于相对平衡状态。这时乳管充满胶乳,浓度稳定,压强为 1 013.3~1 418.6 kPa。割胶时切断乳管或割掉乳管口的胶塞,割口的压力消失,胶乳便从割口流出,乳管内的膨胀压也随之下降,排胶不到 10 min 乳管内的压强便降至约 202.7 kPa。离割口越远的位置胶乳排出的量越少,膨胀压下降越小,从而在乳管中形成梯度压强差,促使胶乳不断地流出。当乳管壁收缩到原有的不再收缩的状态时,膨胀压推动胶乳移动的力量消失。同时,胶乳具有一定的黏滞性,在乳管中流动时与乳管壁发生摩擦,胶乳流动受到阻滞,当推动胶乳流动的力量与胶乳的滞性和摩擦力相等时,胶乳就不再位移,排乳过程结束。割胶后,胶乳的排出和位移打破了割胶前乳管与其邻近细胞的水分平衡,乳管便从其周围细胞中吸水使胶乳稀释,浓度下降,这一过程称为"稀释效应"。随着渗透值下降,乳管的吸水能力逐渐降至与邻近细胞相当时,稀释作用终止,胶乳浓度又趋于稳定。

1.2.4 天然橡胶的性质

1.2.4.1 胶乳的组成

然胶乳是组分复杂的多分散体系，分散相是橡胶粒子、非橡胶粒子，分散介质是乳清。

(1) 橡胶粒子

橡胶粒子的大小及其在乳清界面的成分和结构，对胶乳的胶体稳定性有着重要的影响。因为界面自由能的大小反映了胶乳的热力学稳定性，胶粒的布朗运动、表面吸附作用、扩散性质和聚集倾向等都与胶粒的大小和界面层的性质有着密切的关系。橡胶胶粒的结构基本可分为3层，其内层和中间层都是由橡胶烃分子的聚集体组成，但内层的橡胶分子聚合度较小，呈黏稠的液态，能溶于乙醚，称为溶胶；中间层的橡胶分子聚合度较大，可能还有支链或交联结构，为具有弹性的固体，不溶于乙醚，称为凝胶。在一定条件下，溶胶和凝胶可以相互转化。外层胶粒为保护层，主要含蛋白质(磷蛋白等)和类脂物(磷脂等)并可能以复合的状态存在。

测定胶粒大小最常用的方法是电子显微镜观测法，其他如肥皂滴定法、沉降分析法和光散射法都需要通过电子显微镜的测定结果进行校正。电子显微镜测量时必须先用溴化法或者四氧化锇处理胶乳，使胶粒硬化，避免胶乳干燥过程中胶粒变形，造成测量误差。经测试，鲜胶乳胶粒的大小为 $0.02 \sim 2~\mu m$，约 10% 的粒子大于 $0.2~\mu m$，平均粒径约为 $0.1~\mu m$ 且分布不均匀。

(2) 非橡胶粒子

天然胶乳中的非橡胶粒子主要有3种，目前对它们的结构、性质等研究相对较少。

①FW 粒子　这种粒子的外观呈球形，颜色有黄、橙、棕等，折光率和相对密度都比橡胶粒子的大，平均直径为 $1 \sim 3~\mu m$，主要由脂肪和其他类脂物组成。

②黄色体　这种粒子是一种形状不规则的黏性胶状物体，直径为 $2 \sim 10~\mu m$，因其多少带有黄色而称之为黄色体。黄色体主要是蛋白质与类脂物的复合体，其外部裹着一层半透明的极薄而复杂的膜，内部为一种无色的胶体，含有钙、镁等阳离子，苹果酸、柠檬酸，以及多酚氧化酶和酯酶等酶类物质。

③含纤维状物质的粒子　这种粒子含有纤维物质的选附体，使纤维排列成一组、两组，偶尔还有三组的定向纤维，而这些纤维又是由成束的微纤维组成。研究表明，这些微纤维差不多全是由蛋白质组成，每根微纤维围绕一空心轴紧密地圈成连续的螺旋线，螺旋的直径为 12.5 nm，螺距为 10 nm，空心轴直径为 3 nm，螺旋壁的厚度大约为 5 nm。

1.2.4.2 胶乳的胶体性质

(1) 电学性质

将直流电通过胶乳时，可以用光学显微镜观察到胶乳的分散相粒子均向阳极移动，并沉积于此电极上，说明分散相粒子带有相同的负电荷。正是由于同性电荷间相互排斥阻碍了胶乳中粒子的聚集，提高了胶乳的热力学稳定性或聚集稳定性。

(2) 动力学性质

在光学显微镜 1 000 倍视野下可观察到稀释的胶乳中分散相粒子呈现连续不规则的"布

朗运动",这是分散相粒子受周围做热运动的水分子撞击的结果。由于分散相粒子做"布朗运动"相互碰撞克服了重力对它的影响,故能均匀地扩散于分散相之中,提高了胶乳的动力学稳定性,但是分散相粒子之间的碰撞又有降低其热力学稳定性的趋势。当分散相粒子具有的动能超过粒子间相互排斥的势能时,分散相粒子便会丧失聚集稳定性而互相聚集。

(3)光学性质

将一束光线透过稀释胶乳时,在光束垂直方向上可以观察到在光的前进路线上出现一个发光的圆锥体,称为丁达尔圆锥,这种出现明显乳光的现象即为丁道尔现象。这是由于分散相粒子比入射光的波长小,产生了光散射的结果。丁达尔现象曾用来推测胶乳粒子的数目和大小,对胶体科学的发展起到了一定的推动作用。

1.2.4.3 胶乳的化学成分

胶乳的化学成分非常复杂,除了含有橡胶烃和水之外,还含有种类繁多的其他物质,这些物质统称为非橡胶物质。虽然非橡胶物质的量较少,但是对胶乳的性质、商品胶乳和生胶的工艺性能和应用性质影响很大。组成胶乳的物质和它们在胶乳中的含量不是固定不变的,往往随着橡胶树品种、树龄、气候、土壤条件、割胶制度、季节、化学刺激等的不同而变化,这也是天然胶乳差异性较大的原因。主要成分含量的变化见表1-3。

表1-3 胶乳的主要成分

成分	橡胶烃	水	非橡胶物质				
			蛋白质	类脂物	水溶物	丙酮溶物	无机盐
含量/%	20~40	52~75	1~2	1左右	1~2	1~2	0.3~0.7

(1)橡胶烃

橡胶烃是指纯的橡胶,即异戊二烯的线性顺式异构物,平均相对分子质量范围为3 400 000~10 200 000,其中主链上存在大量的C—C单键,两个C原子可绕单键自由旋转;尽管主链上的C=C双键不能旋转,但它隔开了邻近的单键,减少了单键旋转时的互相干扰,使橡胶具有良好的弹性。同时,由σ键与π键共轭形成的C=C双键容易极化,使邻近的基团(特别是α位的次甲基)变得非常活泼,容易被硫化和其他化学改性。但是,由于π键易断裂,C=C双键化学活性强,导致天然橡胶耐热性和耐氧化性差。

(2)水

水在胶乳中占胶乳重的52%~75%,一小部分分布在胶粒和乳清界面,形成一层水化膜,使胶粒不易聚集,起到保护胶粒的作用;另一小部分与非橡胶粒子结合,构成一些内含物(尤其是黄色体);其余大部分则成为非橡胶物质均匀分布的介质,构成乳清。因此,水是胶乳分散体系中整个分散介质的主要成分。胶乳含水量的多少,对胶乳性质,特别是稳定性有一定影响。在其他条件相同的情况下,胶乳含水量越大,意味着胶粒之间的距离越大,相互碰撞的频率越低,胶乳的稳定性越高。

(3)非橡胶物质

除橡胶烃和水之外,胶乳中还有约5%的非橡胶物质,根据它们的化学性质大体可分为以下几类:

①蛋白质 含氮的高分子有机化合物。虽然蛋白质的种类繁多且复杂,但是元素组成

却很相近,除了氮以外,主要有碳、氢、氧及可能存在的硫、磷等元素。由于蛋白质含氮量的平均值为16%,且胶乳中的含氮物质绝大部分为蛋白质,一般将测得的胶乳含氮量乘以6.25作为胶乳的蛋白质含量。胶乳的蛋白质含量占胶乳重的1%~2%,其中约20%的蛋白质分布在胶粒表面,是胶粒保护层的重要组成物质,66%的蛋白质溶于乳清,其余的则与胶乳底层部分相连。经分离和测定,胶乳中含有的蛋白质有α-球蛋白、橡胶蛋白、微纤丝蛋白、碱性蛋白质和糖蛋白等。

蛋白质除了对胶乳稳定性有显著影响外,对橡胶性能也有较大影响。一方面,它的分解产物可以促进橡胶硫化,提高橡胶的定伸应力,延缓橡胶老化,改善橡胶制品的耐用性;另一方面,它又具有较强的亲水性,能增加橡胶及其制品的吸水性和导电性,容易霉变,不利于制作绝缘性的电工器材。装入铁桶的浓缩胶乳有时产生颜色变灰的现象,就是由于胶乳中含硫蛋白质分解产生硫,硫进一步与铁反应生成黑色的胶状硫化铁所造成的。如前所述,蛋白质是胶粒保护层的组成物质之一,浓缩胶乳在贮存过程中由于蛋白质缓慢水解,胶粒失去其保护作用,从而使乳清离子强度增加,浓缩胶乳的稳定性降低。

② 类脂物 由脂肪、蜡、甾醇、甾醇酯和磷脂组成的化合物,不溶于水,主要分布在橡胶相,少量存在于底层部分和FW粒子中。胶乳中类脂物的总量约为0.9%,其中大部分(0.6%)是磷脂(甘油磷酸的长链脂肪酸酯,结构如下),其磷酸根可与胆碱、胆胺酯化,或者与金属磷脂酸盐的一个金属原子相结合。

$$\begin{array}{c} H_2C-O-\overset{O}{\overset{\|}{C}}-R \\ HC-\overset{O}{\overset{\|}{C}}-R' \\ H_2C-O-\overset{\|}{\underset{OH}{P}}-O-R'' \end{array}$$

式中,R 和 R′ 是长链烃基。R″是胆碱($-CH_2-H_2C-\overset{OH}{\underset{CH_3}{N}}$)时,此磷脂为卵磷脂;如果 R″为胆胺基($-CH_2-H_2C-NH_2$),则该磷脂为脑磷脂。R″也可以是金属磷脂酸盐的金属离子。

尽管胶乳的类脂物含量因橡胶树品系不同而不同,但磷脂含量约为干胶重的1%,与橡胶树的品质无关。甘油三酸酯是橡胶相中中性类脂的主要成分,而游离脂肪酸和β-谷甾醇异构体则是底层部分中性类脂的主要成分。乳胶磷脂的表面活性度很高,是类脂物中与蛋白质形成胶粒保护层的主要物质,对保持胶乳稳定性起着重要作用。铵胶乳在贮存过程中机械稳定性的升高,就是由于类脂物释放出的高级脂肪酸生成了铵皂,在胶粒表面起着保护胶体的作用。

③ 丙酮溶物 能溶解于丙酮的物质统称为丙酮溶物,主要成分有油酸、亚油酸、硬脂酸、甾醇和甾醇酯,含量占胶乳的1%~2%。经分析,丙酮溶物中分离出的液体甾醇、α-生育酚和γ、α、σ-三烯生育酚都是橡胶的天然防老剂。以最为重要的防老剂三烯生育酚为例,防老效果以 σ 型最好、γ 型次之、α 型较小。

④ 水溶物 一切能溶于水的物质统称为水溶物,含量占胶乳的1%~2%,主要成分有

白坚木皮醇(甲基环已六醇)、环己六醇异构体、蔗糖、葡萄糖、半乳糖、果糖以及可溶性的无机盐和蛋白质,主要分布在乳清相。从橡胶树流出的胶乳不含挥发性脂肪酸,但是其所含的糖类受需氧细菌的氧化作用后会产生乙酸、甲酸、丙酸等挥发性脂肪酸,因而这些挥发性脂肪酸的含量标志着胶乳受细菌降解程度的高低,也一定程度上反映了胶乳稳定性的高低。因此,可以说水溶物是间接影响胶乳稳定性的成分。

1.2.4.4 胶乳的物理性质

(1)胶乳浓度

胶乳浓度通常用胶乳中干胶含量或总固体含量表示。干胶含量是指胶乳中被乙酸凝固出来的干物质的百分率,而总固体含量是指胶乳除去水分和挥发物后的干物质的百分率。两者的主要成分都是橡胶以及少量的非橡胶物质,相比而言,总固体含非橡胶物质较多,因此同一胶乳测得的总固体含量必定比测得的干胶含量高。胶乳的干胶含量随着胶树品种、树龄、季节、割胶强度、化学刺激等的不同而不同。一般来说,幼龄树、雨季、强度割胶、乙烯利刺激、接近停割时所得的胶乳,浓度较低。胶树长期休割后重新开割时,胶乳干胶含量高,一般可达45%左右,割胶2~3周后才逐渐降低至正常浓度。

胶乳浓度的测定对控制生产具有重要意义。在制造生胶时,胶乳浓度是控制胶乳凝固浓度以获得软硬适中凝块的重要参数,便于压片、造粒和干燥等操作;胶乳浓度也是生产浓缩胶乳以及胶乳制品过程中控制生产、保证产品质量的重要因素。

测定胶乳干胶含量的方法较多,最准确的方法是加酸凝固法,但是该测定方法操作繁杂、历时较长。为了迅速测定胶乳浓度,生产上广泛采用准确度比加酸凝固法差,但基本符合要求的快速总固体法或相对密度法。快速总固体法是根据胶乳干胶含量(R)与总固体含量(T)之比接近一个常数(K),事先求得 K 的数值,然后只要把预测胶样置于酒精灯或煤油炉上快速烘干,得出总固体质量,再由 $K=R/T$ 的关系式即可测定干胶含量。相对密度法是预先求出胶乳相对密度与干胶含量的关系,届时用相对密度计测定胶样的相对密度,即可得知胶乳的干胶含量。由于胶乳中的橡胶、水和非橡胶物质的介电常数差别较大,应用微波通过胶乳时衰减量(即吸收量)不同的原理设计了微波胶乳测试法,该方法具有测定速度快(每人每小时可测100~150个胶样)、准确度高(最大绝对误差不超过0.5%)、操作简单、不受外来因素的影响的特点。

(2)相对密度

物质的相对密度是指该物质的质量与相同体积水的质量的比值,或两者密度之比。胶乳是由许多物质组成的,组成胶乳的各种物质都有自己的相对密度,所以胶乳的相对密度实质上是组成胶乳各种物质的相对密度的加权平均值。例如,把胶乳看成由橡胶和乳清两部分组成,以橡胶的平均相对密度(0.914)和乳清的平均相对密度(1.02)为依据,便可由下式的胶乳相对密度(ρ)推求胶乳的干胶含量(P):

$$P=\frac{879.5}{\rho}-862.3$$

由上式可知,胶乳的相对密度越大,干胶含量越低。

(3)黏度

液体的黏度是一液层相对于另一液层移动时的阻力,是液体流动时阻力大小的量度。

对于某些液体来说，在很宽的应力范围内所得的黏度不变，称之为牛顿流体。如果液体的黏度随剪切应力不同而改变，则称为非牛顿流体。天然胶乳是非牛顿流体，这是因为水分子围绕胶粒定向排列而形成水化膜，致使这些水分子失去了运动自由，导致胶乳黏度增大（增大部分称为结构黏度）。胶乳在静置时黏度较大，但搅拌后黏度变小，这一性质称为胶乳的触变性。

胶乳的黏度随各种因素的影响而变化。经长期休割后重新开割胶树所得的胶乳，其黏度一般较低，2~3周后才恢复正常。幼龄树胶乳因胶粒较小，它比大胶粒胶乳所固定的水分子多，水化程度高，故黏度较大。胶乳浓度越高，内部阻力越大，黏度因而越高，当干胶含量达到50%以上时，黏度急剧增加。温度升高可使胶乳黏度明显降低，而且胶乳浓度越高，受温度的影响越大。加氨能使胶乳黏度降低，这主要是由于黄色体分解，改变了胶乳结构所致。当氨含量达到0.05%后，胶乳黏度受氨含量的影响变小。

（4）表面张力

液体表面的分子因受周围不平衡分子的吸引力作用，有被液体内部分子牵引向内的趋势，使液体表面尽可能收缩至最小值，这种使液面收缩并沿着液面的力称为表面张力。表面张力的方向总是与液面相切，如果液面是弯曲的，表面张力就在这个曲面的切面上。天然胶乳含有较多能降低水表面张力的物质，即所谓表面活性物质，如蛋白质、磷脂、脂肪酸等，使胶乳的表面张力大大低于水的表面张力。胶乳的表面张力受温度、干胶含量和外加物质等因素的影响。温度升高时胶乳的表面张力降低，这是由于胶乳液面上的蒸汽密度随温度上升而增大，胶乳液面分子被上拉的引力也加大，因而抵消了一部分下拉的引力。更主要的是，温度上升时分子动能增大，有碍于表面分子的整齐及紧密排列，因而内聚力减低，表面张力减小。此外，胶乳被稀释时，其表面张力随干胶含量的降低而下降；加氨稀释后，表面张力亦显著降低，这可能是促进了非橡胶物质分解，释放出表面活性物质的缘故。

（5）电导率

溶液的电导率，也称作比电导，是单位体积内所含溶液的电导，是其电阻的倒数。胶乳在室温下的电导率一般为0.4~0.5 S/m。胶乳的电导率主要与其橡胶含量、乳清离子强度和温度有关。橡胶含量越高，带电荷的胶粒越多；乳清离子强度越大，即非橡胶物质离解出的离子数量和价数越多，导电能力越强，因而导电率越大。温度升高时，因胶乳黏度减小，胶粒和离子的运动速度加快，则电导率也增加。胶乳加氨后因有铵盐生成，电导率升高；经透析后去掉电解质，导电率又会下降。储存不当的胶乳，因非橡胶物质受细菌分解作用的影响，电导率显著增加，也因此作为鉴定胶乳质量的一种手段。

1.2.5 胶乳变质

从橡胶树割口流出的胶乳，放置一段时间后黏度慢慢增加，逐渐散发出一种似臭鸡蛋的气味，逐渐出现小凝粒继而变成豆腐花状，最后凝固成豆腐一样的凝块，这个过程称作胶乳变质或自然凝固。胶乳从橡胶树流出后，如不做适当处理，一般经过6~12 h就会产生明显变质或凝固。胶乳变质的根本原因是非橡胶物质发生了变化。

①细菌　从各种天然胶乳分离出的菌株达1 000种以上，但是这些细菌都不是胶乳本身固有的，而是割胶、收胶过程中从外界感染而来的。胶乳的糖类被细菌利用后，转化成

各种酸类，主要是挥发性脂肪酸，也有乳酸、琥珀酸等。刚从橡胶树流出的胶乳的 pH 值在 6.8 左右。由于细菌不断产酸，橡胶粒子双电层减薄、ζ 电位降低、稳定性下降、pH 值也不断减小。直到溶液接近等电点时，互相碰撞的胶粒便连接在一起，胶乳就产生凝固的现象。

②酶 胶乳中的酶有些是本身固有的，有些则是由于细菌活动产生的。例如，对胶乳自然凝固影响较大的蛋白分解酶就是来源于细菌，而凝固酶则是割胶前已存在于胶乳中的。前者将胶粒保护层的蛋白质分解；后者使蛋白质变性，导致其亲水性大大降低。这些反应均可引起胶乳凝固。变质胶乳会发臭是因为胶乳中的某些细菌和酶分解了胶乳的蛋白质、磷脂等物质，产生各种挥发性物质。例如，胱氨酸、半胱氨酸等含硫氨基酸分解后产生的硫化氢、硫醇；色氨酸分解后产生的吲哚、甲基吲哚；磷脂分解产生的三甲胺；等等。

③不溶性肥皂 胶乳在酶的作用下，其类脂物会释放出高级脂肪酸。这些酸因表面活性度较大，会取代部分蛋白质而被吸附在橡胶粒子上。如果胶乳中存在钙、镁等离子时，这些离子便与脂肪酸反应，生成钙皂或镁皂。这类皂不溶于水，因而使胶粒脱水而引起胶乳凝固。

综上所述，胶乳自然凝固的主要原因是细菌和酶引起了非橡胶物质的改变。此外，加速胶乳变质还有雨冲、高温、抽叶/开花期、强度割胶、化学刺激、橡胶树品种等原因。

1.2.6 通用胶乳的生产

天然胶乳因在工艺上成膜性能好、凝胶强度高、易于预硫化，所得制品兼具优良弹性、较高的拉伸强度、较大的扯断伸长率等物理机械性能，应用范围非常广泛，尤其在浸渍制品方面，是合成胶乳无法匹敌的。从橡胶树流出的新鲜胶乳，含水量及非橡胶物质较多，既不易保存，又不利久贮、运输，还不能适应多种胶乳制品的工艺要求。因此，一般新鲜胶乳都需经过防腐和浓缩处理，制成浓度更高的浓缩胶乳（即商品胶乳），而后再用作橡胶制品的工业原料。现在生产的通用浓缩胶乳，按制备和保存方法有 3 种浓缩方法和六种保存体系（表 1-4）。

表 1-4 各种通用浓缩胶乳的类型、浓缩方法和保存体系

方 法	干胶含量/%	类 型	保存体系
离 心	60	高 氨	0.7%氨
离 心	60	低氨-五氯酚钠	0.2%氨+0.2%五氯酚钠
离 心	60	低氨-硼酸	0.2%氨+0.2%硼酸+0.05%月桂酸
离 心	60	低氨-ZDC	0.2%氨+0.1%二乙基二硫代氨基甲酸锌(ZDC)+0.05%月桂酸
离 心	60	低氨-TZ	0.2%氨+0.013%二硫化四甲基秋兰姆(TT)+0.013%氧化锌+0.05%月桂酸
膏 化	60~66	高 氨	0.7%氨
蒸 发	60~70	固定碱	0.05%氢氧化钾+2%肥皂

1.2.6.1 离心浓缩胶乳

离心浓缩胶乳是用高速离心机浓缩新鲜胶乳而得的商品胶乳，具有生产周期短、生产

效率高、浓度易控制、胶乳纯度高、黏度低、质量较稳定、适应性广等特点,在各种商品胶乳中约占总产量的90%。

由于胶乳中橡胶粒子的相对密度(约0.91)小于乳清(1.02),在静置过程中胶粒上浮、乳清下沉,产生相对速度(U)。根据斯托克斯定律(Stocks Law):

$$U=\frac{2}{9}g(D-d)\frac{r^2}{\mu}$$

可知:该速度受乳清黏度(μ)、乳清密度(D)、胶粒密度(d)、胶粒半径(r)及重力加速度(g)的共同影响。

在重力沉降条件下,由于胶粒与乳清密度相差不大,胶粒半径很小,且胶粒在乳清中做着不规则的布朗运动,加之胶粒保护层具有的亲水性和阴电荷,严重阻碍着胶粒的分离,胶粒与乳清的分离速度极慢。因此,采用离心浓缩法,利用高速离心机产生比重力加速度大得多的离心加速度作用于胶乳,极大地加快胶粒与乳清的分离速度。在胶乳本身的条件一定时,胶粒与乳清分离的速度取决于离心机转鼓的半径(R)和转速(n),即

$$U=\frac{2}{9}(39.44n^2R)(D-d)\frac{r^2}{\mu}$$

可见,R和n的值越大,分离速度越快。

现在广泛使用的胶乳浓缩离心机通过产生11018×g的相对离心力,使胶乳分离浓缩成商品胶乳,基本生产工艺如图1-4所示,主要包括过滤、澄清、离心和积聚等工序。

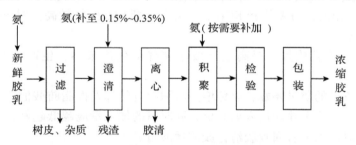

图1-4 离心浓缩胶乳生产工艺流程

低氨胶乳同高氨胶乳相比,具有显著的优势:①低氨胶乳使用时可免去除氨工序,不仅降低了胶乳制品的生产成本,还降低了对周围环境的污染;②氨含量低对直接操作工人的身体危害小;③胶乳表面结皮倾向较小,损耗的胶料相应降低;④添加的保存剂都是不挥发的杀菌剂,使用时不必另加防腐剂;⑤抗冻性优越;⑥易于同丁苯胶乳掺和,掺和后的增稠效应较小。低氨胶乳的主要缺点是化学稳定性一般较低,配料后再加热时,黏度增加较快,因而不宜用加热法制造硫化胶乳。目前,国际市场出售的低氨胶乳几乎都是以0.2%氨作主要保存剂的离心浓缩胶乳。因氨含量低,不足以完全杀灭或抑制胶乳中的细菌和酶,还要另加其他保存剂和稳定剂以达到长期保存胶乳的目的。常见的有以下4种:

①硼酸低氨胶乳　添加的硼酸可以使胶乳的氧化还原电势保持氧化态,有效抑制微需氧菌。同时,硼酸还与胶乳中的糖类结合,阻碍葡萄糖和氨基酸的络合,从而抑制细菌的分解作用。但是,硼酸对胶乳机械稳定性产生不利影响,常作为第二保存剂使用,实际应用中再添加少量月桂酸类稳定剂以消除硼酸对胶乳的不利作用。生产过程中,通常是先将

硼酸溶于稀氨水中制成20%的硼酸铵溶液加入浓缩胶乳，再加入0.05%的月桂酸铵并将胶乳氨含量调到0.2%。硼酸低氨胶乳具有无毒、胶膜颜色浅、KOH值高等特点，但是化学稳定性较低，硫化速率较慢，不耐长期贮存，需要通过适当的配方来克服其缺陷。

②五氯酚钠低氨胶乳　五氯酚钠是杀菌能力很强的杀菌剂，加入浓缩胶乳后会有部分被吸附在橡胶粒子表面，使胶乳稳定性明显提高，因此无需另加稳定剂。生产过程中，通常先将五氯酚钠配置成20%的水溶液，再按胶乳重量的0.2%~0.3%进行添加，最后将胶乳氨含量调至0.2%。五氯酚钠低氨胶乳具有稳定性高的特点，但是因五氯酚钠毒性强，对人的皮肤和呼吸器官的刺激性大，不宜用来制造输血胶管、奶嘴等橡胶制品。

③二乙基二硫代氨基甲酸锌（Zinc diethyldithiocarbamate，ZDC）低氨胶乳　ZDC具有杀菌性能，但也会降低胶乳的机械稳定性，因此作为保存剂时需另外添加稳定剂。生产过程中，通常先配置40%~50%的ZDC水分散液以及20%的月桂酸水溶液，当浓缩胶乳从离心机流出后按干胶重加入0.03%的月桂酸铵，再加入0.1%的ZDC，最后将胶乳氨含量调到0.2%。由于ZDC可作为硫化促进剂，故制作橡胶制品时可不加或少加硫化促进剂。

④二硫化四甲基秋兰姆（Tetramethylthiuram disulfide，TT）-氧化锌（ZnO）低氨胶乳　TT是杀菌剂，ZnO是毒酶剂，二者联合使用对胶乳保存效果极好，但ZnO会降低胶乳机械稳定性，也要另外添加稳定剂。生产过程中，通常先将TT、ZnO混合研磨后制成33%的水分散液，按0.02%加入新鲜胶乳中，当浓缩胶乳从离心机流出后加0.05%的月桂酸铵和一定量的TT/ZnO分散液，使TT、ZnO分别占胶乳重的0.013%，最后将胶乳氨含量调至0.2%。这种胶乳基本上是无菌的，VFA值和KOH值均较低，机械稳定性较高，用来制造海绵制品时发泡和胶凝性能较好。

为了保证浓缩胶乳质量、提高生产效率和降低生产成本，生产离心浓缩胶乳时要注意：

①进料新鲜胶乳的质量要好，以免增高浓缩胶乳的挥发性脂肪酸值。新鲜胶乳须经过适当澄清除去较重杂质后才能进入离心机，同时氨的加入量应越低越好，这样既可以节约氨的用量，又可以极大节省回收胶清橡胶的耗酸量。

②离心机的调节螺丝主要用来控制浓缩胶乳的浓度，调节螺丝越长，浓度越低，但制成率较高；离心机的调节管主要用来控制每小时新鲜胶乳的处理量，口径越大，处理量越多，但橡胶损失也相应增加。调节管浓缩胶乳的浓度随每班离心机开机时长的增加而降低，非橡胶固体含量随每班离心机开机时长的增加而增大，故应适当控制每班离心机的运转时间。

③浓缩胶乳流入储罐后要及时补充保存剂，以免浓缩胶乳变质。此外，进行质量检验前必须将胶乳搅拌均匀后再取样。

④所有与胶乳接触的容器、用具，均应采取不易污染胶乳的措施进行处理。

1.2.6.2　膏化浓缩胶乳

膏化浓缩胶乳是用适量膏化剂使保存鲜胶乳浓缩而得的胶乳，具有设备简单、投资少、动力消耗小等优点，缺点是浓缩胶乳的变异性大、杂质含量多、生产周期长、产品质量较难控制。如前所述，橡胶粒子的相对密度小且胶粒直径小，容易受水分子撞击力的影响而不易与乳清分离。但是通过在胶乳中加入膏化剂（如藻酸铵），夺去胶粒吸附层的水，使胶粒聚集，增大有效半径。当聚集体增大到不再受水分子撞击力的影响，就会在重力的作用下快速上浮，与乳清分离，在胶乳表面形成干胶含量很高的乳膏（即膏化浓缩胶乳），下层则为含橡胶粒子很少的乳清（即膏清）。应该注意的是，胶粒的聚集现象是可逆的，搅拌后乳膏又重新分散至整个胶乳。整个分层过程可分为3个阶段：

①诱导期　即膏化剂加入胶乳至开始有膏清出现的时间，约3 h。在此过程中，膏化剂均匀分布于胶乳中并对橡胶粒子产生作用，使其聚集，提高橡胶粒子的有效粒径，使其布朗运动减弱而趋于上浮。

②作用期　即胶粒开始上浮到分清速度开始减慢的时间，约24 h。初期生成的聚集体较大，上升速度快，单位时间内分出的乳清也多。随着生成的聚集体分布范围逐渐减小，且上层乳膏因浓度增大而黏度增加，胶粒上升速度减慢，分清速度也趋于缓慢。

③终止期　由于聚集体所占体积明显减少，而上层胶乳浓度显著增加，聚集体向上位移的速度不断减小，直至胶乳不再分清。这段时间实际上是很长的，如果不进行特殊处理，甚至在膏化浓缩胶乳运送至用户手中时还会继续分清，称为"后膏化"。

膏化浓缩胶乳基本的生产工艺流程如图1-5所示，主要包括过滤、澄清、膏化和积聚等工序。

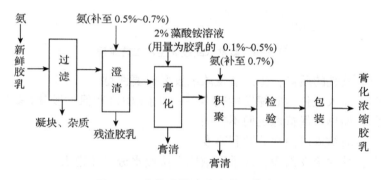

图1-5　膏化浓缩胶乳生产工艺流程

为了保证浓缩胶乳的质量，尤其是浓度，生产膏化浓缩胶乳时要注意：

①选择适当的膏化剂。工业生产上多选用藻酸铵作膏化剂，因为其膏化效能好、用量低、颜色浅、杂质少，对膏化胶乳的条件要求不严，并且货源充足，价格适宜。膏化剂应密封贮存于干燥通风处，以免吸潮发霉，降低使用效能，并且使用时须临时配置，避免由于水解导致的膏化效能降低。膏化剂的用量要适宜，过多不仅增加生产成本，而且使浓缩胶乳浓度及其他质量达不到规定要求；过少会使在膏清中的橡胶损失过多，甚至胶乳不发生膏化。一般将4 d之内浓缩胶乳干胶含量达58%以上，膏清干胶含量低于2%作为确定膏化剂适宜用量的依据。

②新鲜胶乳不宜马上膏化，须放置一段时间让胶粒保护层发生一定变性，使膏化过程较容易且完全地进行。膏化剂溶液比胶乳密度大，两者混合时必须充分搅拌，以保证膏化效果。温度对橡胶胶乳的密度、黏度以及橡胶粒子的粒径都有一定的影响，温度越高，诱导期越短，膏化速度越快，浓缩胶乳的浓度越高。因此，在低温胶乳膏化困难时，可采取加热升温的办法，改善膏化效果。

③膏化罐要求在容量一定的情况下高度越小越好，降低胶粒上升距离，在胶粒上升速度相同的条件下提高膏清的分出率。

1.2.6.3 蒸发浓缩胶乳

蒸发浓缩胶乳是用加热法除去保存在新鲜胶乳中的大部分水分而得的浓缩胶乳，具有浓度高（最高总固体含量可达72%以上）、胶粒大小的范围较宽、黏合表面面积大、机械和化学稳定性高、胶膜耐老化性能好等优点。这种浓缩方法的原理非常简单，就是利用间接蒸汽加热含有稳定剂的新鲜胶乳，使其所含水分大部分变成水蒸气而挥发出去，剩下浓度很高且稳定的蒸发浓缩胶乳，基本生产工艺流程如图1-6所示，主要包括过滤、混合、浓缩和积聚等工序。

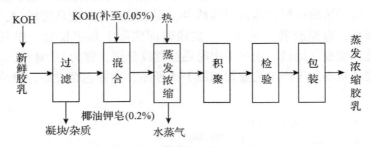

图1-6 蒸发浓缩胶乳生产工艺流程

为了保证浓缩胶乳的质量，生产蒸发浓缩胶乳时要注意：

①在浓缩前应加入适量的非挥发性碱类（一般用KOH）和保护胶体（多用椰油钾皂）作稳定剂，使胶乳在加热时保持稳定而不凝固。

②避免胶乳表面结皮以便水分顺利蒸发。

③尽量增大胶乳的蒸发面积，或采取减压方法使水分迅速逸去。

1.3 杜仲胶

杜仲（*Eucommia ulmoides*）是中国特有的名贵经济树种，为杜仲科落叶乔木，原产于我国，主要分布在湘、鄂西部，蜀北和滇黔东北部。杜仲的树叶、籽、树皮和果皮中均富含一种白色丝状物质，就是杜仲胶。在国外被称作古塔波胶[因其来自东南亚热带雨林的古塔波树（*Palaquium gulla*）而得名]或巴拉塔胶[因其来自南美的巴拉塔树（*Mimusops balala*）而得名]。

1.3.1 杜仲胶的分子结构及特性

杜仲胶具有独特的橡塑二重性，是一种优质的高分子材料，与天然橡胶化学组成完全相同，但与天然橡胶的顺式聚异戊二烯不同，杜仲胶的主要的分子结构为反式聚异戊二烯（图1-1）。由于在杜仲胶分子结构中，次甲基位于C=C双键的两侧，相较而言原子排列比较对称，分子也能较为规整地融入晶体结构中，因此杜仲胶与橡胶的物理化学性能相差很大。杜仲胶在室温下为固态，具有坚韧性，是一种结晶性硬质塑料，易于结晶，其熔点为 60 ℃，密度为 0.95~0.98 g/cm³，其平均相对分子质量为 160 000~173 000。杜仲胶纯胶，在 10 ℃时开始结晶，在 40~50 ℃开始软化并表现出弹性，在 100 ℃软化时具有可塑性，但冷却后可恢复原来的性质。

杜仲胶不溶于酮和低级醇等极性较大的有机溶剂，可溶于芳香烃、氯代烃以及热的石油醚、正己烷、环己烷等相似的烃类溶剂中，热的乙酸乙酯也能使杜仲胶发生溶胀和溶解。由于分子结构中存在碳碳双键，使得杜仲胶在硝酸和热的浓硫酸中不稳定，容易发生硝化反应和磺酸化反应，但在氢氟酸、NaOH 及浓盐酸溶液中较稳定。此外，由于存在不饱和键，杜仲胶受到光照易断链，特别是紫外光照射，还能与空气中的氧气发生氧化还原反应。但双键赋予杜仲胶硫化交联能力，较高的结晶度使杜仲胶具备优异的机械强度，故可以通过硫化改性使杜仲胶成为弹性体材料，同时还可对其进行环氧化和其他官能化改性。

1.3.2 杜仲胶的结晶性能

杜仲胶的结晶性能是杜仲胶独有的特性。杜仲胶具有两种晶型，即 α-晶型和 β-晶型（图 1-7），它们的熔点分别是 62 ℃和 52 ℃。X 射线衍射分析表明，α-晶型属于单斜晶系（Monoclinic），$P2_1/C$ 空间群，链直线群 P_C，晶胞参数 $a_0 = 0.789$ nm，$b_0 = 0.629$ nm，$c_0 = 0.877$ nm，$\beta = 102°$；β-晶型属于正交晶系（Orthorhombic），$P2_12_12_1$ 空间群，链的直线群为 P_1，晶胞参数 $a_0 = 0.778$ nm，$b_0 = 0.117\ 8$ nm，$c_0 = 0.422$ nm，$\alpha = \beta = \gamma = 90°$。$\alpha$-晶型晶体的等同周期比 β-晶型的长 1 倍，其大分子空间排列结构如图 1-7 所示，同时杜仲胶分子长链的结构中碳–碳双键之间有 3 个单键，可以自由旋转，属于柔性链范畴。

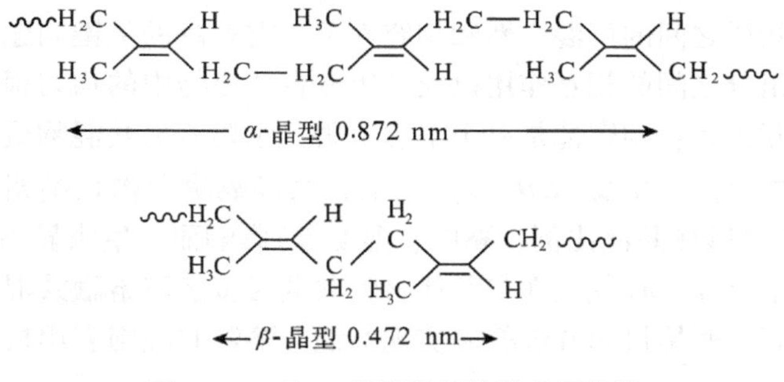

图 1-7 α 和 β-晶型杜仲胶的分子结构

1.3.3 杜仲胶的提取技术

与天然橡胶不同，杜仲胶被包裹于植物组织中，不能自然流淌出来，必须采用物理、化学及生物等方法提取出来。近年来，杜仲胶的提取工艺已由过去的污染严重且提胶效率较低的碱处理法，发展出了有机溶剂提取法、生物酶解法和微生物发酵法等方法。此外，提取原料也从过去的以杜仲树皮为主，扩大到了杜仲叶和杜仲翅果。

早期杜仲胶的提取采用的碱处理法工艺是用碱水解法破除细胞壁的木质素使胶丝暴露出来的一种提取方法，因其工序繁多复杂、费时、费力、物耗大、生产成本高，产生的碱废液污染环境，目前已经废弃不用。溶剂提取法具有省时省力、溶剂可循环利用、不会产生废液污染等优点，是目前杜仲胶提取的主要方法，主要采用的溶剂有石油醚、正己烷、甲苯、苯、二氯乙烷、乙醇等。微生物发酵法是较安全的一种提取方法，利用枯草芽孢杆菌（*Bacillus subtillis*）和放线菌（*Actinomycetes*）等微生物将植物组织作为碳源，利用微生物生长过程中产生的生物酶降解植物组织的生理过程，对杜仲组织进行销蚀腐化；同时，微生物生长过程中没能产生可降解聚异戊二烯聚合物的生物酶，对杜仲胶无降解能力，从而使杜仲胶丝游离出来。由于微生物对杜仲植物组织的利用有限，其销蚀作用只能对植物组织起到一定疏解作用，在用水冲击、分离杜仲胶丝与腐化的植物组织时会带走部分胶丝，因而杜仲胶的回收率不高且发酵过程费时、占地面积大。生物酶解技术是利用生物酶对植物组织进行针对性的降解，工艺条件温和，可以同时保持杜仲胶原生结构和杜仲天然药物成分的生理活性，因此可实现杜仲胶和药物资源的一体化综合提取及利用，这对提高杜仲的综合经济价值和降低杜仲胶的生产成本具有重大意义。

1.3.4　杜仲胶的改性

杜仲胶具有优异的绝缘、耐酸碱、疏水等特性，但也存在着室温下弹性不佳、与其他材料的相容性差、耐候性差等诸多缺点，限制了其在功能性橡胶领域的应用。因此，为了改善并增强杜仲胶的分散性、弹性、机械强度及可加工性能，对其进行改性修饰是一种必要的手段。

1.3.4.1　杜仲胶的物理改性

物理改性是一种最为快速且简便的改性方法，物理改性主要采用将杜仲胶与高分子、小分子或无机纳米材料等直接共混的方式调整杜仲胶的结晶性、可加工性等性能，在此过程中杜仲胶与其他物质之间的可混合性和相容性是急需解决的关键问题。聚合物的可混合性是指共混过程中组分之间的相互作用以及各组分在共混物中的均匀程度，主要指混合物成分之间形态的相互关系；相容性是一个工程术语，主要考虑共混物最终的使用性能，从热力学角度来看，由于混合焓变（ΔH_{mix}）为负值，大多数聚合物是不相容的。同时，聚合物的形貌会受动力学参数（共混比例、黏度、温度等）影响而产生明显的变化，共混的操作方式及工艺条件非常重要。杜仲胶在与其他材料共混时多选用熔融共混和溶液共混两种方式，熔融共混主要利用密炼机和开炼机来实现共混，溶液共混则多用极性溶剂来溶解杜仲胶和其他聚合物。

1.3.4.2　杜仲胶的化学改性

杜仲胶的化学改性多为接枝改性，主要是在其分子主链上引入不同的化学基团或侧链、对分子主链本身进行改性，从而获得具有一定功能性的衍生材料。杜仲胶分子链中含有较多的碳碳双键，化学性质活泼，可作为化学改性的反应位点，离子型反应多集中于此部位。此外，杜仲胶分子链中还存在烯丙基活性位置，自由基引发的接枝聚合则在烯丙基的位置上产生活性位点。硫化改性和环氧化改性产率高，方法简便，是目前使用最为广泛的改性方法；接枝改性因其产率低，对催化剂的选择条件苛刻，因此使用较少。化学改性过程中，由于引入了不同结构单元，改性后的杜仲胶的结晶性和熔点均会受到不同程度的影响。通常来说，引入柔性分子链会导致玻璃化温度降低，而引入刚性分子链后柔性会下降，分子链结晶性变差，但抗拉强度会有一定程度的增加。因此，既要保留杜仲胶自身的优异性能，又要改善杜仲胶性能的不足和获得不同的功能化，常见的改性方式总结见表1-5。

表 1-5 杜仲胶常见化学改性方法

反应名称	改性剂	产物
环氧化	$HCOOH + H_2O_2$	(环氧化产物结构)
硫化	S_8	(硫化交联结构)
接枝聚苯乙烯磺酸钠	对苯乙烯磺酸钠	(接枝产物结构)
接枝苯乙烯	苯乙烯	(接枝产物结构)
接枝甲基丙烯酸丁酯	甲基丙烯酸丁酯	(接枝产物结构)
接枝己基-1,2,4-三唑啉-3,5-二酮	4-己基-1,2,4-三唑啉-3,5-二酮	(接枝产物结构)
氢化	$RhCl(PPh_3)_3$	(氢化产物结构)
接枝马来酸酐	马来酸酐	(接枝产物结构)
接枝二元醇/三元醇	乙二醇/丙三醇	(接枝产物结构)

1.3.5 杜仲胶的应用

杜仲胶有着较低的滚动阻力和生热,且耐疲劳性好,是一种用来生产子午线轮胎的优异材料。我国生产的第一条生物基杜仲胶橡胶高速航空轮胎已经通过动态模拟实验,各项性能皆达到标准。杜仲胶与橡胶共混时,由于较高的交联密度,杜仲胶出现受迫结晶状态,在温度达到熔点时聚合物链可立即转变为无序的弹性网络状态,而不会出现结晶熔融时的黏性流动状态,从而产生较少的内耗,因此轮胎滚动阻力和生热降低。除此之外,在不影响轮胎本身弹性的前提下,引入少量的杜仲胶结晶还能提高轮胎的耐磨性,防止填料团聚,提高白炭黑的分散性。

在公路建设中,目前广泛采用的沥青改性剂多为石油生产过程中的副产品,成本较高且不可再生。杜仲胶与沥青共混可制备公路路面新材料,基团的化学反应能够改善聚合物与沥青的相容性,使沥青与聚合物粒子形成稳定层,从而达到改善沥青性能的效果。杜仲胶所特有的橡塑二重性有良好的双向改性功能,能够明显减少沥青的永久变形;复合材料表现出较好的耐高温性能,可作为一种成本低廉且可再生的材料替代现有沥青改性剂,满足公路建设的长期需求。

天然橡胶由于其黏弹性可以作为减震吸声材料。杜仲胶的分子链较为柔顺,在室温下易结晶,因此不能单独使用作减震吸声材料。但是杜仲胶可以与其他材料配合使用,由于其较高的玻璃化温度,会使复合材料在高温区有较好的吸声性能。例如,杜仲胶与氯化丁基橡胶共混,加入量低于50%时会略微降低玻璃化温度区的吸声性能,同时增加熔点区的吸声性能,这是由于杜仲胶晶体结构降低了玻璃化温度区介质损耗因数($\tan \delta$)的值,但增加了熔点区的$\tan \delta$值,$\tan \delta$值越高材料的吸声性越好。虽然硫化或共混不会改变杜仲胶的结晶形态,但会分散其结晶区域,当结晶颗粒较小且均匀分散在基质中时,结晶区所反射的声波将会被基质中的弹性网络很好地吸收,进而提高材料的吸声性能。

天然橡胶适度交联时,其结晶会被破坏,材料中三维交联网络与结晶区并存,形成硬质热弹性体,因此在温度变化时,材料会经历从无定型到结晶或结晶到无定型的可逆变化,这种性质使其被广泛应用于形状记忆材料的开发。热触发杜仲胶-聚乳酸(PLA)形状记忆材料中交联的杜仲胶在PLA基体中呈网状连续态,形成"海—海"相结构,这种促进界面相容的连续结构对提高热塑性弹性体的形状记忆能力和韧性起着至关重要的作用。二甲基丙烯酸锌(ZDMA)增强的杜仲胶形状记忆材料在29℃和50℃下有着较好的形状固定率和恢复率,良好的形状记忆性能和良好的力学性能结合使其在生物医学材料中得到了广泛的应用。环氧化杜仲胶进一步接枝醇类、酯类或硅烷类侧链,引入分子间的氢键、π-π堆叠作用及酯类等可逆化学键,能够赋予其一定的自修复能力。

1.4 银菊橡胶

银菊橡胶又称银叶菊橡胶和高友胶,是由一种多年生灌木植物银胶菊(*Parthenium hysterophorus*)的胶乳制得的,原产于墨西哥和美国南部半沙漠地区。18世纪,墨西哥印第安人发现可从银胶菊中提取橡胶物质,就尝试用银菊胶来制作游戏用的皮球。由于当时三叶橡胶价格昂贵,当地银胶菊有大片的野生资源,美国与墨西哥合资建立了橡胶提取工厂,

1904 年商品正式问世，1907 年墨西哥已经有 20 套提取装置在运转或建设中，1910 年银菊胶产量达到 1×10^4 t，占当时美国橡胶进口量的 24%。由于大面积银胶菊枯死，银菊胶在墨西哥逐渐消失，美国国际橡胶公司开始了人工种植和育种研究，并尝试商业化生产。20 世纪 20 年代末，美国银胶菊种植面积达到 3 200 hm²，银菊胶产量 1 400 t。第二次世界大战期间，为了供应战争所需，美国种植了 1.3×10^4 hm² 银胶菊，同时也形成了完整的种植和加工技术体系，后来由于合成橡胶的开发而中止。

银胶菊经人工栽培，2~4 年后即可收获其茎和根，经机械粉碎、化学溶剂抽提得到银菊橡胶。生胶在植物中呈凝固状态，含量为 5%~10%，大部分集中在植物根部皮中，1 hm² 可收获胶约 900 kg，其提取工艺流程如图 1-8 所示，主要包括蒸煮、粉碎、浮选、脱脂、净化和干燥等工序。

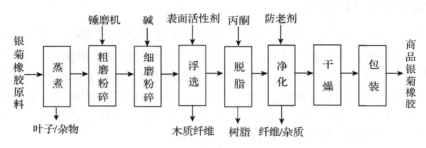

图 1-8　银菊橡胶提取工艺流程

银菊橡胶的分子结构与天然橡胶一样，均为顺式聚异戊二烯结构，黏性、电绝缘性和耐屈挠性良好，物理机械性能与天然橡胶相近，其最大特点是不含蛋白质，非常适合制造医用手套等医疗产品。美国正计划逐步用合成橡胶和其他非致敏材料替代三叶天然橡胶，其中银菊橡胶成为首选，因此，种植银胶菊也被提升到发展本土天然胶资源的高度。美国农业部自 2000 年开始，将开发无过敏性反应的天然胶乳列入美国农业研究机构项目发展计划，并于当年 9 月与 Yulex 公司签订了为期 5 年、拨款 230 万美元的项目合同，以完善采收后处理技术，提高可萃取胶乳的产量；研究将银胶菊种植纳入现有耕种体系的管理方法；寻找更有效的育种、栽培技术等。根据欧盟最近在法国蒙彼利埃和西班牙卡特赫娜两个种植基地的试验结果，法国蒙彼利埃年降水量多，植物不需要灌溉，每公顷年产胶乳 450 kg，而西班牙卡特赫娜的气候较干燥，缺水时给植物适当补充水分，每公顷胶乳年产量可达 1 600 kg。也正是由于缺少促进橡胶硫化的蛋白质，采用标准的橡胶硫化配方时，其硫化速度比巴西橡胶慢得多，需调整配方。早在 20 世纪 80 年代，美国相关机构已经开始使用银菊胶试制汽车轮胎和航空轮胎，其行驶里程、起落次数等使用性能均接近于天然橡胶。2012 年初，普利司通和固铂轮胎公司先后宣布开展银菊橡胶用于轮胎制造的研究工作。

中国科学家于 2002 年在我国攀枝花地区引种银胶菊成功，且生长良好。其种子有性繁殖成功率高，发芽率不低于原产地种子，中国科学家以此为契机建立了银胶菊种植园并开展推广种植。在科学研究方面，中国科学家已经探索出该物种的无性繁殖技术，寻找出适宜该物种的适宜外植体和培养基，为进一步扩大种植和推广提供了强有力的科学支持和技术参考。在栽培方式上，中国科研团队形成了一套成熟的培育管理技术体系，包括种子繁殖过程中的种子处理、催芽，幼苗管理技术、成苗管理技术、种子采集等。我国金沙江干热河谷地区具备引种银胶菊的条件。在干热河谷引种银胶菊,既可绿化当地多岩石坡地,起到保持水土的作用,又可产出天然橡胶,改善我国对于天然橡胶过度依赖进口的局面。

1.5 生漆

生漆,俗称"土漆",又称"国漆"或"大漆",它是从漆树上采割的一种乳白色纯天然液体涂料。生漆接触空气后逐步转为褐色,4 h左右表面干涸硬化而生成漆膜。生漆的经济价值很高,具有耐腐、耐磨、耐酸、耐溶剂、耐热、隔水和绝缘性好、富有光泽等特性,是军工、工业设备、农业机械、基本建设、手工艺品和高端家具等的优质涂料。

1.5.1 漆树资源及采割

漆树(*Toxicodendron vernicifluum*)属木兰纲蔷薇亚纲无患子目漆树科漆树属植物,是一种落叶阔叶乔木或小乔木,原产于中国,中国也是漆树资源最多的国家,在日本、朝鲜、越南、柬埔寨、老挝、泰国、缅甸、印度也有少量的分布。漆树喜光喜热,在分布上是一个比较典型的东亚热带分布式种群,基本上符合中国植被区划中的暖温带落叶阔叶林到中亚热带常绿阔叶林区,最集中区在秦岭、大巴山、武当山、巫山、武陵山、大娄山和乌蒙山,形成了一个"半月形"的分布中心区。

中国拥有丰富的漆树资源,种类和品种众多。根据漆树品种在一定的地理条件和栽培条件下形成的形态特征,生物学特性和经济性状等综合性指标,鉴定出了14个优良品种(表1-6)。

表1-6 14个优良漆树品种及特征

树 种	开割年龄/年	割漆寿命/年	单株产量/g	生漆质量	
				漆酚含量/%	干燥时间/min
大红袍 (*Rhus vernicilua* cv. Dahongpao)	8~9	45	440	72.45	145
高八尺 (*Rhus vernicilua* cv. Gaobachi)	8~10	20~25	495	67.34	120
大毛叶 (*Rhus vernicilua* cv. Damaoye)	9	25~30	385	74.05	240
岗阳大木 (*Rhus vernicilua* cv. Gangyangdamu)	9~12	35	365	75.2	85
岭子小木 (*Rhus vernicilua* cv. Lingzixiaomu)	7~9	13~15	1 020	74.44	430
白粉皮 (*Rhus vernicilua* cv. Baifenpi)	7~8	75	2 509	60	395
小大木 (*Rhus vernicilua* cv. Xiaodamu)	7~9	20	445	59.79	645
肤烟皮 (*Rhus vernicilua* cv. Fuyanpi)	9~10	40~50	295	64.3	60
薄叶漆树 (*Rhus vernicilua* cv. Baoyeqishu)	10~2	30~43	595	69.54	80

(续)

树 种	开割年龄/年	割漆寿命/年	单株产量/g	生漆质量	
				漆酚含量/%	干燥时间/min
天水大叶 (Rhus vernicilua cv. Tianshuidaye)	10~12	30	310	67.32	606
红壳大木 (Rhus vernicilua cv. Hongkedamu)	6~7	15~25	400	55.86	80
毛叶漆树 (Rhus vernicilua cv. Maoyeqishu)	8	10~15	335	69.35	110
白冬瓜 (Rhus vernicilua cv. Baidonggua)	4~5	10~15	290	73.31	375
水柳子 (Rhus vernicilua cv. Shuiliuzi)	4~5	20	300	72.7	250~300

割漆必须待漆树成龄后才能进行，且产量与漆树径级大小、割漆季节、采割方式等密切相关。目前，中国漆区的割漆方式，依工具不同分为划割和切割，依割口形状和数量分为斜口和水平口、单路口和多路口，依割漆时间间隔分为歇年和连年采割，依采割强度分为养生和强化采割。

1.5.2 生漆化学

生漆含有漆酚、水、糖类物(以树胶质或多糖为主，还有麦芽糖、乳糖、L-鼠李糖、D-木糖、D-半乳糖)、含氮物(糖蛋白)、挥发性有机化合物(溴乙烷、丙烯醛、甲酸、乙酸、丙烯酸、丁醇、漆敏内酯)、氨基酸(亮氨酸、色氨酸、组氨酸)、油和漆酶等。

1.5.2.1 漆酚

生漆中漆酚占40%~80%，它的主要成分是3-十五烃基邻苯二酚。漆酚是一个总称，依漆酚侧链上双键数目的不同，又分为饱和漆酚、单烯漆酚、二烯漆酚和三烯漆酚等。漆酚的物理性质似植物油，不溶于水，但它有一对亲水的羟基，因而可同水混合成乳液。

(1) 漆酚的分子结构

20世纪20年代真岛等的研究为漆酚结构奠定了基础，他以日本漆为样本发现漆酚具有邻苯二酚型特征反应：与乙酸铅生成白色沉淀；遇氯化铁呈变色反应，先绿后黑。同时，也具有邻/对苯二酚共同的反应：使氨性硝酸银溶液还原，在碱性溶液中它们的摩尔吸氧量相近。测得的漆酚及其衍生物的物理性质见表1-7和表1-8。

表1-7 漆酚及漆酚二甲醚的物理性质

化合物	分子式	状态	相对密度(d^{20})①	折光率(n_D^{20})	沸点/℃
漆酚	$C_{21}H_{32}O_2$	无色油状液体	0.9687	1.5234	210~220(53~67 Pa); 175~180(1.3 Pa)
漆酚二甲醚	$C_{23}H_{35}O_2$	无色油状液体	0.9419	1.514	190~195(707~880 Pa)

① 本书中，相对密度的参考物为4℃水时，水的温度省略，不标出。

表 1-8 饱和漆酚及其衍生物的物理性质

化合物	状态	熔点/℃	化合物	状态	熔点/℃
饱和漆酚	白色针晶	58~59	硝基饱和漆酚二甲醚	白色针晶	72~73
二溴饱和漆酚	棕色粉末	60~66	饱和漆酚二苯甲醚	白色针晶	59~60
二硝基饱和漆酚	黄色针晶	122~122.5	饱和漆酚二乙酸酯	白色片晶	50~51
饱和漆酚二甲醚	白色针晶	36~37	二硝基饱和漆酚二乙酸酯	针晶	69~70

但是与邻苯二酚比较，漆酚的物理性质明显不同：不溶于水、相对分子质量大、常温为液态、沸点很高等，化学性质的差别则更为悬殊。漆酚干馏时除得到邻苯二酚外，还有 C_1、C_6、C_7、C_8 和 C_{14} 的烷类挥发出来，表明漆酚结构是邻苯二酚核上带有 C_{14} 以上的烃基侧链。此外，漆酚二甲醚可以加成 2 mol 溴，说明侧链带两个双键。不同漆酚侧链的碳架相近，饱和度有所不同。杜予民等利用反相液体色谱法从漆酚中分离出十余个组分，如图 1-9 所示。

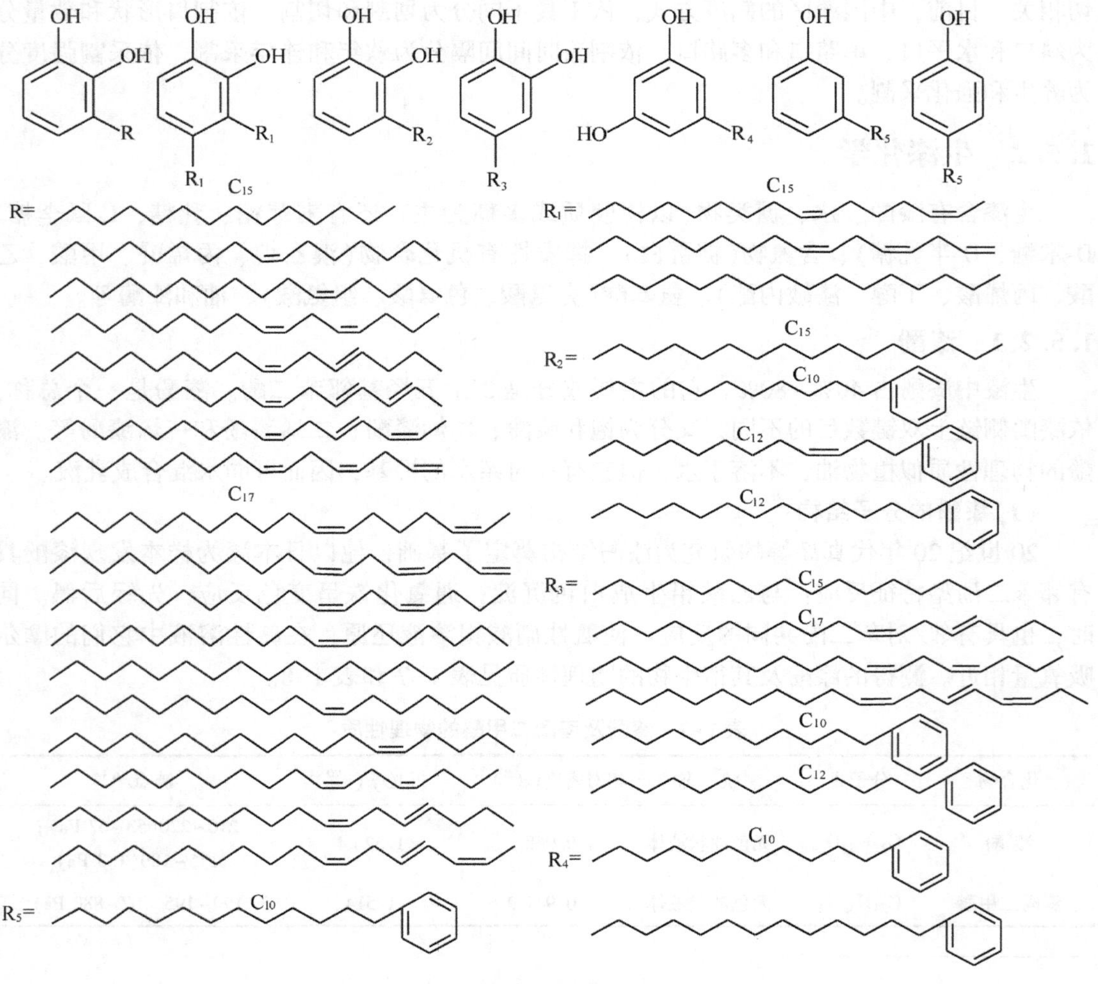

图 1-9 漆酚分子结构

（2）漆酚的化学性质

①醚化反应　漆酚羟基呈弱酸性，遇 NaOH 水溶液即被氧化破坏，所以只能在无水时与金属钠、乙醇钠、碳酸钾等反应生成酚盐，再与烷基化试剂作用。在漆酚的丙酮溶液中加入金属钠片，搅拌下滴入硫酸二甲酯，升温回流反应后再加 NaOH 和甲醇回流以分解残余的硫酸二甲酯和金属钠。此外，无水的漆酚丙酮溶液在碳酸钾存在下与硫酸二甲酯于 60 ℃反应 5 h 也可完成醚化。

漆酚溶于乙醇钠（醇：钠＝175：1）中，加入稍过量碘甲烷并在氮气保护下回流至三氯化铁不显色为止。减压蒸去溶剂后，水洗并加苯溶解，得到漆酚的醚化产物。

醚化漆酚较难氧化，常用于保护羟基，并可以加碘化氢得到游离漆酚。无水 $AlCl_3$、BCl_3 或 $NaNH_2$ 在甲苯等惰性溶剂中也能使醚化漆酚还原成漆酚。漆酚苄基醚可加氢还原成饱和漆酚，也可用金属钠加乙醇还原成漆酚而不影响侧链上的非共轭双键。漆酚和氯乙酸、氯乙烯等脂肪族卤化物在碱性介质中易生成相应的醚。

漆酚和环氧氯丙烷在乙醇钠存在下生成漆酚二环氧基醚，这也是制备浅色生漆的基础反应。

漆酚可作环氧树脂的固化剂，在等摩尔比时生成线性聚合物，摩尔比为 1：2 时则得到新的环氧树脂。

饱和漆酚和双（氯乙基）醚在碱性条件下成一种冠醚——双（十五烷基，二苯肼）18 冠-6，可用作相转移催化剂。

漆酚和二甲基乙氧基氯硅烷反应后水解成硅醇，于 170 ℃ 加热固化成性能优良的耐高温绝缘漆。

② 酯化反应　漆酚溶解在丙酮溶液中，在乙酸酐、吡啶存在条件下 85 ℃ 回流 45 min 完成酯化反应，加水使酸酐水解，并可以用氢氧化钾滴定残余乙酸以计算漆酚含量。该反应中吡啶是催化剂，它和产物乙酸形成乙酸吡啶，使反应完全并避免生成的酯水解。

漆酚和二异氰酸酯反应生成聚氨酯，等摩尔比时得长链聚合物，改变两者比例，再引入蓖麻油，可得性能优良的涂料。

③ 与金属配位反应　在二甲苯溶液中，漆酚与四氯化钛反应，放出氯化氢气体，同时生成不溶不熔的黑褐色沉淀，即漆酚-钛螯合物。

漆酚和乙酸铁反应生成可溶的三价铁盐。

在 $FeCl_3$ 和漆酚的乙醇溶液中，三价铁氧化漆酚成漆酚醌并生成二价铁，进一步反应得到黑色的漆酚醌铁(Ⅱ)螯合物。$FeSO_4 \cdot 7H_2O$ 的甲醇溶液为浅绿色，由于酚羟基的富电性和亲核性，漆酚很容易取代其中的 H_2O 而生成黑绿色的漆酚铁(Ⅱ)螯合物。在黑推光漆中添加黑料 $Fe(OH)_3$ 时，也是由于漆酚羟基易取代 $Fe(OH)_3$ 中的 OH^- 而形成漆酚铁(Ⅲ)配合物，再经氧化还原反应生成空间结构更加稳定的漆酚醌铁(Ⅱ)螯合物，这也是黑推光漆永不褪色的原因。

④漆酚苯环上氢的反应　漆酚苯环上具有较多的供电子基团(酚羟基、烃基)，使漆酚苯环上的氢比较活泼，容易和醛类缩合。等摩尔漆酚和甲醛在氨水催化下先发生羟甲基反应，该羟基再和另一个漆酚苯核上的氢缩合脱水，如此反复多次，终于形成以次甲基桥连接漆酚苯环的线型高分子，这一高分子常用于制备改性生漆的中间体。漆酚和糠醛也能进行类似的缩聚反应而得到糠醛树脂，可耐 250 ℃ 高温。

漆酚苯环上的氢可以溴代，但这时侧链双键可能发生加成副反应，故溴代只适用于饱和漆酚，如加 2 倍的溴以制备三溴饱和漆酚。漆酚苯环上的氢还可以次氯甲基化，但也限于饱和漆酚。

次甲基上的氯很活泼，是用途广泛的中间体，如制备漆酚的胺类衍生物。

饱和漆酚二甲醚和硝酸反应生成二硝基化合物，可进一步在乙酸-乙醚中可被锌粉还原成 6-氨基化合物。

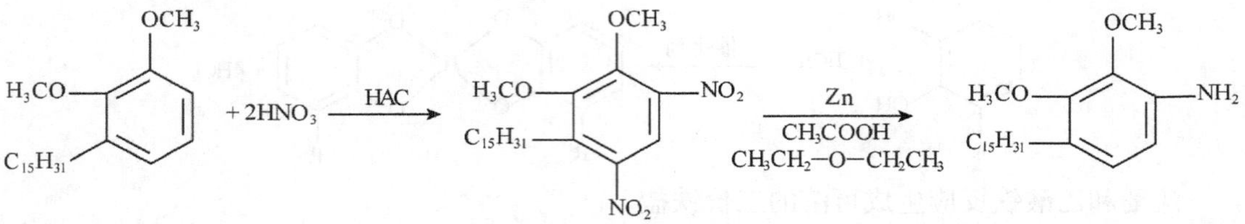

⑤漆酚环的氧化反应　饱和漆酚在温和氧化时生成四羟基联苯，若遇无水氧化银则得邻苯醌。

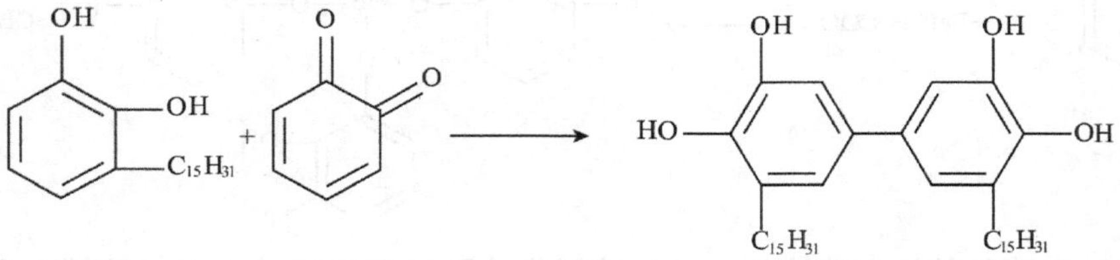

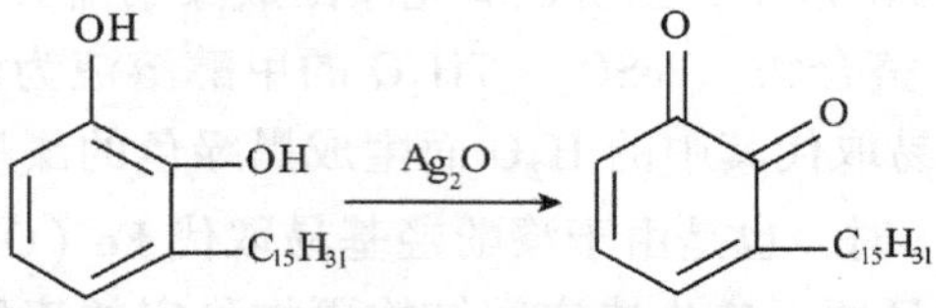

漆酚和硝酸银也发生银镜反应，最初生成棕色物，加热后析出金属银附于器壁，反应产物和漆酚与三氯化铁反应相同，即生成黑色沉淀。

漆酚的天然催化剂是漆酶。pH 值为 6~8 时漆酶的 Cu^{2+} 夺走漆酚羟基上的一个 H，使之变成半醌自由基，可进一步偶联成漆酚联苯型二聚体。

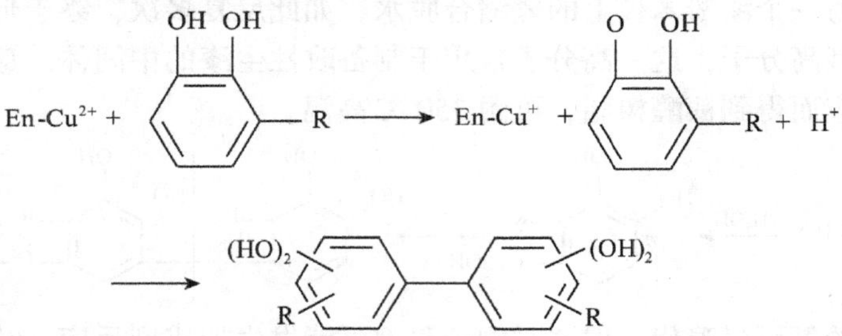

1.5.2.2　生漆的其他组分

(1) 水分

生漆含水量与漆树品种、生长环境、割漆时间和技术有关，一般为 15%~40%。生漆中的水分以小水珠的形式均匀分布于漆酚中，加入苏丹红可使漆酚染成红色，但水珠仍然无色，说明生漆是漆酚包水型乳液结构。漆酶可以溶解在水中并利用空气中氧气催化漆酚干燥固化成膜，因此漆酶的催化活性与生漆含水量和空气湿度有关，含水少的生漆干燥成膜慢且对空气湿度要求高，但漆膜质量好；含水多的生漆干燥快，但漆膜发脆光泽差，因为水多时漆膜内外层干燥不均匀而且易形成联苯型聚合物。所以，通常将生漆精制脱水到含水 6% 左右，再在高湿度下髹涂成膜。

(2) 生漆多糖 (树胶质)

生漆多糖为白色粉末，不溶于乙醇、乙醚、丙酮等有机溶剂中，易溶于水，呈黏稠状。在浓硫酸存在下，生漆多糖与 α-萘酚作用产生紫色环，并出现 490 nm 特征吸收峰。将样品点于滤纸上，用 Schiff 试剂染成玫瑰红色，用甲苯胺蓝染为蓝色。用 1 mol/L H_2SO_4 回流水解后确定产物为阿拉伯糖、鼠李糖、葡萄糖、半乳糖和己糖醛酸，且水解前后与斐林试剂反应分别呈阴、阳性。生漆多糖的提取通常先经丙酮萃取新鲜生漆除去漆酚，沸水浴提取后用三氯乙酸-正丁醇除去杂蛋白，活性炭脱色后，在乙醇沉淀出多糖粗品，再用 2%CTAB 络合剂（溴化十六烷基三甲基铵）沉淀、溶解、透析而得纯生漆多糖。

（3）糖蛋白（含氮物）

在漆液糖蛋白构成中，单糖约占 10%，其中半乳糖含量较多，还有阿拉伯糖、葡萄糖、甘露糖以及氨基葡萄糖等；占 90% 的蛋白质主要由亲油性氨基酸构成，不溶于水，经十二烷基硫酸钠（SDS）-二硫基乙醇处理后，90% 以上可变成水溶性，相对分子质量为 8~47 kDa。糖蛋白可作为漆液中乳浊液的稳定分散剂，通常大木漆中含量较多，为 1%~5%。

复习思考题

1. 树脂作为一类物质的总称，具有哪些特性？
2. 橡胶的基本结构单元是什么？导致杜仲胶与之性能明显不同的主要原因是什么？
3. 浓缩胶乳的主要生产工艺及所对应的稳定剂有哪些？
4. 银菊橡胶与天然橡胶在化学结构及组成上的相同点和不同点是什么？
5. 漆酚的结构和主要反应有哪些？

推荐阅读书目

1. Burak E, James E M, Michael R, 2013. The Science and Technology of Rubber [M]. 4th ed. Amsterdam：Elsevier.

2. Tang W, Eisenbrand G, 1992. Chinese Drugs of Plant Origin Chemistry, Pharmacology, and Use in Traditional and Modern Medicine [M]. New York：Springer.

3. Lu R, Miyakoshi T, 2015. Lacquer Chemistry and Applications [M]. Amsterdam：Elsevier.

第 2 章

树胶及黏胶

2.1 概述

2.1.1 树胶及黏胶的历史

树胶和黏胶是人类在古代利用的天然产物之一。早在 5 000 年至 6 000 年前我国古人就在制作彩陶时加入了桃树胶。在东晋初期，桃树胶被认为是仙药，可延年益寿，直至元明时期，人们发现桃树胶并非仙药。我国古代除利用桃树胶外，还有利用猕猴桃科的灌木羊桃藤胶作为一种非常优良的黏性胶应用于造纸行业。虽然我国对树胶和黏胶的应用的记载有数千年的历史，但近 20 年才开始在工业上进行大规模生产和应用，我国树胶和黏胶的生产和应用仍有较大的发展空间。我国在食品和工业上应用的树胶，除了部分依赖进口的瓜尔豆胶和阿拉伯树胶外，均开展了研发和生产工作，如田菁胶、葫芦巴胶、皂荚胶、果胶和桃树胶。

国外对阿拉伯树胶的应用较早。据《埃及史》称，4 000 年前他们就利用阿拉伯树胶作为颜料中的胶料进行绘画，并将胶料出口至欧洲各国，使阿拉伯树胶成为世界上应用最广、用途最多和最重要的树胶之一。阿拉伯树胶广泛应用于世界各国的食品和工业中，18 世纪欧洲工业革命以来，工业迅速发展，对树胶的需求也日益增加，带动了黄蓍胶、刺梧桐胶、琼胶和褐藻胶等其他树胶与黏胶的发展。到 21 世纪初，世界上树胶和黏胶年产量达 2×10^6 t，而且新型的树胶和黏胶（如果胶、塔拉胶、刺槐豆胶和魔芋胶等）的应用遍布世界各地。

20 世纪初美国开始开发利用长角豆胶，到 20 世纪 40 年代已应用于许多领域。第二次世界大战期间，长角豆资源稀缺，美国寻找开发了瓜尔豆代替长角豆。瓜尔豆原产印度和巴基斯坦，加之美国的引种成功，目前这三个国家都有规模化的瓜尔豆种植和加工基地，瓜尔豆胶年产量达 5×10^5 t。我国自 20 世纪 70 年代初开始较大规模地引种瓜尔豆，与此同时寻找本国的半乳甘露聚糖胶资源，其结果是瓜尔豆喜热耐旱和对日照敏感的遗传特性限制了它的区域适应范围，在我国很难获得大批量的生产，而适应我国种植条件的植物田菁和葫芦巴得到发展。田菁作为改良土壤的野生绿肥资源，曾在20世纪80年代得到迅速发展，田菁胶也曾一度代替进口瓜尔豆胶应用于相关工业。进入20世纪90年代，我国田菁资源有所萎缩，而葫芦巴资源因其胶的水不溶物含量低和冻胶性能优越得到一定的发展，我国安徽、江苏、宁夏、内蒙古等都有葫芦巴种植基地。近年来，全球气候日趋恶化，世界各国纷纷要求退耕还林，提高森林覆盖率，加强生态建设。根系发达、耐旱节水并富含半乳甘露聚糖胶的生态型树种（如皂荚、塔拉、国槐等）的综合开发引起了相关部门的重视。我国从南美洲引进了富含半乳甘露聚糖胶的经济林木塔拉，种植于我国西南部；美国、加拿大都建有"皂荚园"，我国种植皂荚近1×10^5 hm^2，预测今后木本半乳甘露聚糖胶植物资源将得到大力发展。

2.1.2 树胶及黏胶的定义和分类

树胶及黏胶统称为植物胶，是一种重要的天然产物，它主要是从植物，尤其是木本植物，体内分泌出的一种多糖体，属于碳水化合物，但它的物理、化学和生理性质又与淀粉、蔗糖和纤维素等有所不同。它可溶于水或在水中润胀，而成胶体状态。此外，很多低等植物，如藻菌类和苔藓类植物，也含有植物胶。由于植物种类不同、含胶部位不同和生理作用不同，植物胶的性质也不同，可分为树胶和黏胶两类。

树胶：是从树干上因病理反应或生理反应而分泌出的一种黏性液体，干燥后为泪珠状的透明或半透明物质，如阿拉伯树胶、黄蓍胶、桃树胶和刺梧桐胶等。

黏胶：存在于植物体内，不易分泌出体外，必须用水溶解。它具有黏度大、胶性强等特点，如瓜尔豆胶、长角豆胶、羊桃藤胶、褐藻胶和田菁胶等。

树胶和树脂性质迥然不同，表2-1列出了树胶和树脂两者的主要区别。

表2-1 树胶和树脂的区别

名 称	溶解性	主要化学成分	主要用途	熔 点	列 举
树 胶	可溶于水或润胀，不溶于有机溶剂	高分子多糖或碳水化合物类复合体	可作食品工业原料	熔融时分解	阿拉伯树胶、瓜儿豆胶、皂荚豆胶等
树 脂	不溶于水，可溶于有机溶剂	低分子树脂酸	主要用作工业原料	有明显软化点	松脂、松香、生漆、橡胶等

树胶和黏胶大多由多糖组成，根据多糖的存在部位，可将之分为细胞内多糖、细胞壁多糖和细胞外多糖3种。细胞内多糖主要是果聚糖和甘露聚糖，细胞壁多糖主要指半纤维素和果胶类。根据多糖形成的胶液性能分为低浓度高黏度胶、高浓度低黏度胶和凝胶多糖胶3种。根据多糖的植物组成来源可分为渗出胶、植物籽胶、海藻胶、根块类胶、茎干类胶和叶子类胶等多种。渗出胶是树木在创伤部位渗出的一种黏性物质，如阿拉伯树胶、黄蓍胶、刺梧桐胶、桃树胶等；种子胶是指从树木种子、草籽、作物种子和果仁等植物种子贮备性多糖物质，如瓜尔豆胶、长角胶、亚麻子胶等；海藻胶是从某些海藻提取的亲水性胶体，如琼脂、海藻酸钠等；根块类胶如魔芋胶、菊糖胶等；茎干类胶如松胶；叶子类胶如芦荟多糖胶。

2.1.3 主要树胶及黏胶植物及其分布

产树胶和黏胶的主要植物有数十个科属，如豆科、梧桐科、锦葵科、蔷薇科、猕猴桃科、石蒜科、芸香科、榆科、漆树科、车前子科、樟科、松科、柏科、冬青科、虎耳科、胡颓子科、番木瓜科、仙人掌科、楝科、橄榄科、龙舌兰科、石花菜科、鸡脚菜科、杉海苔科等，其中豆科植物，既可产树胶，也可产黏胶。主要用于工业生产的树胶和黏胶有十多种，它们的分布和产区如下：

①阿拉伯树胶　主要产地为非洲苏丹和塞内加尔，目前是世界产量最多、质量较好的一种树胶，我国每年需进口大量阿拉伯树胶。

②瓜尔豆胶　主要产地为印度西部、巴基斯坦、美国西北部和伊朗东部，产量大，工业用途广。

③角豆子胶　主要产地为欧洲南部地中海一带、叙利亚、黎巴嫩和塞浦路斯等地。

④黄蓍胶　主要产地为伊拉克南部、土耳其东部和印度西北部等地，不但是世界上优良的树胶，也是重要的医用树胶，我国每年进口部分黄蓍胶以供药用。

⑤褐藻胶　主要产地为美国西部、墨西哥西部、中国东部、加拿大东部等沿海地区，是重要的海藻黏胶之一。

⑥琼胶　主要产地为上述各国沿海一带，是性质优良的黏胶之一，供医药、高级食品、生物制品之用。

⑦果胶　主要产地为美国、中国、法国、西班牙和德国等地，是一种主要成分为糖醛酸的特殊胶质，其性质接近于黏胶，主要用作食品胶。

⑧羊桃藤黏胶　主产于中国安徽省南部地区，是中国特产品，但产量有限，是中国优良的造纸用胶料。

⑨田菁籽胶　主产于中国沿海各省沙滩盐碱地带，可用作造纸工业的上胶剂和油田助剂。

⑩皂荚豆胶　主产于中国北方地区，但皂荚资源在中国、俄罗斯、美国均有分布。

⑪魔芋胶　主产于东南亚和非洲、中国和日本，而缅甸、越南、印度尼西亚和其他国家也有少量分布。

树胶和黏胶的生产以欧美各国为主，我国许多重要的树胶和黏胶仍然依赖进口。我国用于生产树胶和黏胶的植物种类多，部分植物资源丰富，也可以满足工业生产的需要。

2.2 树胶及黏胶的化学组成及结构性质

2.2.1 构成树胶及黏胶的基本糖类

树胶与黏胶是几种多糖的混合物，少有单一的多糖。多糖的种类甚多，由不同种类多糖构成的树胶和黏胶具有不同的理化性质。因此，了解树胶和黏胶的单糖组成具有重要的研究意义。构成树胶和黏胶的基本糖类主要是阿拉伯糖、半乳糖、木糖、葡萄糖、甘露糖、鼠李糖、岩藻糖、葡萄糖醛酸和半乳糖醛酸等，其结构式如图2-1所示。

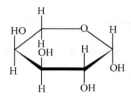
(a) 阿拉伯糖结构式
(阿拉伯树胶主要成分)

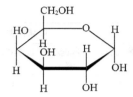
(b) 半乳糖结构式
(阿拉伯树胶、瓜尔豆胶主要成分)

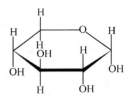
(c) 木糖结构式
(黄蓍胶、罗望子胶主要成分)

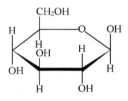
(d) 葡萄糖结构式
(罗望子胶主要成分)

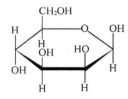
(e) 甘露糖结构式
(魔芋胶、刺槐豆胶和瓜尔豆胶主要成分)

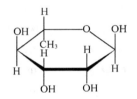
(f) 鼠李糖结构式
(刺梧桐胶主要成分)

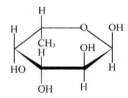
(g) 岩藻糖结构式
(黄蓍胶和羊桃藤胶主要成分)

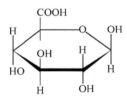
(h) 葡萄糖醛酸结构式
(阿拉伯树胶和桃树胶主要成分)

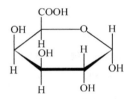
(i) 半乳糖醛酸结构式
(果胶、刺梧桐胶主要成分)

图 2-1 主要单糖结构

2.2.2 树胶及黏胶的多糖组成

树胶与黏胶都是高分子化合物,通常是由几种单糖组合而成的长链状的复杂结构多糖体,有的是两个或两个以上同类的单糖相结合而成链状多糖,有的是两个不同的单糖相结合而成的链状多糖,糖苷键的连接方式主要有(1→3)型、(1→4)型和(1→6)型,树胶和黏胶的单糖组成及含量见表 2-2。

表 2-2 树胶及黏胶的单糖组成及含量

名称	单糖种类							
	甘露糖/%	半乳糖/%	葡萄糖/%	木糖/%	鼠李糖/%	阿拉伯糖/%	葡萄糖醛酸/%	半乳糖醛酸/%
阿拉伯树胶	—	44	—	—	13	27	14.5	—
桃树胶	—	35	—	14	2	42	7	—
黄蓍胶	—	4.1	0.4	28.7	1.7	5.1	—	35.2
秋葵黏胶	80	—	—	—	10	3	—	6
刺梧桐胶	—	14	—	—	15	—	—	43

(续)

名称	单糖种类							
	甘露糖/%	半乳糖/%	葡萄糖/%	木糖/%	鼠李糖/%	阿拉伯糖/%	葡萄糖醛酸/%	半乳糖醛酸/%
红榆皮胶	—	—	—	—	33	—	—	33
瓜尔豆胶	64~67	33~36	—	—	—	—	—	—
长角豆胶	75~86	14~25	—	—	—	—	—	—
槐树豆胶	67.2	18.0	—	—	—	—	—	—
大豆壳胶	60	40	—	—	—	—	—	—
魔芋胶	47.8	—	31.7	—	—	—	—	4
酸樱桃胶	10	21	—	—	—	55	—	12
达瓦胶	8	27	—	—	—	41	—	12
野皂荚胶	53.8	18.4	3.7	—	—	—	—	—
塔拉胶	64.6	21.9	—	—	—	—	—	—
海红豆胶	61.9	30.9	—	—	—	—	—	—
银合欢胶	57.9	34.1	—	—	—	—	—	—
白花洋紫荆胶	52.1	15.8	—	—	—	—	—	—
腊肠树胶	67.3	15.7	—	—	—	—	—	—
雄黄豆胶	69.0	17.3	—	—	—	—	—	—
豆茶决明胶	27.5	12.5	—	—	—	—	—	—
望江南胶	66.5	17.5	—	—	—	—	—	—
决明胶	53.5	6.5	—	—	—	—	—	—
凤凰木胶	77.2	7.3	—	—	—	—	—	—
格木胶	77.2	14.8	—	—	—	—	—	—
胡里豆胶	62.2	16.8	—	—	—	—	—	—
山皂荚胶	64.6	25.8	—	—	—	—	—	—
皂荚胶	73.6	20.8	—	—	—	—	—	—
肥皂荚胶	72.1	19.5	—	—	—	—	—	—
翅荚木胶	63.1	18.5	—	—	—	—	—	—
蒴麻胶	72.0	16.7	—	—	—	—	—	—
猪屎豆胶	76.6	17.0	—	—	—	—	—	—
大托叶猪屎豆胶	55.1	24.0	—	—	—	—	—	—
马刺胶	64.8	10.5	—	—	—	—	—	—
田菁胶	53.9	33.9	—	—	—	—	—	—
葫芦巴胶	41.2	34.5	—	—	—	—	—	—
洋槐胶	33.3	20.8	—	—	—	—	—	—

(续)

名称	单糖种类							
	甘露糖/%	半乳糖/%	葡萄糖/%	木糖/%	鼠李糖/%	阿拉伯糖/%	葡萄糖醛酸/%	半乳糖醛酸/%
罗望子胶	—	16.5	46.3	37.2	—	—	—	—
果胶	0.4	21.8	2	0.1	0.8	7.4	—	65~70

2.2.3　主要树胶及黏胶多糖化学结构

2.2.3.1　半乳甘露聚糖

半乳甘露聚糖基本化学结构是由 β-1,4-糖苷键连接而成 D-吡喃甘露糖主链和 α-1,6-糖苷键连接的 D-吡喃半乳糖支链构成。半乳甘露聚糖是中性半纤维素生物聚合物，位于种子胚乳细胞壁中，作为碳水化合物储备，用于萌发期间胚胎的发育。它们主要从豆科植物种子的胚乳中提取，在不同植物中的结构和丰度水平上表现出很大差异。来自角豆树和瓜尔豆的种子胚乳内的半乳甘露聚糖被广泛使用，而来自塔拉的半乳甘露聚糖使用的范围要小得多。此外，皂荚、刺槐、田菁和葫芦巴的种子胚乳内也富含半乳甘露聚糖，它们结构上的主要区别在于相对分子质量大小和甘露糖与半乳糖比值（M/G 值），M/G 值很大程度上决定了它们的理化性质。M/G 值以及取代基沿聚合物主链的分布方式是建立聚合物结构及其溶液性质，特别是其溶解度和分子相互作用关系的关键因素。

以瓜尔豆胶半乳甘露聚糖为例，在结构上，以 β-1,4-糖苷键相互连接的 D-甘露糖为主链，D-半乳糖通过 α-1,6-糖苷键与主链上一些 D-甘露糖单元的 C_6 位连接形成侧链。每个糖单体平均含有 3 个羟基，C_6 位上的伯羟基是具有最高反应活性的基团，仲羟基也属于可取代的基团，瓜尔豆胶通过羟基官能团容易进行醚化和酯化反应。瓜尔豆胶分子中的甘露糖与半乳糖比值约为 2∶1。图 2-2 为瓜尔豆胶的多糖结构式，半乳糖支链在甘露糖主链上均匀分布。而刺槐豆胶半乳甘露聚糖的 M/G 值约为 3.7∶1，图 2-3 为刺槐豆胶半乳甘露聚糖的结构式。

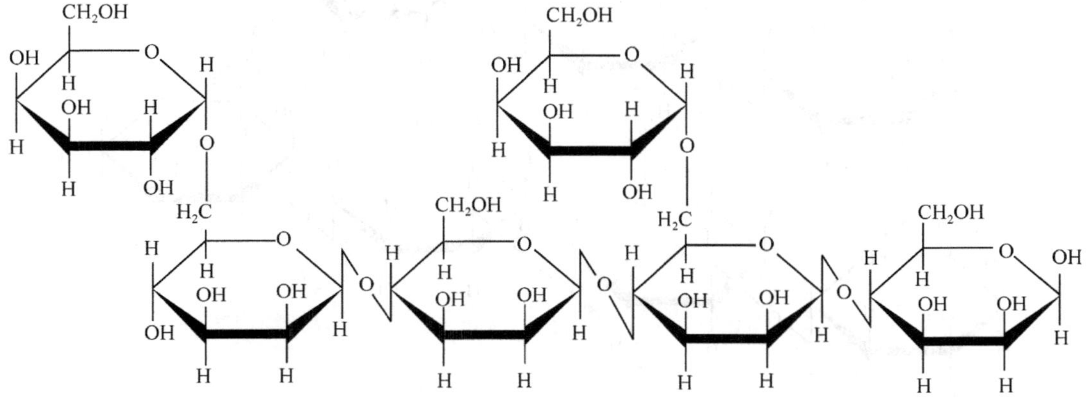

图 2-2　瓜尔豆胶半乳甘露聚糖的分子结构

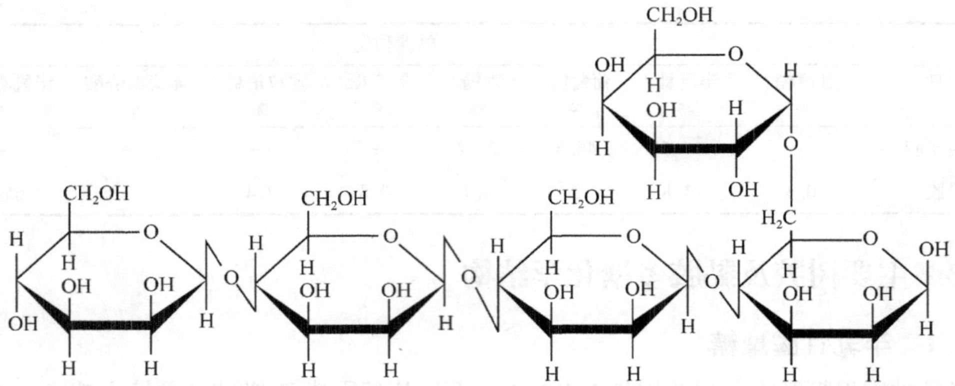

图 2-3 刺槐豆胶半乳甘露聚糖的分子结构

2.2.3.2 阿拉伯树胶

阿拉伯树胶是由亲水性碳水化合物(98%)和疏水性蛋白质(2%)组成的天然产物复合物。它可作为乳化剂，吸附在油滴表面，从而使亲水性碳水化合物成分通过食品添加剂中的静电和空间排斥作用抑制分子的絮凝和聚结。通过光散射数据可知，阿拉伯树胶是一种以阿拉伯半乳聚糖为主链及多支链的大分子。主链为刚硬的短螺旋形，螺旋的长度为 1 050 nm，相对分子质量为 500~1 000 kDa 不等。阿拉伯树胶是一种含有钙、镁、钾等多种阳离子弱酸性多糖大分子。从塞内加尔相思树中提取的阿拉伯树胶，经过水解后可分解为 44% 的 D-半乳糖，27% 的 D-阿拉伯糖，13% 的 L-鼠李糖和 14.5% 的 D-葡萄糖醛酸，是一种高度分支的结构，主链由 β-1,3 连接的 D-半乳糖基组成，侧链由 2~5 个单位的 β-1,3 连接的 D-半乳糖基通过 α-1,6 连接在主链上(图 2-4)。主链和侧链上连接的糖有 α-L-呋喃阿拉伯糖、α-L-吡喃阿拉伯糖、α-L-鼠李糖、β-D-葡萄糖醛酸和 4-O-甲基-β-D-葡萄糖醛酸基。

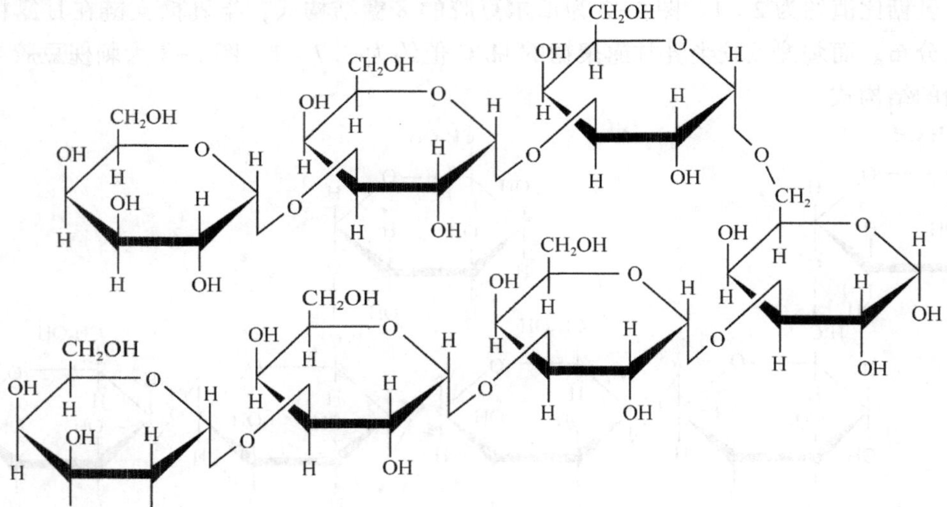

图 2-4 阿拉伯树胶分子结构

阿拉伯树胶结构的中央是以 β-D-1,3 键合的半乳聚糖，L-鼠李糖主要分布在结构的外表。鼠李糖的 C_6 位上是一个—CH，而不是—COH，因此具有良好的亲油性。而且由于阿拉伯树胶多为支链结构，在结构上没有特殊的位点与其他物质形成刚性空间，因此，阿拉伯树胶只有增稠作用。此外，在阿拉伯树胶的糖链上还连有2%的蛋白质，作为乳化剂的蛋白质以共价键的方式与多糖连接。阿拉伯树胶主要由3部分组成：主要部分为阿拉伯半乳聚糖，这是一种高度分支的多糖，由半乳糖主链和阿拉伯糖和鼠李糖的连接分支组成，支链末端还含有鼠李糖葡萄糖醛酸，在自然界中以镁、钾和钙盐的形式存在；较少的部分为阿拉伯半乳聚糖蛋白，是相对分子质量较高的阿拉伯半乳聚糖与蛋白质的复合物，其中阿拉伯半乳聚糖链通过丝氨酸和羟脯氨酸基团共价连接到蛋白质链，复合物中附着的阿拉伯半乳聚糖含有葡萄糖酸；最少部分为氨基酸组成不同的糖蛋白，蛋白质含量最高，具有一定的乳化功能。在蛋白质的氨基酸分析中，阿拉伯半乳聚糖和阿拉伯半乳聚糖蛋白复合物中的蛋白质主要由羟脯氨酸、丝氨酸和脯氨酸等氨基酸组成，而糖蛋白中天冬氨酸含量最高。

2.2.3.3 果胶

果胶是一类共价连接的植物细胞壁多糖，主要由65%~70%半乳糖醛酸和中性糖(0.8%鼠李糖、21.8%半乳糖、7.4%阿拉伯糖、0.1%果糖、0.4%甘露糖、2%葡萄糖和0.1%木糖)组成。果胶本质上是一种线型的多糖聚合物，约有1 000个脱水半乳糖醛酸残基，平均相对分子质量为50~150 kDa，$pKa = 3.5$。果胶分子中含有大量半乳糖醛酸单元的区域，由甲酯、游离酸和酸的羧基盐衍生物组成，其中 D-半乳糖醛酸残基在 O-1 和 O-4 位置经 α-1,4-糖苷键相连聚合而成，并在半乳糖醛酸 C_6 上的羧基有许多是甲基酯化形式，未甲基酯化的残留羧基则以游离的钾、钙、钠、铵盐形式存在；C_2 或 C_3 的羧基位置上带有乙酰基和其他中性(多)糖支链，果胶的基本化学结构如图2-5所示。

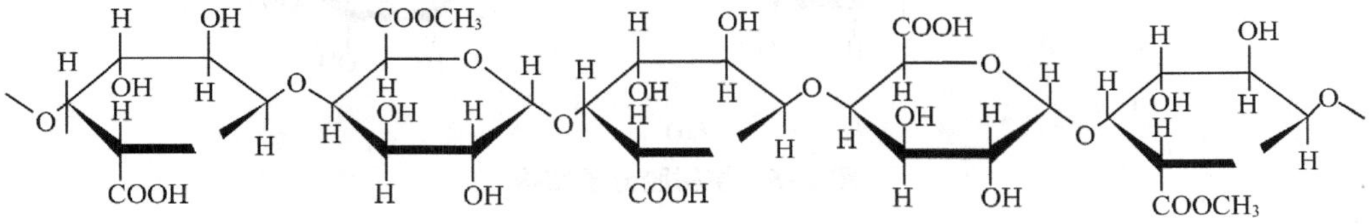

图2-5 果胶多糖分子结构

果胶中平均每100个半乳糖醛酸残基 C_6 位上以甲酯化形式(含有甲氧基)存在的百分数称为果胶的酯化度 DE 值(degree of esterification)或 DM 值(degree of methoxylation)。每100个半乳糖醛酸残基 C_6 位上以酰胺形式存在的百分数则称之为酰胺化度 DA 值(degree of amidation)。整个果胶分子中含有半乳糖醛酸的百分数称为半乳糖醛酸含量。果胶的性质取决于pH值、酯化度和酰胺化度。此外，果胶相对分子质量的大小、甲基化程度和带有其他基团的多少与原料的来源和提取工艺条件等有关。

2.2.3.4 桃树胶

桃树胶是一种多糖物质，含少量的蛋白质、杂质等，外表呈桃红色或淡黄色至黄褐色，半透明固体块状物。经水解后，其单糖主要有 L-阿拉伯糖(42%)、D-半乳糖(35%)、

D-木糖(14%)、D-葡萄糖醛酸(7%)、L-鼠李糖(2%)。桃树胶在不同时间采集的样品中，多糖中各种残基的比例变化较大，比旋光度变化也很大(-48°～+50°)。在春、夏、秋季采集的桃树胶样品中，春季与秋季样品的糖醛酸含量较低，并且含有少量甘露糖；秋季产的桃树胶分子质量最小。桃树胶多糖以半乳糖为主链，结构有如下两种基本种类型（图2-6）。

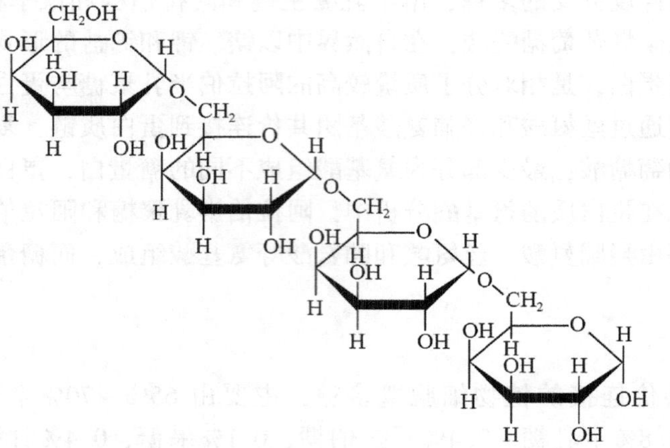

图 2-6　桃树胶分子结构

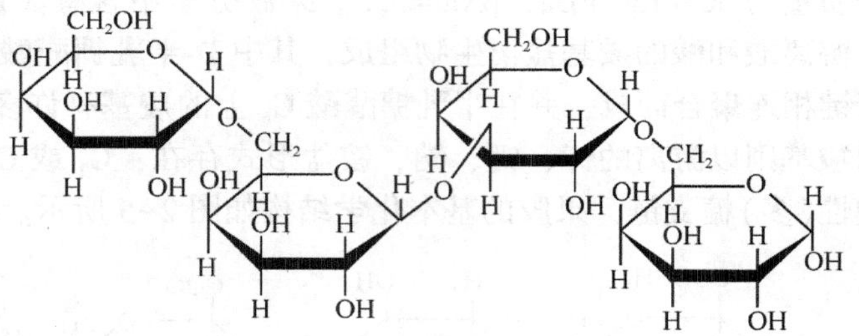

桃胶大分子是高度支链化的，而且半乳糖(1→3)型不仅存在于支化点处，也应当存在于主链结构上。它是呋喃环形式的半乳糖残基。阿拉伯糖作为侧链也是以两种环形结构存在的，即阿拉伯糖和半乳糖均以呋喃环和吡喃环共存于分子结构中，比旋光度为负值。国产桃树胶对K、Ca、Mg等元素具有较强的富集作用，有一定数量的灰分。但经过处理和提纯后，各种元素的含量，特别是Pb、Ba、Cr等有害金属的含量明显降低。因此，桃树胶完全可以在食品和医药工业上应用，其性质类似于阿拉伯树胶。

2.2.3.5　木葡聚糖

木葡聚糖是高等植物初级细胞壁中的主要结构多糖，一些植物的种子如罗望子、旱金莲、非洲凤仙花、李叶豆、塞内加尔芙髓苏木中富含木葡聚糖。其中，具有代表性的是罗望子木葡聚糖，是一种贮藏多糖，基本重复单元为木葡聚糖七聚体、木葡聚糖八聚体和木葡聚糖九聚体，相对比例为13∶39∶48。罗望子木葡聚糖的水溶液具有良好的耐热、耐酸碱、耐剪切性能，可作为增稠剂、稳定剂、凝胶剂、冰晶稳定剂和淀粉改性剂，广泛应用于用于冰激凌、调味品、加工蔬菜和面制品。罗望子木葡聚糖是由 D-半乳糖、D-木糖、D-葡萄糖组成的中性多聚糖，其相对分子质量因测定方法不同差异很大，为 250~650 kDa。除多糖外，罗望子胶中还有少量游离的 L-阿拉伯糖。罗望子木葡聚糖主链是由 β-1,4-糖苷键相连接的 D-吡喃葡萄糖构成，侧链是 α-1,6-糖苷键连接的 D-吡喃木糖和 β-1,2-糖苷键连接的 D-吡喃半乳糖构成，半乳糖∶木糖∶葡萄糖的比值为 1∶2.25∶2.8。罗望子胶的分子结构如图 2-7 所示。

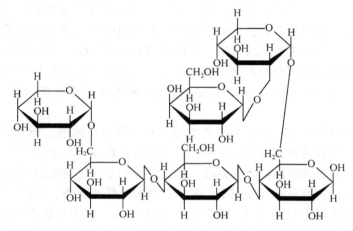

图 2-7 罗望子胶分子结构

2.2.3.6 魔芋胶

魔芋胶是从各种魔芋属植物的块茎里提取出的水凝状多糖，是一种相对分子质量高、非离子型葡甘露聚糖。魔芋的有效成分为葡甘聚糖，其相对分子质量因魔芋种类、品种、加工方法及原料的贮藏时间不同而变化，一般为 200~2 000 kDa。工业生产的商品黏度可达 2×10^4 mPa·s，是目前所发现的植物类水溶性食用胶中黏度最高的一种。魔芋胶经过多次精制、提纯、分离，可获得高纯度的魔芋葡甘聚糖，简称葡甘聚糖。葡甘聚糖水解后，可获得葡萄糖、甘露糖和少量乙酸。魔芋葡甘聚糖的分子结构如图 2-8 所示，魔芋葡甘聚糖是由分子比 1∶1.5~1∶1.6(花魔芋)或 1∶1.69(白魔芋)的葡萄糖和甘露糖残基通过 β-1,4-糖苷键聚合而成，而在某些糖残基 C_3 位上存在由 β-1,3-糖苷键组成的支链，主链上大约每 19 个糖残基就有 1 个以酯键结合的乙酰基。

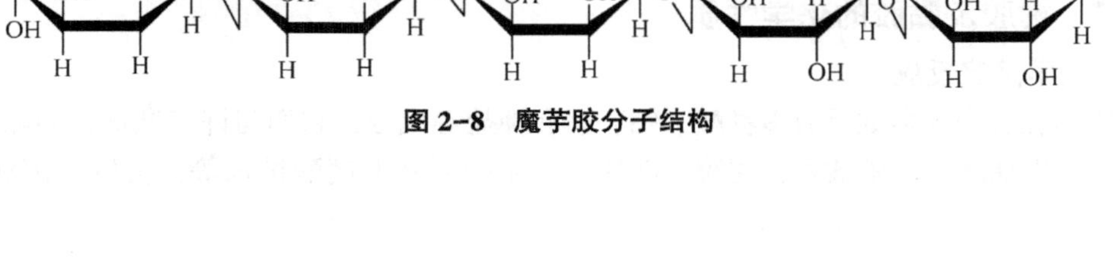

图 2-8 魔芋胶分子结构

2.2.4 树胶及黏胶的物理化学性质

2.2.4.1 树胶及黏胶的物理和胶体性质

(1) 一般物理通性

树胶与黏胶均属于天然高分子化合物，一般没有明显的熔点，大多数在熔化时分解成其他复杂的化合物（如气体物质，液体有机酸、醛、酚、焦油和其他固体木炭等）。树胶和黏胶通常是浅色或深色半透明、有光泽的颗粒状物质，只有少数以溶液状态存在。通常直接使用浸提法获得胶液，色浅的树胶中以黄蓍胶为优良，黏胶中色泽以羊桃藤胶为优良，都近于水白色，其他主要呈褐色甚至黑色。阿拉伯树胶在中低浓度时，随着温度的升高，胶液的黏度呈逐渐上升的趋势；阿拉伯树胶也会随着电解质的加入黏度降低；在pH值为6~7时，阿拉伯树胶的黏度达到最大值。阿拉伯树胶、黄蓍胶、印度树胶、桃树胶和刺梧桐胶等5种植物树胶具有相似的官能团和化学结构，印度树胶具有较好的热稳定性，5种植物树胶在较高浓度下（0.5%~1.0%）均表现出剪切稀化的非牛顿流体行为。

(2) 溶解性

阿拉伯树胶和其他树胶、黏胶都不溶于油脂和各种有机溶剂，而几乎全部可溶于水，但溶解速度大小因树胶的种类而有所区别。有些树胶及黏胶可溶于冷水中，有些则需在热水中溶解，并形成一个清澈的黏胶性溶液，但黏度大小不同。阿拉伯树胶可以制备成50%的浓溶液，且阿拉伯树胶只有部分溶于乙醇中，微溶于醋酸酯类，可略溶于乙烯甘二醇和甘三醇，可以在低浓度下制成溶液。瓜尔豆胶溶于冷水，刺槐豆胶溶于热水，2%的瓜尔豆胶水溶液体系黏稠、黏度大。魔芋胶加水可溶胀，溶于水形成凝胶，不溶于丙酮、氯仿等有机溶剂。

(3) 流变特性

低浓度高黏度多糖如瓜尔豆胶、皂荚豆胶在水溶液中是有效的增稠剂，其溶液为非牛顿流体。胶液被加热时可可逆地稀化，且当升高的温度被保持时，随时间不可逆地降解。瓜尔豆胶最常使用的浓度在1%以下，此时溶液是浓稠的，如果浓度达到3%，则看上去像凝胶而不像溶液。瓜尔豆胶在一般浓度范围内塑变值为零，只要施加最轻微的切变力，溶液就开始流动，溶液的表观黏度将随切变速度的增加而急剧下降，然后趋于稳定并接近最低极限值。

(4) 其他的物理性质

树胶和黏胶其他的物理性质包括表面张力、冰点和渗透压。树胶及黏胶溶液的浓度增加时，表面张力会逐渐降低，如以阿拉伯树胶为例，加入HCl时，表面张力的下降尤为迅速。现已知一价金属盐类较二价金属盐类的表面张力的下降效果较好，排序为$Li^+>Na^+>K^+>Ca^{2+}>Ba^{2+}$。对于溶液的冰点，会随阿拉伯树胶浓度的升高而逐渐降低。

2.2.4.2 树胶及黏胶的化学性质

(1) 化学沉淀反应

树胶与黏胶中大多数具有多糖酸、钙、镁和钾盐等成分，它们与许多试剂，如硼砂、三氯化铁、碱性醋酸铅、硝酸汞、明胶、硅酸钾、硝酸汞和亚硝酸试剂等，会发生沉淀反应，一般情况下三价金属离子盐容易引起沉淀。为了防止絮凝，通常加入可溶性多磷酸盐。

(2) 化学改性反应

化学改性是指在一定的条件下通过羟基官能团进行的醚化、酯化或氧化反应。树胶与黏胶多糖大分子中每个糖单体平均有3个活性羟基。化学改性可在多糖分子中引入亲水基团，可提高亲水性和溶胀速度；可减少氢键，增加溶解度；可降低水不溶物含量，提高胶液的清澈度；可提高电解质的兼容性。化学改性可使多糖具有更优良的性质，应用更方便，适合新技术操作要求，提高应用效果，开辟新用途。

多糖分子的羟烷基化反应在碱性乙醇介质中用环氧乙烷或环氧丙烷与多糖的反应，随着羟烷基化反应的深化，多糖的生物降解性逐步降低，因此多糖通过适当的羟烷基取代可成为高度抗降解的和黏度稳定的胶体，可应用于造纸、印染等工业。羧甲基化多糖改性是在乙醇介质中，将多糖胶与氯乙酸钠和氢氧化钠进行反应，经中和、洗涤、烘干从而得到羧甲基化的多糖产物。羧甲基多糖水不溶物含量大大低于未改性胶，可作为纺织工业中经纱胶水，纺织上浆和印染的高级原料，可取代海藻酸钠用作印染的增稠剂；由于羧酸活性基团的羧甲钠取代了羟基，在水溶液中，钠离子发生解离，使多糖胶大分子成为含羧基的阴离子，这对煤粒的吸附极为有利，可作为细粒煤脱水的助滤剂。

瓜尔豆胶与胺类化合物反应生成含有氨基和铵基的醚衍生物，氮上带有正电荷，称为阳离子瓜尔豆胶。瓜尔豆胶分子结构与纤维素结构非常相似，这种相似性使它对纤维素有很强的亲和性。阳离子瓜尔豆胶通过电荷中和与架桥作用使细小纤维与填料粒子絮凝到纤维素表面，从而起到助留、助滤作用。多糖大分子的羟烷基化、羧甲基化和阳离子化衍生物也有着广泛的用途。

两性改性黏胶是在阴离子、阳离子改性黏胶的基础上发展起来的新型的半乳甘露聚糖衍生物，它一方面具有稳定和絮凝的作用；另一方面也具有多糖天然无毒、易生物降解的特点。同时，两性改性半乳甘露聚糖表现出特定的溶液性质和流变行为，在石油开采、纺织、环保和医药等行业领域具有广泛的应用前景，与单独的阴离子、阳离子改性多糖相比，其应用范围更广、性能更加优异。

2.3 树胶与黏胶的应用

2.3.1 食品工业

大多数树胶和黏胶都是无味、无臭和无毒的，可以完全溶于水，溶于水后不影响风味和香气，具有较好的黏性。几乎一切树胶和黏胶都可供食用，在各种树胶和黏胶中，瓜尔豆胶和阿拉伯树胶使用最多，其次是刺梧桐胶、黄蓍胶和海藻胶等，其中黄蓍胶不但具有各种优良的品质而且还能防止牛乳变质，可用作防腐剂。树胶和黏胶主要用于糖果、乳酪品、面包、饮料和果酱等食品的制作。由于少量瓜尔豆胶不能明显地影响这种混合物在制造时的黏度，但能赋予产品滑溜和糯性的口感，在冰激凌中应用广泛。用瓜尔豆胶稳定的冰激凌可以避免由于冰晶生成而引起颗粒的存在。罐头食品的特征是尽可能不含流动态的水，树胶和黏胶用于稠化产品中的水分，并使肉菜固体部分表面包一层稠厚的肉汁。在软奶酪加工中，树胶和黏胶能控制产品的稠度和扩散性质。由于胶结合水的特性，会使奶酪涂敷时更加滑腻和均匀。

2.3.2 纺织印染工业

树胶和黏胶可用于纺织和印染工业，其中使用较多的有瓜尔豆胶、田菁胶、野皂荚胶、罗望子胶、褐藻胶和角豆胶，一般不用价格较高的阿拉伯树胶和黄蓍胶。纺织时使用树胶和黏胶是为了增加纤维的展度和润湿性，印染时可增加布匹等纺织品表面的光泽性，并具有填充纤维间隙的作用，从而使手感更加平滑。瓜尔豆胶衍生物主要是羧甲基瓜尔豆胶和羟烷基醚瓜尔豆胶，在一定的条件下它们常可被氧化，使产品增稠能力与浓度的关系达到可控水平。衍生作用可促进溶解，这就能防止瓜尔豆胶及其衍生物在印花网版上的沉积，因而有助于印花之后对胶质的清洗。

2.3.3 石油和天然气工业

钻井时树胶和黏胶用作水基压裂液添加剂。水基压裂液可使大量支撑剂（如砂石）填入井下的油层裂缝中，形成人工渗透层，使原油顺畅地流入油井，从而提高原油的产量。瓜尔豆胶等产品为这种作业提供了所需要的黏度，它们与油田野外水相配伍的范围较广，而且能通过调整配方，以可控的速度降低黏度。当作业完成后，流动反向时，液体便从钻井内迅速地流出，在这一过程中，胶液可以控制在断裂过程中多孔岩层结构的液体流失和降低液体输送过程中摩擦压力损失。

2.3.4 造纸工业

在纸浆中加入树胶或黏胶，会使纸浆具有一定的稠度，便于打浆处理时纤维悬浮起来，同时更利于抄纸操作。造纸业使用的树胶或黏胶以瓜尔豆胶为主，其次为鹿角藻胶。我国近年来使用田菁胶也取得良好的效果，而驰名世界的高级文化用纸——宣纸则用的是羊桃藤黏胶。瓜尔豆胶等半乳甘露聚糖在纸张黏结中可取代和补充天然的半纤维素。一般认为氢键是影响纤维–纤维键合的主要因素之一。对半乳甘露多糖分子结构考查发现，它是一个带有伯、仲羟基的刚性长链聚合物分子。这样的分子能够交联和键合相毗邻的纤维素，从而起到补充天然的半纤维素的作用。

2.3.5 采矿选矿

由于瓜尔豆胶及其衍生物通过氢键与水合矿物的微粒结合，发生以交联为特征的凝聚作用的现象，在采矿工业中瓜尔豆胶及其衍生物被广泛地作为液–固分离的絮凝剂，用于矿浆的过滤、沉降或澄清过程。瓜尔豆胶也可用于浮选回收非贵重金属，还可作为滑石或与精矿共存的不溶性脉石的抑浮剂。石油开采钻探多用树胶（如瓜尔豆胶）作为钻探泥渗合剂。田菁胶体具有持水能力，可以置换出地层中盐层的钙质，减少磨损。在金属冶炼和电解时，树胶可作为铜、铝及锌的电解液的缓冲剂。树胶和黏胶对黏土等具有絮凝作用，在选矿中作为硅酸盐等矿泥的抑制剂，以提高矿泥的回收率。国外多将树胶和黏胶用于钾盐矿、镍矿、铜矿、铀矿和金矿等工矿。

2.3.6 医药工业

可用于医药的树胶或黏胶也很多,但医药对其质量和性能要求高,其中用得较多的是黄蓍胶,多用于药品的凝胶剂成分,也会用于丸剂和浆剂的配制上,我国每年需要进口较多的黄蓍胶。此外,刺梧桐胶、达瓦胶、李树胶、杏树胶和樱树胶由于胶性较差,不能替代阿拉伯树胶用于医药。黄蓍胶、角豆胶和刺梧桐胶有轻泻作用。利用阿拉伯胶的乳化、稳定和成膜特性,可用于制药稳定助剂、膏药和药丸的黏着剂。刺梧桐胶、氧化镁、石英粉、硬脂酸镁和薄荷油等混合均匀后可室温固化,用作牙科胶黏剂。刺梧桐胶、甘油、吐温,搅拌混合均匀可用作结肠造口手术环的密封胶黏剂。

2.3.7 炸药工业

膏状炸药,又称水下炸药,具有密度大、比容威力高和使用安全等优点,是一种有效的抗水性炸药。膏状炸药在制造时必须向配料中加入交联剂(树胶,如瓜尔豆胶和田菁胶),使炸药各个组分能均匀的分散于凝胶体系中,避免了炸药的吸水和渗水,使炸药具有良好的抗水性。由于瓜尔豆胶产品能在各种困难条件下有效地增稠并且容易被交联和胶化,瓜尔豆胶及其衍生物广泛用于膏状炸药的配制。不同配方的膏状炸药形态各异,有相当松散的、有黏结性的、可浇铸的凝胶体,也有橡胶状的和刚性的固体。

2.3.8 日化及化妆品

天然植物胶的无毒特性使其可以添加到化妆品及其他日用化工用品中,其中阿拉伯胶可用于各种乳液、面露;利用其黏性、润滑性及成膜特性和独特的保持香料香味的特性,可以增加化妆品中所添加香料的稳定性。阿拉伯胶具有的独特、纯天然、非改性的乳化性、稳定性,可以为化妆品乳液提供非常稳定的乳化体系。

2.3.9 涂料工业

加入植物胶的乳胶涂料的耐老化性、耐洗刷性及储存稳定性均得到改善,并可节约生产成本。适量添加植物胶,减少了羟乙基纤维素、丙二醇、十二醇酯的用量,在不增加流平剂的情况下,乳胶涂料的流平性能也能达到优等品的要求;沾刷时流动如丝,施工时手感舒适,施工后涂膜滑腻。加入植物胶的乳胶涂料具有良好的储存稳定性,即便未加入丙二醇,外墙乳胶涂料经多次循环冷冻试验后依然不变质,且无分水、絮凝和结底等现象。

2.3.10 建材工业

在建材中常常应用黏胶作为墙泥的增塑剂。在浅色墙灰中添加树胶可以增加墙壁的坚牢度和光滑度。用石灰和树胶或黏胶捏合可以增加路面的力学性能和稳定性。筑路时,土块的解凝聚也需用到树胶。

2.3.11 其他应用

树胶和黏胶在其他方面应用甚多,如石版印刷、照相胶片、土壤改良、烟草叶处理、水处理、农药调配、电池、陶瓷工业、低渗性薄膜、煤砖增塑剂、焊条接合剂、肥皂添加剂、墨水添加剂等。

2.4 主要树胶及黏胶植物及其采收、加工利用

2.4.1 半乳甘露聚糖黏胶

2.4.1.1 主要植物

半乳甘露聚糖广泛分布于豆科植物体中,主要由甘露糖和半乳糖组成。其中,皂荚(*Gleditsia sinensis*)、瓜尔豆(*Cyamopsis tetragonoloba*)、塔拉(*Caesalpinia spinosa*)、刺槐(*Robinia pseudoacacia*)、田菁(*Sesbania cannabina*)和葫芦巴(*Trigonella foenum-graecum*)的种子胚乳中半乳甘露聚糖较为丰富。

2.4.1.2 植物资源量及采收

塔拉种子是由38%的种皮、40%的胚芽和22%的胚乳组成,每年有1 500~2 000 t塔拉胶可供食品工业使用。瓜尔豆种子是由20%~22%的种皮、44%~46%的胚芽和32%~36%的胚乳组成,全世界瓜尔豆种子年产量约$1.5×10^6$ t,然而,由于天气的变化,种子年供应量会出现较大波动,其中食品工业瓜尔豆胶年消费量约为$1×10^5$ t。全世界葫芦巴的种子年产量为$3×10^4$~$5×10^4$ t。一般种子在秋季采收,采收种子时要避雨和防潮,尽快烘干,避免种子发生霉变和多糖降解。

2.4.1.3 加工

半乳甘露聚糖黏胶的加工主要包括种子预处理、脱皮、提取和纯化等过程。商业上的半乳甘露聚糖黏胶并不是由纯的胚乳组成,可能还包含残留的外壳和胚芽部分,产品主要根据水分含量、黏度、蛋白质含量、酸不溶性残留量和粒度分布来分级。为了从种子中提取胚乳,必须首先尽可能多地去除外壳和胚芽,然后经过机械粉碎后得到灰白色粉末。脱皮的方法分为化学法和机械法。如果采用化学法去除种皮和胚芽,如角豆和塔拉,则需要后续的水洗和干燥,以去除化学试剂的残留。如果采用机械法,则会导致胚乳和胚芽的同时破裂,因此彻底分离胚乳与胚芽/种皮变得非常困难,但该方法的优点是生产设备和工艺简洁高效,因此,种子预处理是关键过程。根据不同植物种子形状大小的差异,种子预处理方法包括半干法、半湿法和烘炒法等。

半干法种子黏胶制备工艺流程如图2-9所示,主要包括湿润、开片、选片和筛选等工序。该生产工艺过程简洁,设备投资小,但多糖胶产品中杂质含量高、黏度低,是我国早期的种子黏胶生产工艺,主要用于田菁胶和葫芦巴胶的生产,目前该工艺已逐渐被半湿法工艺替代。

半湿法种子黏胶制备工艺流程如图2-10所示,主要包括浸泡、去湿、开片、选片和筛选等工序。该工艺是根据原料种子小、种皮薄这一特点而设计的,浸泡种子使其快速充分吸水,然后用热空气短时间脱去种子表面的水,使种皮脆化,而种子内部仍保持一定的含水量。由于种皮、胚乳和胚三者中胚乳吸水膨胀速率最大,再加上三者自身物理机械性能的差异,种子经开片、选片等一系列机械撞击或打击后,胚乳仍能保持很高的完整性,

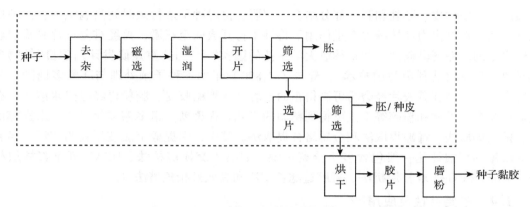

图 2-9 半干法分离提取种子黏胶的工艺流程

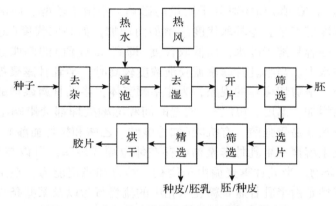

图 2-10 半湿法分离提取种子黏胶的工艺流程

通过筛选可获得较完整的多糖胚乳胶片。

烘炒法种子多糖胶制备工艺流程如图 2-11 所示，主要包括烘炒、开片、选片和筛选等工序。该工艺适用于种子大且种皮厚而硬的原料，种子外有蜡质层，即使用温水将种子浸泡较长时间，种子内部仍未吸到水分。烘炒分离种子胚乳的基本加工原理是对种子进行

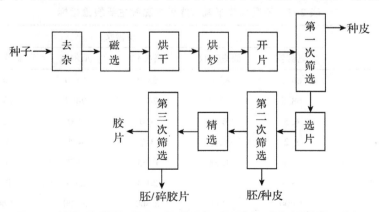

图 2-11 烘炒法分离提取种子多糖胶的工艺流程

低温加热，使种皮、胚乳和胚三部分结合力削弱，再对种子进行短时间高温烘炒，使种皮脆化。然后在打击力和挫撕力双重作用下将种子打开成两至三瓣，再经重复选片和筛选获得较完整的多糖胚乳胶片。北京林业大学主持的国家"十三五"重点研发计划项目"植物多糖高效分离及改性利用关键技术"，建成了1 800 t/年木本种子预处理与胚乳多糖同步分离生产线。多糖胚乳胶片经磨粉可制得粗的半乳甘露聚糖胶粉，胶粉再经过热水溶解、有机溶剂沉淀、干燥和粉碎等工艺可得到精制的半乳甘露聚糖。粗多糖纯化又包括水提醇沉法、稀酸提取法、稀碱提取法和金属络合提取法。其中，水提醇沉法使用较为广泛。半乳甘露聚糖的精细纯化一般包含多个分离步骤，如离子交换层析法、DEAE 纤维素柱层析法、Sephadex G-100 柱层析法、凝胶过滤色谱法和高效液相色谱法等。

2.4.1.4 主要特性及应用

半乳甘露聚糖常用的溶剂是水，在冷水和热水中均能形成胶体溶液，溶解性主要受甘露糖与半乳糖比值(M/G 值)和相对分子质量的影响，不溶于乙醇、丙酮等有机溶剂。半乳甘露聚糖的溶解度随着半乳糖基取代度的增加而增加，如高取代度(即低 M/G 值)的葫芦巴胶和瓜尔豆胶很容易溶于冷水，而低取代度(即高 M/G 值)的刺槐豆胶需要通过加热才能更好地溶解在水中。当半乳甘露聚糖胶液浓度较高时，半乳甘露聚糖的表观黏度随剪切速率增大而减小，呈剪切稀释的现象，为非牛顿流体，半乳甘露聚糖的非牛顿性的程度随着浓度的升高而增加。温度、pH 值、放置时间和冻融处理都会影响半乳甘露聚糖的表观黏度。半乳甘露聚糖易受强酸、有机酸(如柠檬酸、乙酸和抗坏血酸)、电子束和射线照射的影响，从而发生解聚。半乳甘露聚糖中存在邻位顺式羟基，可以与合适的试剂(如硼酸盐)形成环状复合物。半乳甘露聚糖由于增稠、结合和稳定能力，在工业中得到广泛的应用。这些功能特性是由半乳甘露聚糖在水相中的流变行为以及某些条件下的分子间结合所决定的。半乳甘露聚糖分子在水溶液中占据很大的流体力学体积并控制整个溶液的流变行为，半乳甘露聚糖可作为增稠剂改变水系统流变性能，其中瓜尔豆胶的增稠能力最高，其次是塔拉胶、皂荚豆胶和葫芦巴胶等。此外，半乳甘露聚糖与琼脂、丹麦琼脂、卡拉胶、角叉菜胶、黄芥子胶和黄原胶的协同相互作用，在适当的条件下会形成三维凝胶网络结构。不同植物半乳甘露聚糖黏胶的主要质量指标见表 2-3。

表 2-3 不同植物半乳甘露聚糖黏胶主要质量指标

项目	植物胶					
	皂荚胶	野皂荚胶	塔拉胶	瓜尔胶	葫芦巴胶	田菁胶
总糖/%	86.5	82.0	93.0	91.6	90.4	83.8
聚糖/%	68.6	63.0	78.0	74.7	74.6	65.4
pH 值	6.5	6.5	7.0	7.0	7.0	6.5
蛋白质/%	3.2	6.3	3.7	4.5	5.5	4.8
灰分/%	1.16	1.38	0.65	0.7	0.5	2.0
水不溶物/%	18.7	28.4	20.3	23.1	8.5	19.5
动力黏度/(mPa·s)	1 600	700	2 500	3 300	2 600	1 800

半乳甘露聚糖因提取方便、成本低而具有广泛的应用前景。在食品工业上，半乳甘露聚糖常作为质地改性剂或稳定剂，得到了广泛的应用。半乳甘露聚糖还可与水结合，来延长食品保质期、控制质地、影响结晶、防止乳脂化或沉降、改善冻融行为、防止淀粉产品的脱水收缩和回生、保持软饮料和果汁中的浊度。半乳甘露聚糖作为膳食纤维主要应用于方便食品、乳制品、冷冻产品(冰激凌)、软饮料和果汁、面包和糕点、水果蜜饯、婴儿食品，以及用作布丁、果馅饼的家用胶凝剂。在医药行业，一些半乳甘露聚糖(如马钱子半乳甘露聚糖、洋金凤半乳甘露聚糖和凤凰木半乳甘露聚糖)已被证实具有抑菌、抗氧化和消炎的作用。半乳甘露聚糖是一种应用于药物缓释的重要亲水材料，新银合欢花种子中的半乳甘露聚糖可以作为一种理想的药物载体候选药，由于其能抵抗结肠内的酸性和恶劣环境，已被证实可用于向结肠中输送药物。近年来，由于半乳甘露聚糖具有高度稳定、安全无毒、亲水、可形成凝胶以及生物可降解等优点，半乳甘露聚糖被广泛应用于药物定向缓释体系。将半乳甘露聚糖与黄原胶共混，可作为亲水骨架材料用于药物缓释中，存在显著的协同增效作用。此外，半乳甘露聚糖还可应用于纺织印刷、造纸、采矿、爆炸、钻井、建筑、油田和化学工业。

2.4.2 阿拉伯树胶

2.4.2.1 主要植物

阿拉伯树胶来源于豆科(Leguminosae)的相思树属(Acacia)，树种主要有塞内加尔相思树(Acacia senegal)、塞亚尔相思树(Acacia seyal)、Acacia laeta、Acacia compylacantha、Acacia drepanolobium 和 Acacia sieberana，主要分布于巴基斯坦、中国台湾、热带非洲、阿拉伯、印度等地。苏丹是世界上种植阿拉伯树胶树的最大的国家，是阿拉伯树胶的出口大国。同样产量较大的国家有尼日利亚、埃塞俄比亚、塞内加尔及毛里塔尼亚等。此外，巴基斯坦、印度、澳大利亚等地和我国的台湾、海南、云南等地也有引进种植栽培。其化学成分随树种、气候、季节、树龄等略有不同，表2-4是金合欢属的不同树种所采集的阿拉伯树胶的主要成分和性能指标。

表2-4 不同相思树属树种所采集的阿拉伯树胶的主要成分和指标

项 目	树 种					
	A. senegal	A. seyal	A. laeta	A. compylacantha	A. drepanolobium	A. sieberana
总灰分/%	3.93	2.78	3.30	2.92	2.52	0.78
含氮量/%	0.29	0.14	0.65	0.37	1.11	0.40
甲氧基/%	0.25	0.94	0.35	0.29	0.43	0.14
旋光度/°	−30	+51	−42	−12	+78	+114
特性黏度/(mL/g)	13.4	12.1	20.7	15.8	17.8	13.0
相对分子质量	384 000	850 000	725 000	312 000	950 000	1 300 000
糖醛酸/%	16	12	14	9	9	8
4-O-甲基	1.5	5.5	3.5	2.0	2.5	1.0

（续）

项 目	树 种					
	A. senegal	A. seyal	A. laeta	A. compylacantha	A. drepanolobium	A. sieberana
葡萄糖醛酸/%	14.5	6.5	10.5	7.0	6.5	7.0
半乳糖/%	44	38	44	54	38	27
阿拉伯糖/%	27	46	29	29	52	65
鼠李糖/%	13	4	13	8	1	≤1

2.4.2.2 采收

阿拉伯树胶是塞内加尔相思树和塞亚尔相思树的茎和枝条分泌的可食用、干燥的树胶状分泌物，富含非黏性可溶性纤维（图2-12）。阿拉伯树胶产量取决于气候，在雨季多雨时和旱季高温炎热时，树干切口处分泌出的胶量大。一般在每年10月的干燥季节在树干上割剥掉树皮，经过4~8周，胶质自然渗出时人工收集。每一颗胶树可分泌20~2 000 g胶，每棵树平均每年得到250 g，根据呈色和透明度进行人工分级。

图2-12 从金合欢属的树干上采集阿拉伯树胶

2.4.2.3 加工

阿拉伯树胶的加工包括研磨、溶解、倾析或过滤、巴氏杀菌、喷雾干燥或滚筒干燥（工艺流程如图2-13所示），具体步骤如下：阿拉伯树胶先经过机械研磨，将阿拉伯树胶粉碎成各种特定的尺寸。随后将粉碎的阿拉伯树胶通过加热和搅拌的方式溶于水，在此过程中，需要将温度保持在最低限度，以确保树胶不会变性，保护其原有的功能特性。通过倾析或过滤除去不溶性物质后，对溶液进行巴氏杀菌，然后喷雾干燥或滚筒干燥，最后获得细粉状制品，并且可以长期存放。在喷雾干燥过程中，溶液被喷入热空气流中，水迅速蒸发，干粉通常为50~100 μm，使用旋风分离器从空气中分离。在滚筒干燥过程中，溶液被传递到蒸汽加热的滚筒上，水被气流蒸发掉，通过调整辊之间的间隙来控制所产生的胶膜的厚度，最后用小刀将薄膜从辊上刮下，产生几百微米大小的片状颗粒。

图2-13 阿拉伯树胶粉的制作工艺流程

2.4.2.4 主要特性及应用

阿拉伯树胶是一种亲水性胶，从树上分泌的天然阿拉伯树胶为大小不等的滴状胶块；呈略透明的琥珀色，经过精制后的胶粉为白色，无毒、无臭、无味。在食品中添加阿拉伯树胶后不影响食品原有的色、香、味。同时，阿拉伯树胶干粉性质稳定，可以长期储存。阿拉伯树胶的物理质量参数包括水分、总灰分和挥发物等。水分含量有助于亲水性碳水化合物和疏水性蛋白质在阿拉伯树胶中的溶解。总灰分含量用于确定杂质、酸不溶物、钙盐、钾盐和镁盐的临界水平。阿拉伯树胶是一种固体，颜色从浅色到橙棕色，破裂时分泌玻璃状物质。优质的阿拉伯树胶呈泪状、圆形，呈橙棕色。粉碎后，碎片颜色变浅，呈玻璃状。阿拉伯树胶有较好的水溶性，易溶于冷、热水中，50%浓度的水溶液仍具有流动性，这是其他亲水胶体所不具备的特点之一，但不溶于乙醇等有机溶剂。

阿拉伯树胶有较好的黏性，可与水结合形成胶体溶液，其溶液随树胶浓度的不同而具有不同的黏度和不同的特性。阿拉伯树胶属于典型的"高浓低黏"型胶体。一般喷雾干燥的阿拉伯树胶产品比其原始胶的黏度略低。阿拉伯树胶流变性质取决于胶树的树龄、全年降水量、树皮渗出物的时间和储存树胶的方法，阿拉伯树胶溶液的黏度受浓度、溶液 pH 值、盐分或其他电解质的存在和溶液的温度的影响。溶液浓度低于 40% 时，阿拉伯树胶溶液呈现牛顿液体的特点，浓度升高到 40%，甚至高于 40% 时，溶液会出现非牛顿流体的特征性质。阿拉伯树胶具有酸性环境的稳定性、热稳定性和乳化稳定性。阿拉伯树胶与淀粉、水溶性胶、蛋白质、生物碱和明胶具有协同增效作用；而与黄蓍胶具有叠加减效的作用，所得溶液无色无味，不易与其他化合物相互作用。

阿拉伯树胶由于胶体的异质性，是一种优秀的乳化剂。溶液的 pH 值通常在 4.5~5.5 之间，但在 pH 值为 6.0 时黏度最大。阿拉伯树胶具有优良的乳化性能。疏水性多肽主链强烈吸附在油水界面上，而附着的碳水化合物单元通过空间和静电排斥作用稳定乳液。阿拉伯树胶主要用于糖果、面包、乳制品、饮料和微胶囊剂。阿拉伯树胶还可以防止蔗糖结晶，提供可控的风味释放，减缓蔗糖在口中的融化。

阿拉伯树胶在制药工业中可作为不溶性药物的悬浮剂；而且阿拉伯树胶不能被人类和动物消化，它在小肠中不降解，但在大肠中可被微生物发酵成短链脂肪酸，特别是丙酸。尽管阿拉伯树胶在生理学和药理学实验中被广泛用作药物载体，并被认为是一种"惰性"物质，但最近的一些研究证实阿拉伯树胶具有抗氧化和保护肾脏等其他作用。在化妆品中，阿拉伯树胶在乳液和防护霜中起到稳定剂的作用，能够增加黏度，赋予分散性，提供保护涂层和光滑的手感。它在腮红中用作黏合剂；在液体肥皂中用作泡沫稳定剂。阿拉伯树胶也用于制备光刻行业的蚀刻和电镀溶液。在涂料和杀虫/杀螨乳液中用作分散剂，分别保持颜料和活性成分均匀分布在整个产品中。在纺织工业中，它可作为增稠剂用于针织纤维素织物染色的印花浆料，还可用于油墨、颜料、陶瓷抛光剂的制作。

2.4.3 果胶

2.4.3.1 主要植物

果胶是多聚体胶和植物胶的一种，主要由糖醛酸组成，以原果胶、果胶、果胶酸的形态存在于植物的果实、根、茎、叶中，和纤维素相伴存在，同时也构成相邻细胞中间层黏结物，使细胞按植物组织需要的形式黏结在一起。果胶在水果中含量较高，各种水果及其落果、果皮、榨汁后残渣等都是生产果胶的良好原料。目前在工业生产中，常用的原料主要有柑橘、柚、橙、柠檬、甜菜渣、苹果和山楂等。其中，柑橘(Citrus reticulata)果实的外果皮中的果胶较为丰富。我国主要以苹果(皮、渣)、柑橘和橙类(皮和渣)、柚皮和向日葵托盘等为原料生产果胶，果胶的生产技术已经发展到可以生产出许多类型的果胶，功能也不再是简单的凝胶作用，而是成为食品及医药工业中广泛通用的稳定剂和添加剂。不同植物组织中的果胶含量见表2-5。

表2-5 不同植物组织中的果胶含量

植物	含量/%	植物	含量/%	植物	含量/%
向日葵	25	山楂	6.4	香蕉	0.7~1.2
胡萝卜	8.1	苹果	0.5~1.8	葡萄柚	1.6~4.5
柑橘皮	20	柠檬	3~4	西红柿	0.2~0.5
南瓜	7~17	梨	0.5~0.8	桃	0.3~1.2

2.4.3.2 采收

每年全世界果胶的需求量超过$3×10^4$ t，随着我国食品工业的快速发展，对果胶的需求量也逐年上升，但在生产工艺、产品色泽、风味上还有较大提升空间。我国是柑橘的原产地，产量可观，但仍有大量的果皮未得到充分利用。世界主要的果胶生产国有丹麦、英国、美国、法国、以色列等。商品果胶可分为两大类：高酯果胶和低酯果胶。来自不同原料的果胶产品的聚合度、甲酯化程度和带有其他基团的数目等都有很大差异。果胶产品的色泽、气味都会受生产原料的影响。如苹果皮果胶的色泽要比柑橘皮果胶的暗；酸橙皮果胶要比柠檬皮果胶质量好；甜菜渣果胶比其他果胶的天然分子质量高，而且支链多，乙酰基含量较高，因此，在一定程度上阻碍了果胶的凝胶作用；而向日葵托盘果胶的乙酰基含量也比较高，但其相对分子质量高，有利于水解修饰。

2.4.3.3 加工

商品果胶一般具有两种形态，即粉末状果胶和液体果胶。其中粉末状果胶的加工和生产主要包括原料选择和预处理、抽提、浓缩和干燥(图2-14)，具体步骤如下：

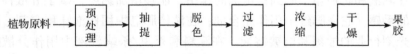

图2-14 果胶生产工艺流程

（1）原料的选择和预处理

鲜果皮或干燥保存的果皮均可作为原料。鲜果皮应及时处理，以免原料中果胶酶等活性物质对果胶进行水解，使果胶产量或胶凝度下降。先将果皮搅碎至粒径2~3 mm，置于蒸汽或沸水中处理5~8 min，以钝化果胶酶活性。杀酶后的原料再在水中浸泡30 min，并在90℃水中加热5 min，压去汁液，用清水漂洗数次，尽可能除去苦味、色素及可溶性杂质。榨出的汁液可供回收柚苷。干皮温水浸泡复水后，采取以上的处理方式进行处理。

（2）抽提和脱色

通常采用酸提取法对果胶进行抽提和脱色：将处理过的果皮倒入夹层锅中，加 4 倍体积的水，并用工业盐酸调 pH 值至 1.5~2.0，加热到 95 ℃，在不断搅拌下保温 60 min，再趁热过滤得到果胶萃取液。待果胶萃取液冷却至 50 ℃，加入 1%~2%淀粉酶以分解其中的淀粉，酶作用结束时，再加热至 80 ℃ 杀酶。然后加 0.5%~2%活性炭，在 80 ℃ 下搅拌 20 min，过滤得到脱色滤液。为了降低果皮中钙离子和镁离子含量高的问题，按干皮重量加入 5%的 732 阳离子交换树脂或按浸提液重量加入 0.3%~0.4%六偏磷酸钠。除了传统工业中对果胶的提取采用酸提法，在现在工业的生产应用中，也可以采用离子交换法、膜分离技术、微波法、酶解法和微生物法对果胶进行提取。

（3）浓缩

果胶液的浓缩一般采用真空浓缩法，在 55~60 ℃下，将果胶提取液含量浓缩到 4%~6.5%后进行后续工序处理。此外，超滤可用于果胶液浓缩，可降低果胶中杂质含量和生产成本。

（4）干燥

常用的方法为沉淀干燥法，即用 95%乙醇使果胶沉淀，再用 80%的乙醇洗涤，除去醇溶性杂质；然后用 95%酸性乙醇洗涤 2 次，用螺旋压榨机榨干后，将果胶沉淀送入真空干燥机，在 60 ℃下干燥至含水量 10%以下；随后将果胶研细和密封包装，即可得果胶粉成品。此外，也可采用喷雾干燥法进行干燥。

2.4.3.4 主要特性及应用

果胶为白色至黄褐色粉末，无臭，在 20 倍水中溶解成黏稠体，不溶于乙醇和其他有机溶剂。果胶在水中的溶解度与其聚合度和甲酯基团的数量及其分布有关。此外，溶液 pH 值、温度、水的硬度和离子强度对果胶的溶解度有重要的影响。在果胶使用中，分散是获得良好果胶溶液的关键步骤，可以通过加入干性物料(糖)进行预干混合通过高速剪切搅拌达到良好的果胶分散效果。与瓜尔豆胶等其他胶相比，果胶溶液的增稠效果不理想，浓果胶溶液的流变性质与盐类(钙盐)浓度和 pH 值有关。果胶具有较好的热稳定性和酸稳定性。此外，果胶与聚乙醇酸、羧甲基纤维素、黄原胶、海藻酸钠和变性淀粉等均具有良好的复配性。低酯果胶由于其钙敏性，可以和黄原胶、变性淀粉等复配，主要用于半凝固体的食品(比如：凝固搅拌型酸乳、沙拉酱和果酱等)。高酯果胶可与羧甲基纤维素和黄原胶复配以保护蛋白质，减少沉淀和水析状态，增加酸性乳饮料的稳定性和改善口感。此外，高酯果胶和海藻酸钠具有良好的协同作用，在不需要钙离子和蔗糖的条件下，两种胶复配后只需要满足一定的 pH 值即可形成热逆性凝胶。果胶结构的复杂性赋予了果胶多样化的功能特性。

果胶以其胶凝特性被广泛应用于食品工业、医药、农业和化妆品工业。在医药上，果胶可作为血浆中的扩散剂。将果胶掺和到抗生素中，能延长抗生素的药效。果胶能够治疗表皮创伤，可作为病毒的抑制剂，有效降低或缓解药物的毒害性。而且果胶可以降低胆固醇和血糖水平，减少癌症发生概率，刺激免疫反应。在农业生产上，果胶在植物生长、发育、形态发生、防御、细胞-细胞黏附、细胞壁结构、信号传导、细胞扩张、细胞壁孔隙率、离子结合、生长因子和酶、花粉管生长、种子水合作用、叶片脱落和果实发育中发挥重要作用。在食品上，由于果胶具有凝胶性，在一定条件下可以使液体胶转为固体胶（冻胶）。果胶形成的凝胶在结构、外观、色、香、味等方面均优于其他食品胶所形成的凝胶。在低 pH 值情况下，多数食品胶的凝胶性能较差，而果胶则有最高的稳定性，如在高酸度蜜饯中添加果胶明显优于其他食用胶，可作为食品的膏状体。由于果胶具有增稠和稳定作用，果胶可被用于各种含乳酸性和浓缩果汁饮料。果胶通常作为食品添加剂和安定剂被广泛应用于果冻、果酱和糕点上。此外，将果胶掺和到塑料中，可以改进塑料的塑性。果胶也可作为纺织品上的浆剂和 X 光片上硫酸钡的悬浮展色剂。果胶还用于生产各种特殊产品，包括可食用和可生物降解的薄膜、黏合剂、纸张替代品、医疗器械表面改性剂、生物医学植入材料和药物输送材料。

2.4.4 桃树胶

2.4.4.1 主要植物

桃树胶产自桃树（*Prunus persica*），是因病理而自然分泌的天然树胶，属于中国特产，中国历史记载有 1 600 多年。桃树属于蔷薇科樱桃属，原产中国，几乎全国都有分布，但以长江流域和黄河流域为主。其余的樱桃属植物，如樱桃、梅、杏、李、洋李、野李和美樱，也可分泌桃树胶。

2.4.4.2 采收

桃树胶是桃等蔷薇科植物的树干受到机械损伤或病原菌侵染后分泌的物质，呈胶状，颜色为淡黄色至黄褐色，也有呈桃红色。桃树在每年雨季来临时，分泌桃树胶较多，天气干燥时分泌桃树胶渐少。我国习惯上是待桃树胶自然干燥后，在秋季或不定期采用人工采收。桃树分泌的桃树胶呈不定形，干燥后为半透明的浅黄色至深褐色形状各异的块状体，由于夹杂有树皮、枝叶、尘埃和虫尸等，品质较差，采后在日光下晒干，即为原桃树胶。

2.4.4.3 加工

桃树胶经风干或其他方法脱水后形成的固体物质称为原桃树胶，原桃树胶经除杂、水解、脱色和干燥等工艺加工后可得到商品桃树胶（生产工艺流程如图 2-15 所示），商品桃树胶具有良好的水溶性和适当的黏度。在原桃树胶的加工过程中，水解和脱色是其中的两个重要步骤。由于桃树胶多糖为大分子多糖，黏度高，溶解性差，通过水解能够改善其黏度和溶解性。此外，原桃树胶含有少量色素，一般呈黄色或褐色，在水解过程中，高温条件会导致桃树胶水解液颜色加深，因此在商品桃树胶制备中，需要对桃树胶水解液进行脱色处理。将桃树胶先进行润胀，同时拣去杂质，再将润胀后的桃树胶置于反应锅中，用间接蒸汽加热，加热完成后取出物料及水溶液，冷却、过 40 目筛和沉降，即得到未漂桃树胶，再在常压下水解即可，但水解温度不能超过 120 ℃，因为温度过高易生成单糖，导致桃树胶产量降低。

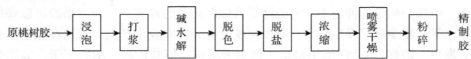

图 2-15 桃树胶生产工艺流程

桃树胶可以进行漂白，漂白剂用次氯酸钠，漂白时应在强烈的搅拌下进行。漂白液用量为桃树胶量的10%。一般情况下桃树胶可不加防腐剂，液体桃树胶也是市场上常见的产品形态。

2.4.4.4 主要特性及应用

桃胶主要由42%的阿拉伯糖、35%的半乳糖、14%木糖、7%的半乳糖醛酸和2%的鼠李糖组成。液体桃树胶外观为棕褐色液体，固体含量为16.5%。桃树胶具有足够的水溶性和适当的黏度，用清水浸泡后变软。

在食品领域，柚皮和桃树胶可做成营养、新鲜的湿面条；桃树胶和枸杞可做成新型的营养果冻以及天然桃树胶软糖等。在医药领域，桃树胶的功能有清血降脂、缓解压力和抗皱嫩肤等功效。桃树胶可代替阿拉伯树胶作为维生素A微型胶囊的包囊材料，桃树胶和阿拉伯树胶相比，其本身就具有保健作用，对人体有很多好处，且来源广泛、成本较低。桃树胶制成的胶囊包囊材料不仅可以运用到维生素A微型胶囊中，还可以运用到其他药物胶囊中。在化妆品领域，桃树胶具有良好的吸湿和保湿功效，可作为保湿面膜，桃树胶和皂荚豆胶组合在一起可制成面膜，具有良好的舒缓嫩肤与保湿效果，保湿程度可以达到78%。桃树胶在颜料、塑料、印刷制版、油墨和纺织等其他工业方面的应用也逐渐广泛。

2.4.5 魔芋胶

2.4.5.1 主要植物

魔芋胶，也称为魔芋粉，来源于多年生天南星科草本植物魔芋（*Amorphophallus konjac*）的地下块茎，其主要成分为魔芋葡甘露聚糖。魔芋属于被子植物门单子叶植物纲天南星科魔芋属，是具有球茎的多年生草本植物。主要分布在中国和日本，在缅甸、越南、印度尼西亚和其他国家有少量分布。我国绝大多数魔芋生长于年平均温度16 ℃，海拔800 m以上的亚热带山区或丘陵地区。我国已记载的魔芋品种有30种，药食兼用的魔芋有8种，不同魔芋品种的块茎化学成分差异很大。根据化学成分，魔芋可分为葡甘聚糖型、淀粉型和中间型。葡甘聚糖型是指以含葡甘聚糖为主（少量淀粉）的魔芋品种，如白魔芋、花魔芋等；淀粉型是指以含淀粉为主（不含葡甘聚糖）的魔芋品种，如疣柄魔芋、南蛇棒等；介于两种类型之间的魔芋品种称为中间型魔芋，如攸乐魔芋、勐海魔芋等。其中，最具研究开发价值的魔芋品种为花魔芋和白魔芋。

2.4.5.2 采收

魔芋一般在叶部枯萎、植株倒伏时采收。但一般魔芋植株在倒伏后的1个月内，球茎还有继续膨大的趋势，因此，为避免遭受冻害，应适当晚收。各地魔芋收获的时期因气候条件和用途不同而异，在魔芋的主产区四川东北山区，用于食用的魔芋在11月收获，也可延迟到12月收获。在收获魔芋时先割茎叶，留茬要高，严防伤及球茎芽体。采收球茎时按留茬分别刨出，轻拿轻放，避免受损伤。同时就地挑选，分级贮存。

2.4.5.3 加工

魔芋胶的生产技术可分为干法、醇洗法、醇洗-干法、水增塑-膨化（干燥）-粉碎法和利用鲜魔芋直接生产魔芋胶。干法是指魔芋精粉不经过溶剂或水处理，采用超微粉碎机，经筛分后得到魔芋胶。这种方法工艺简单，设备投资较小，图2-16为干法制备魔芋精粉的工艺流程。醇洗法是采用乙醇提取魔芋精粉中的生物碱、色素，然后使用乙醇将精粉逐级破碎至所需细度，经干燥、筛分后得到魔芋胶，其工序流程如图2-17所示。醇洗-干法是指用乙醇洗涤去除一部分杂质，再进行超微粉碎。水增塑-膨化（干燥）-粉碎法是指用水汽或喷雾法将魔芋精粉调节至较高含水量，直到完全塑化，随后用三辊机将塑化的魔芋精粉研成薄片，干燥后放入液氮中冷却，最后研磨。利用鲜魔芋直接生产魔芋胶是指鲜魔芋经清洗后，用去皮机去皮、切片机切成片状或条状，在Na_2SO_3溶液中护色约0.5 h，输送到高速破碎机中破碎、离心，初步分离淀粉和葡甘聚糖。初分离的物料泵入二级浸提罐中，经离心分离、磨碎、干燥和筛分得到魔芋胶。魔芋的主要成分是葡甘聚糖，呈白色粉末状态。魔芋加工的精制粉末一般含有65%以上的葡甘聚糖，优化生产工艺可使精制粉末中的葡甘聚糖含量达到80%左右。

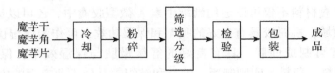

图2-16 干法制备魔芋精粉工序流程

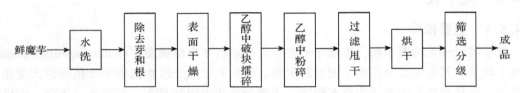

图2-17 醇洗法制备魔芋精粉工序流程

魔芋胶是对魔芋精粉进行深加工的产物，其主要成分葡甘聚糖含量高达90%以上。与魔芋精粉相比，魔芋胶的纯度、细度（100~300目）、粒度更高，溶解速度和形成凝胶反应的速度更快、理化性能更为优良，并且它还是一种膳食纤维，在人体不会产生能量。表2-6为几种魔芋粉体产品的质量指标。

表2-6 几种魔芋粉体产品的质量指标

检测项目	魔芋胶	魔芋纯化粉	魔芋精粉
外观	白色	微黄	微黄
粒度/目	120~200	50~100	50~100
黏度/(mPa·s)	$>3\times10^4$	$>2.5\times10^4$	$>2\times10^4$
水分/%	<10	<11	<13
灰分/%	<1.0	<4	<4
二氧化硫/(g/kg)	<0.8	<1.2	<1.8
铅/(mg/kg)	<1	<1	<1
砷/(mg/kg)	<0	<0.5	<0.5
葡甘聚糖含量/%	>90	80~90	70~80

2.4.5.4 主要特性及应用

魔芋葡甘聚糖是一种吸水率高、膨胀性高的天然高分子化合物，溶解在冷水中可形成黏性溶胶，使其变厚，可乳化和悬浮。当 pH 值小于 12.2 时可形成可逆凝胶；当 pH 值大于 12.2 并被加热时，就会形成弹性凝胶，这种凝胶在其他多糖中是罕见的。魔芋胶在溶解过程中，会发生溶胀，从而使魔芋胶颗粒互相粘连而结块，阻碍了魔芋胶的进一步溶解。因此，应使用蔗糖、葡萄糖、盐或淀粉之类的稀释分散剂，在魔芋胶溶解前与魔芋胶混合，以防魔芋胶结块。魔芋胶具有较好的成膜性、较高的持水量（为其自身质量的 100~150 倍）、较高的胶黏性和粘连搅打性。魔芋胶溶液是非牛顿流体，黏度主要与魔芋胶的品种、储存条件、产地、加工方法、相对分子质量、浓度、外来切变稀化力和温度有关。魔芋胶可以与卡拉胶、黄原胶或结冷胶进行复配，形成弹性凝胶，表现出协同增效的效果，可广泛应用于食品和非食品行业。

魔芋葡甘聚糖在我国的资源丰富，价格也相对低廉，因此具有广泛的应用。在食品领域，魔芋葡甘聚糖具有良好的乳化性、保水性和凝胶特性，常用作肉类产品中的脂肪替代品，能有效改善肉类的质感，降低肉类产品中的脂肪含量。魔芋葡甘聚糖作为一种常见的亲水性胶体，也是一种高品质膳食纤维来源。将魔芋葡甘聚糖加入淀粉中，经过一系列反应，如与淀粉的架桥和凝聚，可能会使淀粉系统的明胶化和质感属性发生改变。魔芋葡甘聚糖也常添加到各种调味品和食品香料中，从而控制香料物质的释放，并使储存过程更加稳定。魔芋葡甘聚糖对人体有一定的保健功能，魔芋精粉可以加工成魔芋豆腐、粉丝、粉皮、八宝粥等食品。魔芋微粉可加工成魔芋通心粉、面粉、饼干、面包、方便面、春卷皮等。魔芋胶可作为食品防腐剂。此外，魔芋葡甘聚糖还具有防止便秘、降血脂、降血糖和抗癌等其他功能。同时，可对魔芋胶进行化学改性（醚化、酯化和接枝共聚改性）和物理改性（共混合纯化改性），以制备具有特定性能的魔芋胶。

复习思考题

1. 简述树胶及黏胶的定义和分类。
2. 简述树胶与黏胶的主要性质与应用。
3. 举例说明几种树胶及黏胶（阿拉伯树胶、皂荚胶、魔芋胶、果胶）多糖分子结构式。
4. 举例说明几种主要树胶及黏胶植物及其采收及加工利用。
5. 列表阐述几种常用树胶及黏胶的单糖组成及含量。

推荐阅读书目

1. 蒋建新, 菅红磊, 朱莉伟, 等, 2013. 功能性多糖胶开发与利用[M]. 北京：中国轻工业出版社.

2. Phillips G O, Williams P A, 2000. Handbooks of Hydrocolloids[M]. Amsterdam：Woodhead Publishing Ltd.

3. Whistler R L, Bemiller J N, 1993. Industrial Gums[M]. 3rd ed. New York：Academic press.

第 3 章

木本油脂及蜡

3.1 概述

油脂是一大类的天然有机化合物,天然油脂分为两种,动物油脂和植物油脂。在油脂工业中,常将含油率超过 10% 的植物称为油料。植物油脂主要存在于植物的种子、种仁、果实、果肉和块茎等。按植物学属性分类,油料又分为草本油料和木本油料。

在全球范围内,油菜、花生和大豆等草本油料一直是植物油脂的主要来源,它们在食品、医药、化工和能源等产业产品中发挥着重要作用。随着全球油脂需求量的不断增加,对木本油料油脂的开发利用成为共识。我国幅员辽阔,木本油料植物资源丰富。据统计,果实种子含油率在 15% 以上的树种就有 400 多种,可以大量采集利用的有 220 多种。根据 2010 年的统计数据,我国木本油料的栽种面积超过了 $7×10^6$ hm^2。云南省和湖南省的栽种面积均超过了 $1×10^6$ hm^2。

在我国北方地区分布的木本油料植物主要有核桃、山杏、榛子、文冠果、翅果油树、毛梾、扁桃、阿月浑子等。在南方地区分布的木本油料植物主要有油茶、油棕、油橄榄、椰子、乌榄、腰果、仿栗等。工业用途木本油脂油料植物有油桐、乌桕、漆树、白背叶、香叶树、文冠果、麻风树和黄连木等。表 3-1 列出了我国一些重要的木本油料树种、含油率、分布地区、较高含量的脂肪酸名称以及用途。

表 3-1 我国含油率较高的木本植物

	树 种	含油率/%	分 布	含量在 10% 以上的脂肪酸	用 途
樟科	樟 *Cinnamomum camphora*	种子 37~44	台湾、长江以南各地	癸酸、月桂酸	制皂、化工、药用
	乌药 *Lindera aggregata*	种子 53.1	长江流域以南各地	十四碳烯酸、月桂酸	

(续)

	树 种	含油率/%	分 布	含量在10%以上的脂肪酸	用 途
樟科	山鸡椒 Litsea cubeba	种子 41~52	西藏、云南、四川、湖北、湖南、江西、甘肃、陕西	癸酸、月桂酸	化工
	云南樟 Cinnamomum glanduliferum	种仁 59.5	四川、贵州、云南、西藏	癸酸、月桂酸	
	香叶树 Lindera communis	种子 46~56	西南、中南、华东	癸酸、月桂酸、油酸	
	黑壳楠 Lindera megaphylla	种子 46~58	陕西、甘肃、四川、云南、贵州、湖南、湖北、安徽、江西、福建、广东、广西等地区	癸酸、月桂酸	
山茶科	油茶 Camellia oleifera	种仁 58~60	广东、香港、广西、湖南、江西	油酸、亚油酸、棕榈酸	食用
	茶 Camellia sinensis	种仁 28~33	长江流域及以南各地区	油酸、亚油酸	食用
	糙果茶 Camellia furfuracea	种仁 52.1	广东、广西、湖南、福建、江西	油酸、亚油酸	
芸香科	朵花椒 Zanthoxylum molle	种子 35.1	安徽、浙江、江西、湖南、贵州	油酸、亚麻酸、亚油酸	
卫矛科	苦皮藤 Celastrus angulatus	种子 42.3	河北、山东、河南、四川、贵州、云南、湖南、湖北、广东、广西	亚油酸、亚麻酸、棕榈酸	
	灯油藤 Celastrus paniculatus	种子 48~58	台湾、广东、海南、广西、贵州、云南	棕榈酸、亚油酸、亚麻酸	
	卫矛 Euonymus alatus	种子 36~46	长江中下游各地区	亚油酸、油酸、棕榈酸	
	白杜 Euonymus maackii	种子 41~48	除陕西、西南和广东、广西外各地区均有分布	亚油酸、油酸、棕榈酸	
胡桃科	山核桃 Carya cathayensis	种仁 65.8~74.1	江苏、浙江、福建、江西、湖北、四川、湖南、安徽	油酸、亚油酸	食用
	胡桃 Juglans regia	65~68	华北、西北、西南、华中、华南、华东	亚油酸、油酸	食用、保健品

(续)

	树 种	含油率/%	分 布	含量在10%以上的脂肪酸	用 途
檀香科	檀香 Santalum album	种仁 62.6	广东、台湾	山梅炔酸	
	硬核 Scleropyrum wallichianum	种仁 66.4	云南、广西、广东、海南	亚麻酸、亚油酸	
藤黄科	木竹子 Garcinia multiflora	种子 51.2 种仁 55.6	台湾、福建、江西、湖南、广东、海南、广西、贵州、云南	油酸	制皂、润滑油
	岭南山竹子 Garcinia oblongifolia	种子 40.5	广东、广西	油酸	制皂、润滑油
红厚壳科	铁力木 Mesua ferrea	种仁 74~79	云南	油酸、棕榈酸	
无患子科	细子龙 Amesiodendron chinense	种子 37.4 种仁 50.9	广东、海南、云南	油酸、11-二十碳烯酸、18-甲基十九烷酸	
	无患子 Sapindus mukorossi	种仁 36~42	长江流域以南各地区	油酸、二十碳烯酸	制皂、润滑油
	文冠果 Xanthoceras sorbifolium	种仁 57.2	北部和东北部	亚油酸、油酸	食用、制皂、润滑油、防锈
五味子科	南五味子 Kadsura longipedunculata	种子 43~51	华中、华南、西南	亚油酸	
	五味子 Schisandra chinensis	种子 38.3	东北、河北、山西、宁夏、甘肃、山东	亚油酸	
木兰科	玉兰 Yulania denudata	种子 20.5 种皮 53.6	黄河以南各地区	亚油酸、油酸、棕榈酸	
松 科	油杉 Keteleeria fortunei	种子 48.4	浙江、福建、广东、广西	油酸、亚油酸	
	落叶松 Larix gmelinii	种子 18.3	东北	亚油酸、十八碳三烯酸、油酸	
	云杉 Picea asperata	种子 31~43	陕西、甘肃、青海、四川	亚油酸、十八碳三烯酸、油酸	
	华山松 Pinus armandi	种仁 56~58	山西、河南、陕西、甘肃、四川、湖北、贵州、云南	亚油酸、油酸、十八碳三烯酸	
	红松 Pinus koraiensis	种仁 69~70	东北	亚油酸、油酸、十八碳三烯酸	

(续)

树　种		含油率/%	分　布	含量在 10%以上的脂肪酸	用　途
安息香科	陀螺果 Melliodendron xylocarpum	种仁 49.6	云南、四川、贵州、广西、湖南、广东、江西、福建	油酸、棕榈酸	
	垂珠花 Styrax dasyanthus	种子 26.4	山东、河南、江苏、浙江、江西、四川、福建、广西、云南	亚油酸、油酸	
	野茉莉 Styrax japonicus	种子 16~18	除西藏、东北、台湾外的各地区	亚油酸、油酸	
楝　科	山楝 Aphanamixis polystachya	种子 41~47	广东、广西、云南	亚油酸、油酸、棕榈酸	
	楝 Melia azedarach	种仁 38~42	黄河以南各省份	亚油酸	
肉豆蔻科	印尼风吹楠 Horsfieldia amygdalina	种仁 37.8	云南、广东、广西	豆蔻酸、月桂酸	制皂、润滑
	马来红光树 Knema furfuracea	种仁 24.8	云南	豆蔻酸、油酸	
虎皮楠科	牛耳枫 Daphniphyllum calycinum	种子 23.0 种仁 41.8	广西、广东、福建、江西	亚油酸、油酸	
	交让木 Daphniphyllum macropodium	种子 16.7 种仁 36.2	云南、四川、贵州、广东、台湾、安徽、浙江、江西	油酸、亚油酸	
	虎皮楠 Daphniphyllum oldhamii	种子 21.5 种仁 35.7	长江以南地区	油酸、亚油酸	
青桐麻科	海南大风子 Hydnocarpus hainanensis	种仁 54.3	海南、广西、广东、云南	付大风子酸	治疗麻风病、牛皮癣、湿气病等
杨柳科	山桐子 Idesia polycarpa	果实 31.4 果肉 39.2 种子 22.4	中南、西南地区	亚油酸	

(续)

	树　种	含油率/%	分　布	含量在10%以上的脂肪酸	用　途
漆树科	腰果 *Anacardium occidentale*	种仁 50.1	云南、广西、广东、福建、台湾	油酸、亚油酸	
	人面子 *Dracontomelon duperreanum*	种仁 64	云南、广西、广东	油酸、亚油酸	
	黄连木 *Pistacia chinensis*	果实 23.3 种仁 42.5	长江以南地区,华北、西北	油酸、亚油酸、棕榈酸	
	漆 *Toxicodendron vernicifluum*	果实 29.4 种子 9.0~16.7 果肉 24.8~45.7	除黑龙江、吉林、内蒙古和新疆外各地区	棕榈酸、亚油酸、油酸	
大麻科	大叶朴 *Celtis koraiensis*	种仁 51.2	辽宁、河北、山东、安徽、山西、河南、陕西、甘肃	亚油酸	
榆科	榔榆 *Ulmus parvifolia*	果实 23.0	山东、山西、陕西、河南,长江流域以南地区	癸酸、辛酸	
	榆树 *Ulmus pumila*	翅果 18~26	东北、华北、西北,西南各地区	癸酸	
大戟科	石栗 *Aleurites moluccana*	种仁 61~72	福建、台湾、广东、海南、广西、云南	油酸、亚油酸、亚麻酸	油漆、制皂
	蝴蝶果 *Cleidiocarpon cavaleriei*	种仁 35~39	贵州、广西、云南	油酸、亚油酸	
	橡胶树 *Hevea brasiliensis*	种仁 37~45	台湾、福建、广东、广西、海南、云南	亚油酸、油酸、亚麻酸	制皂、固化油
	麻风树 *Jatropha curcas*	种仁 59~62	福建、台湾、广东、海南、广西、贵州、四川、云南	油酸、亚油酸、棕榈酸	制皂、润滑油、生物柴油
	蓖麻 *Ricinus communis*	种子 42~55	华南、西南地区	蓖麻油酸	润滑油、印刷油、助染剂
	乌桕 *Triadica sebifera*	种皮 30~35 种仁 60~65	黄河以南各地区,北达陕西、甘肃	棕榈酸、油酸、亚麻酸、亚油酸	制皂、蜡烛、油漆、油墨、化妆品
	油桐 *Vernicia fordii*	种仁 47~62	华北、华南、西南	桐酸、α-桐酸	油漆、油墨

（续）

树　种		含油率/%	分　布	含量在10%以上的脂肪酸	用　途
棕榈科	椰子 Cocos nucifera	种皮 51.2	广东南部、海南、台湾、云南	棕榈酸、癸酸、月桂酸、豆蔻酸	食用、化妆品、药用
	油棕 Elaeis guineensis	果肉 76~80 种仁 42	台湾、海南、云南	月桂酸、豆蔻酸、棕榈酸、油酸	食用、食品工业
山茱萸科	毛梾 Cornus walteri	种仁 42~46 果实 24~33	辽宁、河北、山西、华东、华中、华南、西南地区	亚油酸、油酸、棕榈酸	食用、制皂、润滑油
马桑科	马桑 Coriaria napalensis	种子 20.4	云南、贵州、四川、湖北、陕西、甘肃、西藏	13-羟基顺-9-反-11-十八碳二烯酸、亚油酸	油漆、油墨、润滑油
蔷薇科	山杏 Armeniaca sibirica	种仁 49.9	黑龙江、吉林、辽宁、内蒙古、甘肃、河北、山西	油酸、亚油酸	
	杏 Prunus armeniaca	种仁 47.1~55.5	东北、西北、华南、西南，长江中下游各地区	油酸、亚油酸	
	木瓜 Chaenomeles sinensis	种子 31.4	华北、华南、陕西、河南	棕榈酸、油酸、亚油酸	
木樨科	油橄榄 Olea europaea	果实 41~48	长江以南	油酸、棕榈酸	食用、药用、化妆品
海檀木科	蒜头果 Malania oleifera	种仁 64.5	广西、云南	神经酸	

3.2　油料的主要化学组成

各种植物和种子中都含有油脂，但其含量差别很大，含油量高的种子或果实统称为油料。油料中除含有丰富的油脂外，还含有蛋白质、糖类、游离脂肪酸、磷脂、蜡、色素、油溶性维生素、矿物质和水分等成分。不同油料的成分差别很大，即使是同种油料，也会因其生长环境的不同而表现出差异。个别油料还含有少量的特殊成分，如油茶籽中的皂素、小桐籽和蓖麻籽中的毒素等。虽然含量不高，但对油脂制取工艺以及所得油品的质量有密切关系。

3.2.1　甘油酯

从化学组成来说，不同油脂的成分和性质不尽相同，但95%以上是由甘油和高级脂肪酸组成的甘油三酯脂肪酸酯（简称甘油三酯）的混合物，还存在少量的甘油一酯和甘油二酯。甘油三酯是由一分子甘油和三分子脂肪酸脱去三分子水缩合而成。其反应式如下：

$$\begin{matrix} CH_2OH \\ | \\ CHOH \\ | \\ CH_2OH \end{matrix} \quad \begin{matrix} R_1COOH \\ \\ + \quad R_2COOH \\ \\ R_3COOH \end{matrix} \longrightarrow \begin{matrix} CH_2-O-COR_1 \\ | \\ CH-O-COR_2 \\ | \\ CH_2-O-COR_3 \end{matrix} + 3H_2O$$

其中，R_1、R_2、R_3 代表不同的脂肪酸的长烃链。R 可以是相同的，称为同酸甘油三酯；也可以是互不相同的，即有两种或三种不同的脂肪酸在同一个甘油三酯分子中，称为混合甘油三酯。它们都具有各种异构体。

由于脂肪酸在甘油酯分子中占总相对分子质量的 94%~96%，因此它的组成对甘油酯的性质影响很大。对于绝大多数油脂而言，R 的碳链都是直链，它可以是饱和的，也可以是含有一个、两个以及多个孤立（或隔离）或共轭双键的不饱和链，也有某些油脂的 R 上含有羟基或其他取代基。

天然油脂大多是异酸的甘油三酯的混合物，只有当某种脂肪酸含量很大时，才有可能形成较多数量的同酸甘油三酯，如在含有超过 80% 的油酸的橄榄油中就存在大量的甘油三油酸酯，桐油中则含有大量的甘油三桐酸酯。

根据植物油脂在空气中氧化结膜性能的强弱，可以分为三种类型：不干性油脂、半干性油脂和干性油脂，主要取决于各油脂碘值的大小。

不干性油脂：这类油脂的碘值一般在 100 以下，将它们涂成薄层，久置空气中不会氧化成膜，加热也不会凝胶化。这类油脂主要作食用，也可用作润滑油和上等肥皂原料等。如橄榄油、茶油和棕榈油等。

半干性油脂：这类油脂的碘值一般在 100~130，涂成薄层在空气中经过 7~8 d 可呈胶体状，18 d 以后仍不能完全干燥成膜。半干性油脂大多数是食用油脂，同时也是油脂工业和医药工业重要的原料。木本油料，如文冠果油、山毛榉坚果油和广玉兰种核油等属于半干性油脂。

干性油脂：这类油脂的碘值一般在 130 以上，涂成薄层在空气中能迅速氧化干燥，成为具有弹性、抗水性、不再熔化和溶解的坚固薄膜。这类油脂主要用作制造油漆、油墨、涂料及肥皂等。如桐油、乌桕籽油、亚麻油等。

由于脂肪酸的组成及分布不同，致使天然油脂在性质上存在差异，加之各自所含的类脂肪伴随物的不同，更使得天然油脂各具特色。

3.2.2 脂肪酸

脂肪酸是由天然油脂加水分解生成的脂肪族羧酸化合物的总称。它是由一个羧基 —COOH 和一个烃基—R 组成的。在天然油脂中有超过 800 种脂肪酸，已经被鉴别出来的就有 500 多种。一般的高级植物油脂都含有 5~10 种脂肪酸。

天然脂肪酸绝大部分都是偶碳直链的，奇数碳链的极个别，含量也很少，如海南大风子种仁油中,含有微量的十五烷酸和十七烷酸。烃基链中不含碳碳双键的称为饱和脂肪酸,含有一个或多个碳碳双键的为不饱和脂肪酸(一烯酸、二烯酸、三烯酸等)。如果碳链上的氢原子被其他原子或原子团(烃基、羟基、酮基和环氧基等)取代时,则被称为取代酸,取代酸只在少数天然油脂中存在。不同类型的脂肪酸具有不同的化学和物理性质,其组成的甘油三酯的性质也有很大的差别。因此,由各种不同的脂肪酸组成的天然油脂在性质和用途方面有比较大的差异。

饱和脂肪酸用通式 $C_nH_{2n}O_2$ 表示。木本油脂中分布最广的饱和脂肪酸是棕榈酸($C_{16}H_{32}O_2$)和硬脂酸($C_{18}H_{32}O_2$),几乎每种木本油脂中都含有这两种脂肪酸。其次为月桂酸($C_{12}H_{24}O_2$)、豆蔻酸($C_{14}H_{28}O_2$)和花生酸($C_{20}H_{40}O_2$),表3-2列出了木本油脂中重要的饱和脂肪酸。

表 3-2 木本油脂中重要的饱和脂肪酸

学 名	俗 名	分子式	熔点/℃	产 源
正辛酸	亚羊脂酸	$C_8H_{16}O_2$	16.7	油棕、椰子、檀香种子等
正癸酸	羊脂酸	$C_{10}H_{20}O_2$	31.6	油棕、椰子、乌桕、樟种子、榆树翅果等
十二烷酸	月桂酸	$C_{12}H_{24}O_2$	44.2	油棕、椰子、山鸡椒等
十四烷酸	豆蔻酸	$C_{14}H_{28}O_2$	53.9	多数木本油脂中少量存在
十六烷酸	棕榈酸	$C_{16}H_{32}O_2$	63.1	多数木本油脂中存在
十八烷酸	硬脂酸	$C_{18}H_{36}O_2$	69.6	多数木本油脂中存在
二十烷酸	花生酸	$C_{20}H_{40}O_2$	75.3	文冠果、乌药种子、樟种子
二十二烷酸	山嵛酸	$C_{22}H_{44}O_2$	79.9	文冠果、无患子
二十六烷酸	蜡酸	$C_{26}H_{52}O_2$	87.7	巴西棕榈蜡、虫蜡

天然油脂中含有大量的不饱和脂肪酸,不饱和脂肪酸化学性质活泼,易发生加成、双键转移、氧化、聚合等反应。一烯酸用通式 $C_nH_{2n-2}O_2$ 表示,它在天然油脂中分布很广。油酸(顺-9-十八碳烯酸)是脂肪酸中最重要的一烯酸,它几乎在所有的天然油脂中都存在。油酸双键两边的取代基是不对称的,因此有顺式和反式两个几何异构体。在茶油和橄榄油中,油酸的含量在70%以上。

二烯酸用通式 $C_nH_{2n-4}O_2$ 表示,天然油脂中最常见的二烯酸是亚油酸,即顺-9,顺-12-十八碳二烯酸。亚油酸可以在人体中转化为 γ-亚麻酸、DH-γ-亚麻酸和花生四烯酸,然后合成前列腺素,因此亚油酸是人体健康必不可少的脂肪酸。含亚油酸较多的木本植物油脂有核桃仁油(62.1%)、漆子油(61.6%)、文冠果种仁油(42.9%)和苦楝种仁油(72.1%)。

三烯酸用通式 $C_nH_{2n-6}O_2$ 表示。三烯酸有共轭型和非共轭型之分,天然油脂中的三烯酸以非共轭型为主。分布较广的三烯酸为亚麻酸,即顺-9,顺-12,顺15-十八碳三烯酸,它在多种木本油脂中均有分布,在猕猴桃种子油中含量高达 62.9%。在桐油中存在超过 80% 的共轭三烯酸,因此,桐油也俗称桐酸,即顺-9,反-11,反 13-十八碳三烯酸。表 3-3 列出了木本油脂中重要的不饱和脂肪酸。

表 3-3 木本油脂中重要的不饱和脂肪酸

不饱和脂肪酸	学 名	俗 名	分子式	熔点/℃	产 源
一烯酸	顺-4-十二碳烯酸	林德酸	$C_{12}H_{22}O_2$	1.3	乌桕
	顺-9-十四碳烯酸	肉豆蔻烯酸	$C_{14}H_{26}O_2$	—	乌药、马桑和山鸡椒
	顺-9-十六碳烯酸	棕榈油酸	$C_{16}H_{30}O_2$	—	橄榄、椰子
	顺-9-十八碳烯酸	油酸	$C_{18}H_{34}O_2$	14.2	油茶、核桃、橄榄、棕榈等
	顺-9-二十碳烯酸	—	$C_{20}H_{38}O_2$	—	文冠果、盾叶木、马桑
	顺-13-二十二碳烯酸	芥酸	$C_{22}H_{42}O_2$	33.5	文冠果、平舟木、无患子
	顺-15-二十四碳烯酸	鲨油酸	$C_{24}H_{46}O_2$	—	文冠果、黄连木
二烯酸	反-2,顺-4-癸二烯酸	—	$C_{10}H_{16}O_2$	—	乌桕
	顺-2,顺-4-十二碳二烯酸	—	$C_{12}H_{20}O_2$	—	乌桕
	顺-9,顺-12-十八碳二烯酸	亚油酸	$C_{18}H_{32}O_2$	-5	存在于多数木本油脂中
三烯酸	顺-9,反-11,反 13-十八碳三烯酸	α-桐酸	$C_{18}H_{30}O_2$	48~49	桐油、巴西果
	顺-9,顺-12,顺 15-十八碳三烯酸	亚麻酸	$C_{18}H_{30}O_2$	-11.3~-10	核桃、橡胶、猕猴桃

3.2.3 类脂物及脂肪伴随物

天然油脂中除了甘油三酯外,还含有数量不多的类脂物及脂肪伴随物,它们随油料的来源、制取方式和加工方式的不同而有很大差异。主要包括游离脂肪酸、甘油一酯、甘油二酯、磷脂、醚酯(又叫烃基甘油二酯或甘油醚)、甾醇及其酯、脂肪醇及蜡、叶绿素、维生素 A、维生素 D 和维生素 E 等。

3.2.3.1 磷脂

磷脂全称叫磷酸甘油酯,也叫甘油磷脂。磷脂普遍存在于动植物细胞的原生质和细胞膜中,在制油过程中伴随油脂而溶出。油料种子中的磷脂大部分与蛋白质、酶、苷或糖结合存在,以游离态存在的很少。在甘油三酯中,甘油的三个羟基均被脂肪酸酯化,而在磷脂中只有两个羟基被脂肪酸酯化,另一个羟基与磷酸结合,而磷酸又与氨基醇结合。油料中普遍存在的磷脂主要是卵磷脂(磷脂酰胆碱)、脑磷脂(磷脂酰乙醇胺)、肌醇磷脂(磷脂酰肌醇)和磷脂酸等组成。不同来源和品种的油料中磷脂的种类和含量各不相同。

卵磷脂

脑磷脂

肌醇磷脂

磷脂酸

常见油料植物中磷脂的脂肪酸组成多以不饱和脂肪酸为主，其中亚油酸的含量最多，其次是油酸和软脂酸。

在磷脂分子结构中，既有亲水的极性基团（磷酸氨基醇部分），又有疏水的非极性基团（脂肪酸根部分）。因此，磷酸是一种表面活性剂，在食品工业中常被用作乳化剂。由于磷脂具有强烈的吸水性，遇水膨胀后形成乳浊的胶体溶液，水化脱胶就是利用磷脂的这一特性将磷脂从油脂中分离出来的。

磷脂是构成生物膜的重要组成成分，在生理上有着极为重要的作用。它还可以促进神经传导，提高大脑活力；促进脂肪代谢，防止出现脂肪肝以及降低血清胆固醇；改善血液循环，预防心血管疾病。但磷脂会把微生物、水和其他杂质带入到油脂中，促使油脂加速酸败，不利于油脂的贮藏。另外，在煎炸时，磷脂能使油色变黑，产生大量泡沫，并在锅底形成黑色沉淀物，使油品降低。

3.2.3.2 甾醇

甾醇又叫类固醇，是天然有机化合物中的一大类。以游离态或与脂肪酸结合成酯存在于动、植物细胞中。动物体外普遍含有的甾醇是胆甾醇，通常被称为胆固醇。植物油料中的甾醇是多种甾醇的混合物，统称为植物甾醇，主要有 β-谷甾醇、豆甾醇、菜油甾醇等。表 3-4 列出了一些木本油脂中甾醇含量及其各种甾醇的百分组成，图 3-1 展现了常见植物甾醇的结构。

表 3-4 一些木本油脂中甾醇含量及其各种甾醇的百分组成

油脂名称	总甾醇含量/%	各甾醇的组成/%								
		胆甾醇	芸苔甾醇	菜油甾醇	豆甾醇	β-谷甾醇	异岩藻甾醇	2,2-二氢菠菜甾醇	燕麦甾醇	菠菜甾醇
椰子油	0.06~0.23	tr~3	0~2	6~10	12~20	47~76	2~26	0.4~7.8		
棕榈油	0.06~0.12	1~4	tr	14~24	8~14	58~74	0~2.7	0~1		

(续)

油脂名称	总甾醇含量/%	各甾醇的组成/%								
		胆甾醇	芸苔甾醇	菜油甾醇	豆甾醇	β-谷甾醇	异盐藻甾醇	2,2-二氢菠菜甾醇	燕麦甾醇	菠菜甾醇
橄榄油	0.11~0.31			1~6.6	0.1~3	80~98.6	0.2~1.3	tr~4	tr	
茶油	0.10~0.60				0~1			32~48	5~11	40~60
棕榈仁油	0.06~0.12	0.5~3	tr	8~12	11~16	68~75	0~6	0~1.5	tr	
蓖麻油	0.29~0.50			10~10.6	17~22	44~56	11~21	0~2	0~1	
桐油			tr	3~5	10~12.3	84.7~85				

注：tr 指小于 0.05。

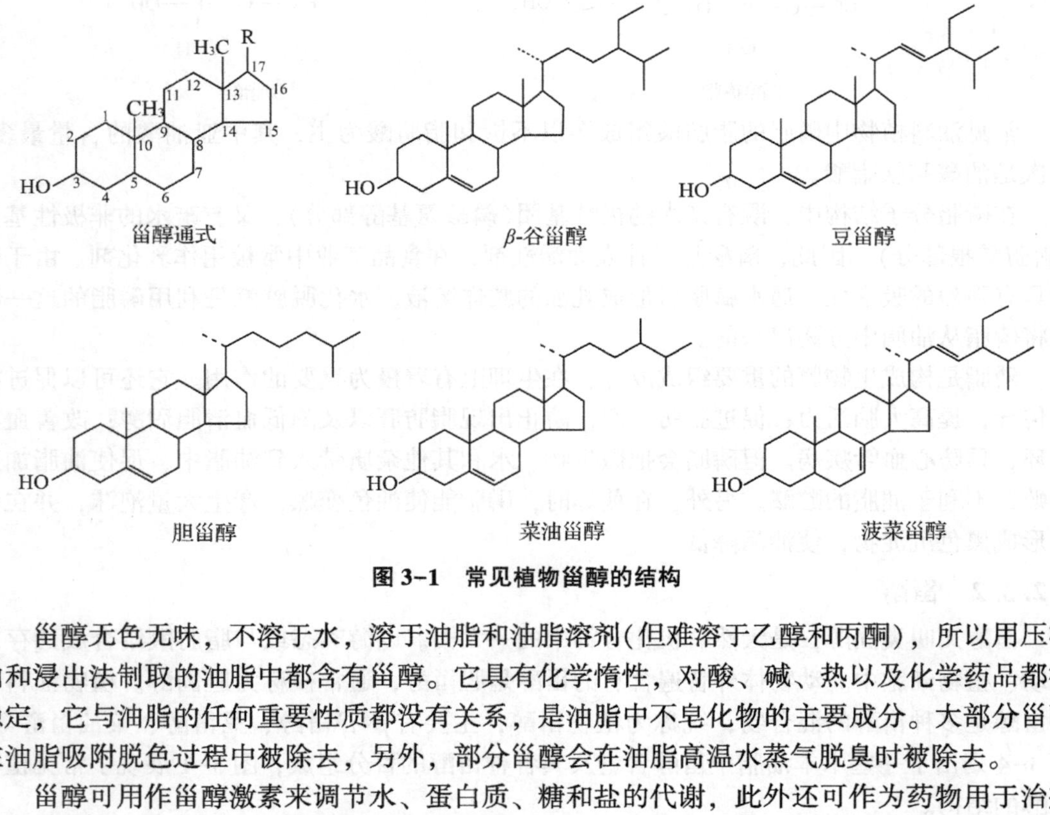

图 3-1 常见植物甾醇的结构

甾醇无色无味，不溶于水，溶于油脂和油脂溶剂（但难溶于乙醇和丙酮），所以用压榨油和浸出法制取的油脂中都含有甾醇。它具有化学惰性，对酸、碱、热以及化学药品都很稳定，它与油脂的任何重要性质都没有关系，是油脂中不皂化物的主要成分。大部分甾醇在油脂吸附脱色过程中被除去，另外，部分甾醇会在油脂高温水蒸气脱臭时被除去。

甾醇可用作甾醇激素来调节水、蛋白质、糖和盐的代谢，此外还可作为药物用于治疗心血管疾病、哮喘及顽固性溃疡。在紫外线作用下，甾醇会转变为各种维生素 D。例如由麦角甾醇转化而来的维生素 D 具有生理活性，可以用来治疗软骨病。甾醇最重要的用途是用来合成一些药物，如合成类固醇激素、性激素等。

3.2.3.3 维生素 E

维生素 E 是生育酚的混合物，俗称生育酚，普遍存在于植物油料中。木本油料油脂中的维生素 E 含量相比草本油料要少。维生素 E 既是一种脂溶性维生素，也具有对油脂的抗氧化作用，是一种很好的抗氧化剂。维生素 E 可以看作色满环的衍生物，有 α、β、γ、δ

生育酚和相应的 4 种生育三烯酚。α、β、γ、δ 4 种生育酚的侧链完全相同，区别在于苯环上的甲基数目。图 3-2、表 3-5 列出了一些油脂的生育酚含量和组成。

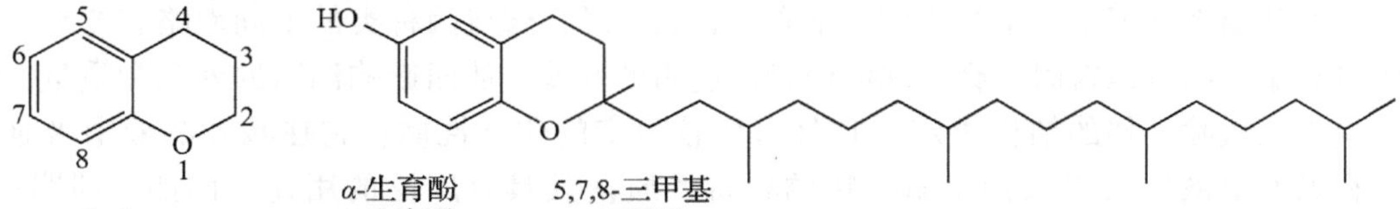

α-生育酚　　5,7,8-三甲基
β-生育酚　　5,8-二甲基
γ-生育酚　　7,8-二甲基
δ-生育酚　　8-甲基

图 3-2　油脂生育酚的结构

表 3-5　一些油脂的生育酚含量和组成（精制油）

油脂名称	生育酚含量/(mg/100g 油)				
	总　量	α	β	γ	δ
橄榄油	8.9~17.1	7.4~15.7	0~0.4	0.7~1.4	0~2.1
棕榈油	8.3~15.1	6.1~12.6	0.3~0.5	0.6~1.9	0.1~0.2
茶　油	6.9	6.9	tr	tr	
椰子油	0.2~0.9	0.1~0.7	tr	tr~0.3	tr~0.1
菜籽油	34.4~60.2	11.9~18.1	tr~1.2	18.1~40.0	0.4~1.6
花生油	9.6~13.9	4.0~7.8	0.1~0.4	4.4~6.6	0.4~0.7
大豆油	91.9~116.7	4.7~12.3	0.9~1.8	52.5~77.9	15.3~25.8
玉米油	68.0~77.0	14.0~20.8	0.4~1.0	51.1~73.9	1.7~3.3

注：tr 指小于 0.05。

生育酚是淡黄色到无色、无味的油状物，不溶于水而溶于油脂和石油醚氯仿等弱极性溶剂中，难溶于乙醇和丙酮。在常温时对酸和热稳定，与碱作用缓慢。α、β-生育酚被轻微氧化后会开环，并形成没有抗氧化性的生育醌。而 γ、δ-生育酚在相同的氧化条件下会部分转变为深红色的苯并二氢吡喃-5,6-醌，它具有微弱的抗氧化性，并使油脂颜色明显加深。

早期发现维生素 E 是一种抗不育维生素，后来又被用作治疗某些神经系统疾病，最近又发现维生素 E 可以延缓衰老、预防冠心病和癌症。维生素 E 已经成为一种声誉很高的当代药品营养剂和食品添加剂。因此，在食用性油脂精炼过程中应尽力保留维生素 E。

3.2.3.4　蜡

蜡在自然界分布很广。在植物界，蜡大多分布于叶、茎和果实的表面，以保护有机体少受损伤，避免水分过快蒸发；油料种子中含蜡量一般不大，主要存在于外壳中，在制油时常会转移到油脂中。蜡是一种混合物，主要成分是高级脂肪酸和高级脂肪醇形成的酯，组成比较复杂，结构通式如下：

$$R_1-\overset{\overset{\displaystyle O}{\|}}{C}-O-R_2$$

R_1 为高级脂肪酸的烃基（C_{19}~C_{25}），R_2 为高级脂肪醇的烃（C_{26}~C_{32}）。油脂中的蜂

蜡、巴西蜡、虫蜡和棕榈蜡等均为此类物质。除酯以外，蜡中还含有游离脂肪酸、游离醇和烃类，有的还含有甾醇酯、羧酸酯和树脂等。

纯净的蜡在常温下是结晶固体，常有悦目的光泽，熔点因种类的不同而略有差别。油脂中含有蜡的结晶微粒时，会呈现混浊状，透明度变差，从而影响油脂的外观和质量，因此需要将其脱除。蜡的结构决定了它具有比较稳定的化学性质：它在酸性溶液中极难水解，在碱性溶液中可以缓慢水解。蜡的独特性质使其具有广泛的用途，例如，照明（蜡烛）、磨光剂（家具、地板等的磨光）、鞋油、铸造脱模、蜡封和鞣革上光等。

3.2.3.5 烃类

很多油料种子中含有少量烃类（0.1%~1%），包括饱和烃和不饱和烃。这些烃有正链烃、异链烃和萜烃等，其中最常见的是三十碳六烯（分子式 $C_{30}H_{50}$），俗称角鲨烯。角鲨烯是由6个异戊二烯构成的无环三萜烯，分子中的6个双键均为反式，是一种非环三萜结构（图3-3）。角鲨烯在常温下为一种无色油状液体，不溶于水，易溶于乙醚、石油醚、丙酮。海产动物油中角鲨烯含量很高，在植物油中，橄榄油和米糠油中角鲨烯含量较高（表3-6）。

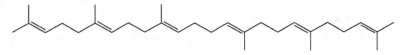

图 3-3　角鲨烯的结构

表 3-6　一些商品油脂中角鲨烯的含量　　　　　　　　　　　　mg/100 g

油脂名称	角鲨烯含量	油脂名称	角鲨烯含量
橄榄油	136~708	米糠油	332
茶油	8~16	花生油	8~49
椰子油	2	菜籽油	24~28
棕榈油	2~5	豆油	5~22
杏仁油	21	葵花油	8~9

一般认为油脂的气味、滋味与烃类物质有关，它还是油脂中的不皂化物，故要设法除去。但角鲨烯为高度不饱和烃，极易氧化，是一种天然抗氧化剂，在没有其他杂质存在时，可以起到延缓油脂氧化酸败的作用。

3.2.3.6 游离脂肪酸

油料中的脂肪酸大都以结合状态存在。但在未成熟的油料种子中会存在游离态的脂肪酸。另外油料在受潮、发热或脂肪酶的作用下，会分解产生游离态脂肪酸，在制油的过程中转入油脂中。一般在未精炼的油脂中游离脂肪酸占2.5%~5%。

油脂中游离脂肪酸的含量一般以油脂的酸值来表示，酸值是检验油脂质量的重要指标，以中和每克油中游离脂肪酸所需 KOH 的毫克数表示。

游离脂肪酸的含量过高，会使油脂带有刺激性气味而影响食用。不饱和酸对热和氧的稳定性差，会进一步促进油脂的氧化酸败，因此必须设法将其除去。毛油精炼时，对于游离脂肪酸含量高的油脂，常采用高温真空蒸馏法脱酸，对于游离脂肪酸含量低的油脂则以碱炼法脱酸。

3.3 油脂和脂肪酸的化学特性

除了甘油三酯酯键可以发生水解、酯交换等反应。天然油脂的性质主要由构成其甘油三酯的脂肪酸的性质决定。天然脂肪酸的羧基可以发生酯化、氧化、取代等反应。此外，羧基的 α-亚甲基及其相关的氢原子在羧基的影响下易发生取代反应。天然不饱和脂肪酸由于含有不饱和双键而易发生典型的烯烃所具有的加成、氧化、聚合等反应。甘油三酯以及脂肪酸所能发生的反应从化学的角度上来看机理是比较简单的，但研究这些反应对油脂加工、分析、应用及其衍生物的应用具有重要意义。

3.3.1 水解、皂化反应

油脂可以在酸、碱和脂肪酶的催化下发生水解反应。在适合的温度和压力下油脂还能与溶解在其中的水发生非催化水解反应。酸催化的水解机理如下所示：

$$R_1-\overset{O}{\underset{}{C}}-OR_2 + H^+ \rightleftharpoons R_1-\overset{\overset{+}{O}H}{\underset{}{C}}-OR_2 \xrightarrow{H_2O} R_1-\overset{OH}{\underset{\overset{+}{O}H}{C}}-OR_2 \rightleftharpoons R_1-\overset{OH}{\underset{\overset{+}{O}H}{C}}-OR_2 \rightleftharpoons R_1COOH+R_2OH+H^+$$

甘油三酯的水解分步进行，经甘油二酯、甘油一酯，最后生成甘油。

脂肪酶可以在温和的条件下实现油脂的水解，当油脂中有脂肪酶存在时，水解反应速度会大大加快。在一般条件下，脂肪酶催化油脂水解产生游离脂肪酸，这是在油脂贮藏过程中发生酸败的重要原因之一。棕榈果和米糠中含有大量的脂肪酶，因此收获棕榈果后需立即进行高温处理使脂肪酶灭活。但是脂肪酶的选择性，比如对水解位点以及脂肪酸的类型的选择性，使其被广泛地应用于油脂的选择性水解、结构分析以及某些功能性脂肪酸的生产。

油脂在碱性溶液条件下水解生成甘油和脂肪酸盐的反应称为皂化反应，这一反应是制皂工业的理论依据。水解反应机理如下所示：

$$R_1-\overset{O}{\underset{}{C}}-OR_2 \xrightarrow{-OH} R_1-\overset{O^-}{\underset{OH}{C}}-OR_2 \longrightarrow R_1-\overset{O}{\underset{}{C}} + {}^-OR_2 \longrightarrow R_1-\overset{O}{\underset{}{C}}-O^- + R_2OH$$

油脂的皂化反应速度取决于碱液浓度、反应温度等因素，还与脂肪酸的结构有关。此外，皂化反应速度随反应的进程而变化。反应初期，由于油脂与碱液互不相溶，反应只在两相界面发生，反应速度较慢；随着皂相的生成，油脂和碱都溶解其中，皂化反应可以在均相体系中发生，反应速度大大加快；最后油脂浓度下降，以及大量油脂被生成的肥皂包裹，反应速度逐渐下降。

实验室里为保证皂化反应完全且快速，一般在溶剂(如乙醇)中进行。现在的肥皂生产通常是先将油脂水解成脂肪酸，再将脂肪酸与碱中和制皂。游离脂肪酸与碱的皂化反应比甘油三酯与碱的反应速度更快，而且所需碱浓度要小得多。因此在油脂精炼中，利用它们的这一差别用碱除去油脂中存在的游离脂肪酸。

皂化 1 g 油脂(酯，游离脂肪酸及其他类脂物)所需的 KOH 毫克数称为该油脂的皂化值。皂化 1 g 油脂的甘油三酯所需的 KOH 毫克数称为该油脂的酸值。

3.3.2 酯交换反应

酯交换反应是指甘油三酯与醇/酸/酯(不同的酯)在酸或碱的催化下生成一个新酯和一个新醇/酸/酯的反应。

酸解可以在酸或酶的催化下进行反应以改变甘油三酯的组成。比如用含有大量 C_{16} 和 C_{18} 的脂肪酸的油脂和富含月桂酸的脂肪酸进行酸解，可以得到一种富含中碳链脂肪酸的甘油酯。

甘油三酯可与甲醇发生醇解，生成脂肪酸甲酯，分析油脂的脂肪酸组成便是利用这一原理，这一反应也被称作转酯反应。醇解反应在酸或碱的催化下进行，可避免对酸或碱敏感的脂肪酸发生结构变化，并加快反应进程。植物油或废弃油脂的甲醇解也可用于生产生物柴油。在工业中，甘油三酯与甘油混合，可在氢氧化钠或甲醇钠等碱性催化剂的催化下发生甘油解，生成单甘酯和甘油二酯。

酯-酯交换反应是指甘油骨架上的脂肪酸发生的分子内或分子间的交换反应。甘油三酯中脂肪酸分布的改变可以使油脂的性质发生改变，如结晶和熔化特征。

分子内酯-酯交换：

$$\begin{matrix} R_1 \\ R_2 \\ R_3 \end{matrix} \rightleftharpoons \begin{matrix} R_2 \\ R_1 \\ R_3 \end{matrix} \rightleftharpoons \begin{matrix} R_3 \\ R_1 \\ R_2 \end{matrix}$$

分子间酯-酯交换：

$$\begin{matrix} R_1 \\ R_1 \\ R_1 \end{matrix} + \begin{matrix} R_2 \\ R_2 \\ R_2 \end{matrix} \rightleftharpoons \begin{matrix} R_2 \\ R_2 \\ R_1 \end{matrix} + \begin{matrix} R_1 \\ R_2 \\ R_1 \end{matrix} \rightleftharpoons \begin{matrix} R_1 \\ R_2 \\ R_2 \end{matrix} + \begin{matrix} R_2 \\ R_1 \\ R_1 \end{matrix}$$

酯-酯交换一般在脂肪酶催化或碱催化剂，如醇钠、碱金属及其合金催化，和较低的温度(70~100 ℃)下进行。酯-酯交换也可在无催化剂时进行，但这时需要更高的温度(≥250 ℃)，反应进程较慢，也会发生分子分解和聚合等副反应。

酯-酯交换可分为随机酯-酯交换和定向酯-酯交换两种。化学催化剂催化下的酯-酯交换为随机酯-酯交换，产物是完全随机的。

脂肪酶催化酯-酯交换反应可有选择性地改变脂肪酸分子在甘油骨架上的分布。所谓选择性，是指反应对甘油骨架上不同位(*sn*-1、*sn*-3 而非 *sn*-2)的脂肪酸有选择性，或是指对某些具有不同双键位置和链长的特定脂肪酸有选择性。酶法酯交换在生产高附加值产品上具有很大的应用潜力。例如，可用三棕榈酸甘油酯与油酸在 *sn*-1,3 专一性脂肪酶催化酯-酯交换，在 *sn*-1 和 *sn*-3 位置引入油酸，*sn*-2 位置的棕榈酸不变，可得到一种替代人乳脂肪的产物(OPO，1,3-二油酸-2-棕榈酸甘油三酯)。

3.3.3 氢化

油脂氢化分为催化氢化和非催化氢化。催化氢化是指在有催化剂(铂、镍、铜等)存在时，油脂的不饱和双键与氢发生的加成反应。反应速度取决于油脂性质、反应温度、反应压力以及催化剂活性等因素。非催化氢化是氢从氢供体转移到脂肪酸的双键上，反应为顺式加成，选择性很高，不存在双键迁移现象。

氢化是油脂改性的一种重要手段，氢化反应可以提高油脂的熔点、改变塑性、提高抗氧化能力等，具有很高的经济价值。在工业生产中，氢化的目的主要是将液体油脂转化为固体或半固体油脂。氢化油脂颜色较浅，具有特殊气味，可利用吸附剂吸附除去。氢化油被广泛用于制皂、人造奶油和起酥油的生产。

3.3.4 卤化

和氢化相似，卤化是指卤素(氟、氯、溴、碘)与脂肪酸的不饱和双键发生的加成反应。卤化反应主要用于分析，还可用于结构鉴定、产物分离和合成中间体。双键上碘的加成反应是测定油脂碘值的依据，即 100 g 油脂所能加成碘的克数，称为该油脂的碘值。碘值的大小反映了油脂的不饱和程度及油脂属性。

氟和氯的加成反应剧烈，须在低温下进行。碘单质不能单独进行加成反应，常用的卤素加成剂为 Br_2、ICl 和 IBr 等。多不饱和脂肪酸的共轭双键往往只有一个能被加成，而非共轭双键可以被全部加成。

$$\underset{H}{-C}=\underset{H}{C}-\xrightarrow{Br_2}\underset{H}{-C}\overset{Br^+}{\underset{}{\diagdown}}\underset{H}{C}-\begin{array}{l}\xrightarrow{Cl^-}-CHBrCHCl\\ \xrightarrow{HOH}-CHBrCH(OH)-\\ \xrightarrow{ROH}-CHBrCH(OR)-\\ \xrightarrow{RCOO}-CHBrCH(OCOR)-\end{array}$$

由于卤素与双键作用时可能会同时发生加成、取代两种反应，因而需要控制其反应条件，使其利于某一反应的进行。例如，取代反应为游离基反应，是在较高温度、光照射、高浓度以及非极性溶剂中进行，而加成反应为离子反应，是在无光和室温下进行的。

3.3.5 聚合

加热二烯酸酯与三烯酸酯会发生热聚合，空气氧化也会发生聚合。这两种聚合反应会导致干性油干燥成膜。

油脂分子经大量空气氧化后生成的过氧化物与其他双键能发生聚合，成为六环氧化物。此外，过氧化物分子间也可相互聚合生成过氧八环化合物。在外界条件影响下，分子间的双键也可以相互聚合成碳碳四环化合物。有共轭双键时，可聚合生成碳碳六环化合物。非共轭双键发生氧化时必然会转变为共轭双键，因此同样会发生上述的聚合反应。桐油之所以具有良好的干燥性能并生成坚韧的薄膜，其原因就在于它含有大量的共轭桐酸(三烯酸)甘油酯，聚合作用易于发生(图3-4)。例如甘油三亚麻酸酯可以干燥成膜，甘油三亚油酸酯也能够干燥成膜，而甘油三油酸酯只能凝缩变稠，不能成膜。

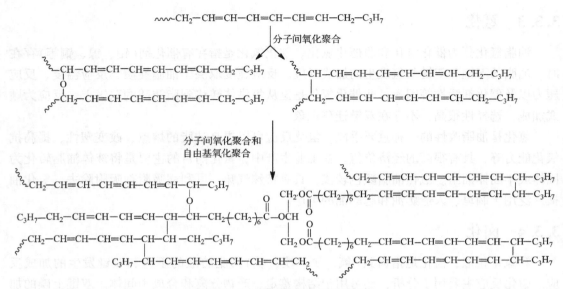

图 3-4　桐油光催化聚合机理

3.3.6　酸败

油脂在贮藏期间常因条件不当而引起性质的改变，并产生一种令人不愉快的特别气味，即哈喇味儿，这种现象称为油脂的酸败。酸败油脂的哈喇味儿来自油脂酸败时生成的挥发性低分子醛、酮、酸，同时其中还存在着非挥发性的高分子醛、酮、酸、醇及过氧化物等。酸败油脂的酸值和过氧化值增大，碘值下降。引起油脂酸败的因素有杂质、水分、高温、光照及空气等，其中最重要的因素则是水分和空气。油脂酸败的化学变化是复杂的，大致可分为水解酸败和氧化酸败两大类型。

油脂中常含有具有活性的脂肪酶，在未精炼过的毛油，特别是冷榨后未经过滤的毛油中含量较多。在水存在的情况下，脂肪酶催化油脂水解产生游离脂肪酸，这称作油脂的水解酸败。毛油如经过滤处理，可除去大部分非脂肪复合物，从而使水解酸败作用大为减弱，当油脂比较纯净且含水率较低时，一般也不易发生水解酸败。油脂水解酸败的催化剂是脂肪酶，当温度高于 50 ℃ 或低于 15 ℃ 时，脂肪酶的活性都受到抑制，故在低温下贮藏油脂比较安全。但若油脂中含有较多的水分时，即使在 0 ℃ 以下的低温，脂肪酶的活性仍不会完全丧失。此外，油脂的 pH 值也会对脂肪酶的活性产生影响，当介质的 pH 值为 4.5~5.0 时，脂肪酶的活性最大，pH 值大于或小于此范围，脂肪酶的活性都会受到抑制。

氧化酸败是油脂酸败的主要类型。油脂中的不饱和酯易被空气中的氧气氧化，生成氢过氧化物，不稳定的氢过氧化物会进一步分解成短碳链的醛类、酮类以及酸类等小分子化合物，使油脂性质改变，发出哈喇味儿，导致油脂酸败。油脂的空气氧化包括自动氧化、光氧化和酶促氧化。

自动氧化是指活化的不饱和酯和空气中的氧在室温下，未经任何直接光照、未加任何催化剂等条件下的完全自发的氧化反应。它是一个自催化过程和自由基链反应，反应键过程包括链引发、链传播和链终止 3 个阶段。油脂自动氧化是一个非常复杂的过程，能够影响此反应的因素有很多。其基本反应模型如下：

链引发　　　$RH \longrightarrow R^{\cdot}$

链传播　　　$R^{\cdot} + O_2 \longrightarrow ROO^{\cdot}$　　　反应快速

　　　　　　$ROO^{\cdot} + RH \longrightarrow ROOH + R^{\cdot}$　　　速率决定步骤

链终止　　　$R^{\cdot}$，$ROO^{\cdot} \longrightarrow$ 稳定产物

光氧化作用也是油脂氧化酸败的原因之一。氧分子有两种存在能量状态，一种是单线态，即激发态氧分子（$^1O_2$）；另一种是三线态，即基态氧分子（$^3O_2$）。基态氧分子受紫外光和油脂中光敏剂的影响转变为激发态氧分子。激发态氧分子可将脂类化合物氧化成氢过氧化物，成为油脂氧化的根源。光敏剂主要是油脂中存在的色素，如叶绿素、脱镁叶绿素和赤藓红等，此外还包括染料（曙光红、亚甲基蓝、赤藓红钠盐等）和稠环芳香化合物（蒽、红荧烯）。光氧化速度很快，一旦激发态氧生成，反应速度是自动氧化的上千倍。油脂中的光敏色素大部分已经在加工过程中被除去，并且油脂多在避光条件下加工贮藏，因此油脂的光敏氧化一般不易发生。

油脂在脂氧酶的催化下发生的氧化反应称为酶促氧化。脂氧酶包括紫色酶、黄色酶和无色酶，它们只存在于某些植物体内。脂氧酶的氧化能力很强，在有氧或缺氧条件下均有氧化作用。脂氧酶只能选择性地氧化个别脂肪酸，如亚油酸和亚麻酸。

3.4　油脂分离与精炼

油脂存在于植物油料种子细胞内，要使油脂充分地分离提取出来，就必须彻底破坏油料细胞的组织结构，根据油料品种、油脂状况及副产品的用途等，选用适宜的加工方法和设备，使油与非油物质分离。目前我国主要采用的油脂分离方法有压榨法、浸出法和水代法等。

采用压榨、浸出或其他方法制得的未经精炼的油脂称为毛油。毛油中存在着多种非甘油三酯的不同状态的杂质，如悬浮杂质、水分、胶溶性杂质和油溶性杂质。根据油脂的不同用途和要求将不需要和有害杂质从毛油中去除的过程称为油脂精炼。油脂精炼可以提高油脂的品质，扩大油品用途，利于贮藏并得到有价值的油脂伴随物，如磷脂、生育酚和蜡等。

3.4.1　压榨法

压榨法制油就是借助机械外力的作用，将油脂从油料中挤压出来的制油方法。根据压榨时对榨料施加压力的大小和压榨取油的深度，压榨法制油可分为预榨和一次压榨。预榨要求将约 70% 的油脂榨出，一般会有 15%~18% 的油残留在榨饼中，然后采用浸出法制取这部分残油。而一次压榨则在压榨过程中尽可能多地将油料中的油脂榨出，榨饼的残油仅为 3%~5%。根据压榨时的温度不同，压榨法制油还可分为热榨和冷榨。热榨的出油率高，但榨饼的蛋白质变性严重。冷榨的温度较低，出油率低（<80%），但油脂中生物活性成分保留率高，且榨饼中的蛋白质变性轻微，可以加工成食用蛋白粉。

压榨法制油具有工艺简洁、配套设备少、适应性强、油品质量好、风味纯正、色泽浅等特点,因此压榨法制得的油品广受消费者欢迎。但压榨法也有榨饼残油量大、动力消耗大、压榨设备零件易磨损等缺点。图 3-5 为压榨法制油工艺流程,主要包括干燥、剥壳、压坯、蒸炒、压榨和精炼等工序。

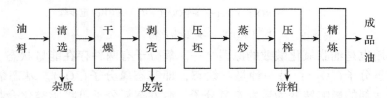

图 3-5　压榨法制油工艺流程

油料预处理可以提高油脂分离效率,对带壳的油料而言,预处理的内容包括清选、干燥、剥壳、轧坯、蒸炒等一系列工序的处理。

(1) 清选

清选的目的是去掉混进油料中的有机杂质、无机杂质和含油杂质。有机杂质主要是植物根、茎、杂草等;无机杂质是指灰尘、砂石、金属等;含油杂质包括霉变、受病虫害侵袭以及异种油籽等。清选的原理是根据油籽和杂质在形状、硬度、相对密度等物理性质上的差异采用筛选、风选、磁选和相对密度分选等方法除去杂质。

(2) 烘晒或烘干

油料的烘晒或烘干是根据剥壳、碾粉设备的需要进行的预处理工序。不同型号的剥壳机和粉碎机对油料含水率均有不同的要求,如油料含水率太高,则籽壳疲软,不利于剥壳、碾粉操作。油料含水率太低,在剥壳碾粉过程中会使粉末增多,风选(壳仁分离)时损失加大。例如桐籽剥壳时,要求含水量在 10%~12%,茶籽和桐籽不剥壳直接碾粉时要求含水率在 5% 左右。

(3) 剥壳及壳仁分离

剥壳是带壳油料在制油前的一道重要工序。剥壳的主要目的是提高出油率和毛油、饼粕的质量,并减轻壳对设备的磨损,利于后续的轧坯等工序,以及方便对壳的综合利用。

油料皮壳多由纤维素、半纤维素和木质素等构成,含油量甚少。一般油料的皮壳量都相当大,如油茶籽壳占 22%~38%,油桐籽壳占 35%~45%。而且皮壳中色素、胶质和蜡含量较高。

油料剥壳时,要求剥壳率高,漏籽少,籽仁尽量保持完整;壳的粉碎度不能太大,以便于壳仁分离。常用的剥壳设备有圆盘剥壳机、刀版剥壳机、齿辊剥壳机、离心剥壳机、锤击式剥壳机。剥壳时可根据油料的性质,如外壳的机械性质、壳仁之间的附着情况等,选择合适的剥壳设备。油茶籽和油桐籽的剥壳可采用圆盘剥壳机和离心剥壳机。

剥壳后得到的是整仁、壳、碎仁、碎壳以及未剥壳整籽的混合料,需要将其分成仁、壳和整籽 3 部分。生产上可采用筛选和风选的方法达到分离目的。现在大多数剥壳设备本身就集成了筛选、风选联合系统,以简化工艺,使剥壳和壳仁分离过程同时完成。

(4) 破碎和轧坯

欲使油脂充分地从油料中分离取出,必须采用适当方法破坏油料细胞组织,特别是破坏其细胞壁结构以及细胞内含物的稳定状态。破碎和轧坯就是破坏细胞结构的一个重要过程。

某些含油量和含水量低的油料，在轧坯前还需进行软化处理，以调节至适宜的水分和温度，使其具有相当的可塑性，以利于轧坯和随后的蒸炒。如大豆(含油低)和菜籽(含水低)必须经软化处理才能轧坯，而油茶籽、油桐籽等木本油料含油较高，可免去此工序。

轧坯就是利用机械的作用，将油料由粒状轧成片状的过程。其目的在于破坏油料的细胞结构，增加油料的表面积，缩短油脂流出的路程和提高蒸炒效果。对轧坯的要求是料坯薄而均匀，粉末度小，不漏油。无论是压榨法还是浸出法取油，料坯的出油率均与其厚度呈负相关的关系。但料坯厚度对浸出法取油的出油率的影响更显著，料坯厚度在 0.3 mm 以下为宜。

(5)蒸炒

蒸炒就是将轧坯后得到的生坯，经过湿润、蒸坯、炒坯等处理，转变为适宜于压榨的熟坯的热处理过程，它是压榨法取油中一道非常重要的工序。蒸炒的目的是通过水分和温度的作用，使料坯在化学组成、微观结构和物理状态等方面发生变化，使出油率、油脂和饼粕的质量得到提高。蒸炒后油料细胞被破坏彻底，蛋白质发生变性，油脂聚集，油脂黏度和表面张力降低，料坯的弹性和塑性得到调整，酶类被钝化。蒸炒的类型有两种，分别是干蒸炒和湿润蒸炒。

干蒸炒就是在对料坯或油籽进行蒸炒时，不加水湿润，只进行加热和干燥。这种蒸炒方法只适用于一些特种油料，如炒制芝麻籽制取小磨香油、炒制花生仁制取浓香花生油以及可可籽的炒制。湿润蒸炒是指在蒸炒之前通过添加水或喷入蒸汽的方法使生坯达到最优的炒制水分要求，使得炒制后的熟坯中的水分含量、结构性能和温度达到最适合压榨取油的要求。

(6)压榨

油料经上述一系列处理后，油脂已经达到最佳出油状态。料坯的塑性大小与料坯中的水分含量、温度成比例，即在一定温度下，料坯水分含量大则塑性大，水分含量小则塑性小；在水分含量一定时料坯温度高则塑性大，温度低则塑性小。具体要求随压榨设备不同而异。另外，油分温度升高，分子运动加快，黏度降低，也利于压榨时油的流出。

压榨取油通常采用的设备有液压榨油机和螺旋榨油机。

液压榨油机是基于液体静压力传递原理对油料施加压力，使油料在静态条件下受到挤压，将油从油料中压榨出来。液压榨油机分为立式液压榨油机和卧式液压榨油机两种。立式液压榨油机的工作过程分为做饼、装垛压榨、卸垛、饼边复榨等步骤。立式液压榨油机结构比较简单，操作使用方便；缺点是间歇操作，装卸饼劳动强度大，适合小规模榨油使用。卧式液压榨油机适用于软质高油分油料的连续成型压榨。这种榨油机的特点是饼块横置，油路通畅，出油率高，可自动化清渣和卸饼。液压榨油机在机械性能方面不如螺旋榨油机。但对于一些对油、油饼质量有特殊要求的油料，尤其是一些木本油料，如油棕果、油橄榄和可可籽等液压榨油机具有不可替代的优势。

在螺旋榨油机内，直径由小到大的螺旋轴旋转着把榨膛内的油料向前推进，随着推进的进行，榨膛内的容积逐渐缩小，压力逐渐增大，使油脂被榨出来。料坯是连续自动地进料,也连续自动地出饼。螺旋轴为一根转动的轴,称为榨螺轴,轴上套有一节节规格不一的榨螺,当轴旋转时就会带动榨螺,螺旋面随榨螺轴旋转,推动着料坯连续向前输送。在榨膛内,榨螺轴旋转一周,就把料坯向前推进一螺距的距离。因而榨螺的螺距长,推进距离就长;螺距短,推进距离就短。而榨螺轴的螺旋距离自进料端到出饼端是逐渐减小的,也就是说,榨膛内的料坯行进速度是逐渐降低的,而进料端的料坯是源源不断地送料,从而形成一种推挤作用,产生的压力就把油挤压了出来。总的来说,在料坯被向前推进的过程中,由于螺距的缩短和榨膛空间体积的缩小,最终产生了压榨作用。

3.4.2 浸出法

浸出法取油是应用固-液萃取的原理,选用某种有机溶剂(一般用工业己烷或石油醚,我国常用的是 6 号抽提溶剂油,俗称浸出轻汽油)与经过处理的料坯或预榨饼,在浸提罐中浸泡或喷淋,使油料中的油脂被萃取出来,然后将所得混合物按各自沸点的不同加以分离,回收溶剂和取得油脂。图 3-6 为浸出法制油工艺流程,主要包括浸出、蒸发、汽提和精炼等工序。

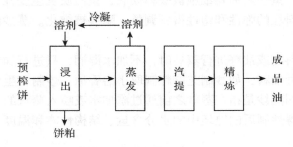

图 3-6 浸出法制油工艺流程

浸出法分离油脂相对其他取油方法有诸多优势:①出油率高,浸出法取油后,粕中残油在 1%以下;②粕中蛋白质含量高,可作为生产饲料的原料;③采用非机械方法规模化生产,加工成本低;④容易实现自动化控制生产;⑤采用封闭性生产,无粉尘,无泄漏,相对压榨法生产环境好;⑥可以控制浸出过程,使溶剂对油进行选择性溶解,所得毛油杂质少,质量好。

根据生产操作方式可以分为间歇式和连续式;根据溶剂对油料的接触作用方式可分为喷淋式、浸泡式、喷淋浸泡混合式;根据浸取设备的运行特征和结构特征还可分为平转式、罐组式、拖链式、履带式等。油脂生产厂家可根据生产规模、对油品和粕的要求以及油料的特征选择合适的生产设备。

近些年来,人们在不断地探索浸出法取油的新溶剂、新工艺和新设备。用极性溶剂(乙醇、丙酮和混合溶剂)浸出取油可获取比采用烃类溶剂浸出更高质量的油脂和成品粕。利用压缩的液化气(如丙烷、丁烷、丙烷丁烷混合气以及其他烃类混合气)作为浸出溶剂进行制油。目前国内的研究成果液化石油气(又称 4 号浸出溶剂)已在工业上获得推广应用。

利用超临界流体萃取技术也可实现原料中油脂的浸出。当气体达到它的临界温度和临界压力后会具有一些液体的性质，被称作超临界流体。超临界流体具有与液体相似的相对密度，同时又具有与气体相似的扩散性和黏度，表现出较强的溶解能力和传递特性。目前研究的是超临界 CO_2 萃取分离油脂。相比于其他方法，超临界 CO_2 萃取法得到的油气味清香、酸值低、碘值最大、过氧化物值最低、色泽浅、无残留溶剂等，但该工程技术要求高，设备昂贵，需要不断改进。

3.4.3 水代法

水代法制油是我国特有的一种"小磨香油"制油方法。它同压榨法、浸出法不同，是将热水加到经过预处理的油料中，利用水油分相的原理，用水把油脂从原料中替代出来，即以水代油的制油方法。此法长期用于制取小磨香油，通过试验实践，同样适用于含油率高的桐籽、油茶籽及其他高含油量油料的油脂提取。本方法需要特别注意的是，加水量要适量，否则就可能出现乳化现象，使油、水、浆渣混合在一起而难于分离。水代法制取茶油的工艺流程如图 3-7 所示，主要包括脱壳、破碎、烘炒、研磨、加水搅拌、振荡分油、撇油等工序。

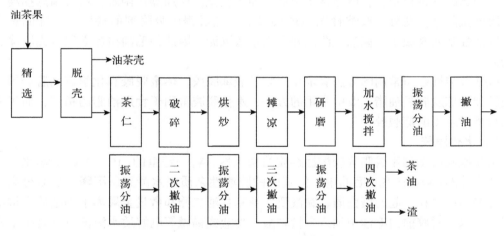

图 3-7 水代法茶油制油工艺流程

3.4.4 油脂精炼

油料经过压榨和浸出法而得到的毛油除了主要成分甘油三酯外，还混有数量不等的各类非甘油酯成分，有的为无机物，有的为有机物，统称为油脂杂质。油脂杂质随油料品种、产地、制油方法和贮存条件而异。根据存在状态，油脂杂质可分为悬浮杂质、水分、胶溶性杂质、脂溶性杂质等。胶溶性杂质是指能与油脂形成胶溶性物质的杂质，包括磷脂、树脂、糖类和黏液质等。脂溶性杂质是指以真溶液状态存在于油脂中的杂质，包括游离脂肪酸、甾醇、生育酚、色素、烃类、蜡和脂肪醇等。油脂是与国计民生密切相关的主要资源，除食用外，还是轻化、日用工业品的主要原料。油脂精炼的目的是根据油脂不同的用途和要求，将不需要的和有害的杂质从毛油中除去，从而提高油品质量，扩大油品用途，便于油品长期贮存。图 3-8 为食用油精炼流程，主要包括过滤、脱胶、脱酸、干燥、脱色、脱臭和脱蜡等工序。

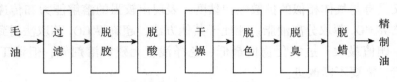

图 3-8 食用油精炼流程

3.4.4.1 毛油预处理

毛油中往往会含有一定数量的不溶性悬浮杂质和水分,如泥沙、料坯粉末、饼渣、纤维、草屑等。它们的存在易引起油脂的酸败,影响精炼过程。由于悬浮杂质不溶于油,故可用沉降、过滤和离心等方法加以去除。工业上脱出毛油中的水分常采用常压或减压干燥的方式。常压加热脱水容易导致油脂的过氧化值增高,减压干燥则可以避免。

3.4.4.2 脱胶

胶溶性杂质是指能与油脂形成胶溶性物质的杂质,包括磷脂、树脂、糖类和黏液质等。在油脂碱炼过程中,胶溶性杂质会促使油脂乳化,增加操作困难,增大精炼损耗,并使皂脚质量降低。此外,胶溶性杂质还会增加脱色过程中吸附剂的耗用量,降低脱色效果。胶溶性杂质易吸水,使油变浑浊并产生絮状沉淀。因此,毛油精炼必须首先脱除胶溶性杂质。

脱除胶溶性杂质常用的方法有水化脱胶、酸炼脱胶、热聚脱胶和化学试剂脱胶等。水化脱胶和酸炼脱胶是油脂工业中常用的方法,水化脱胶常用于食用油脂的精炼,而工业用油的精炼常采用酸炼脱胶。

(1) 水化脱胶

水化脱胶就是利用磷脂等胶溶性杂质的亲水性,将一定量的(1%~3%)的热水,在搅拌下加入热的(60~65 ℃)毛油中,使其中的胶溶性杂质吸水凝聚、沉降,然后分离。此外,与磷脂结合在一起的蛋白质、黏液质、糖基甘油二酯和微量金属离子等杂质也被沉降分离。在水化脱胶前向毛油中加入少量磷酸、食盐或稀碱等电解质水溶液可以将少量不能水化的磷脂也沉降下来。

(2) 酸炼脱胶

酸炼脱胶是指向毛油中加入一定的硫酸,使胶溶性杂质变性分离。酸炼脱胶分为浓硫酸法和稀硫酸法两种工艺。高浓度工业硫酸(90%~94%)作为脱水剂作用于蛋白质、黏液质等,使它们变性和发生树脂化而析出,溶解或悬浮于酸液中,形成软沥青油脚;浓硫酸与色素接触时,会发生磺化或酯化反应,使部分色素褪色。稀硫酸(2%~5%)法脱胶时,蛋白质和黏液质等胶质发生水解而遭到破坏;此外,作为强电解质的稀硫酸,可以中和胶质状及乳浊状质点的电荷,使之发生絮凝或凝聚。由于硫酸能对磷脂、蛋白质以及黏液质具有强烈作用,因此精炼含有大量蛋白质、黏液质的毛油或处理裂解用油常用酸炼法。

3.4.4.3 脱酸

脱酸就是脱除毛油中的游离脂肪酸。游离脂肪酸会使油脂产生微辣、涩口的味道,此外它也是促使油脂酸败变质的一个因素。脱酸的方法有碱炼法、蒸馏法、液-液萃取法以及酯化法等，其中最常采用的是碱炼法和真空蒸汽蒸馏法。

（1）碱炼脱酸

碱炼脱酸是用碱（烧碱、纯碱或先用烧碱后用纯碱）中和油脂中的游离脂肪酸，生成絮状胶体脂肪酸钠盐（钠皂）。钠皂具有表面活性，有较强的吸附和吸收能力，因此生成的钠皂又可以吸附相当数量的其他杂质，如蛋白质、磷脂、黏液质、色素以及带有羟基或酚基的物质，使之一同沉降。因此碱炼脱酸还附带有脱胶和脱色等综合效果。但是较浓的碱液（11%~16%）会不可避免地皂化少量的甘油三酯而引起炼耗的增加，因此必须选择最佳工艺条件。

（2）真空蒸汽蒸馏脱酸

真空蒸汽蒸馏脱酸又称物理精炼脱酸，即毛油中的游离脂肪酸，借真空水蒸气蒸馏，达到脱酸目的的精炼方法。其机理是基于在相同条件下，游离脂肪酸的蒸汽压远远大于甘油三酯的蒸汽压，利用这一物理性质实现游离脂肪酸的分离。天然油脂多属于热敏性物质，在常压高温下稳定性差，往往在达到游离脂肪酸的沸点时，即开始氧化分解。但当油脂中通入与油脂不相容的惰性组分水蒸气时，游离脂肪酸的沸点会大幅度降低。表3-7列出了几种脂肪酸在不同条件下的沸点变化情况。

表3-7　几种脂肪酸在不同条件下的沸点　　　　　　　　　　℃

脂肪酸	不加水蒸气（常压）	脂肪酸∶水蒸气	
		1∶2.5（常压）	1∶1（20 kPa）
月桂酸	301	191	176
豆蔻酸	330	211	173
棕榈酸	340~356	224	211
硬脂酸	360~383	243	223
油酸		239	220

3.4.4.4　脱色

纯净的甘油三酯在液态时是无色的，在固态时呈白色。常见的油脂带有不同的颜色是因为色素的存在。天然存在于油中的脂溶性色素有类胡萝卜素、叶绿素、叶黄素等。除此之外，还有一些是在油脂生产过程中生成的，如由叶绿素在高温下转变成的叶绿素红色变体及游离脂肪酸和铁离子生成的铁皂等。劣变油脂中的糖类、蛋白质以及磷脂等成分的降解产物也会呈现出颜色（棕褐色）。油脂中的色素一般都是无毒的，但油脂的外观会受其影响，所以一般在生产高端产品时必须进行脱色处理。

用于脱除油脂中色素的方法有很多，如吸附脱色、氧化脱色、加热脱色和化学试剂脱色等，其中吸附脱色是油脂工业中最常用的方法。吸附脱色就是利用吸附剂（漂土、活性白土、活性炭、凹凸棒等）吸附油脂中的色素以达到脱色的目的。在脱色的同时，吸附剂还可将残存于油脂中的胶体杂质、一些臭味组分、多环芳烃和残留农药等一并除去。

事实上，除了脱色工序，油脂精炼过程中的碱炼、酸炼、脱臭等工序都可除去一部分的色素。油脂脱色的目的并不是要把所有的色素脱除干净，而是为了改善油脂的色泽和为脱臭工序提供合格的油脂原料。因此需根据油品的质量要求，在最大限度改善油脂色泽的基础上，选择损耗最低的脱色方式。

3.4.4.5 脱臭

纯净的甘油三酯是没有气味的，但是不同油料所制得的油品都有一定的气味，有时同一种油料用不同的工艺制得的油品气味也有一定的差别。油脂中的气味有些是人们所欢迎的，如花生油和芝麻油的香味；但是像米糠油和菜籽油的气味却不被人们喜爱。通常油脂中所带的各种气味被统称为臭味。这些气味有的是天然的，如小分子的醛、酮、游离脂肪酸、碳氢化合物等；有的是在制油和加工过程中生成的，如焦糊味、漂土味、溶剂味等。油脂中气味成分的含量是很少的，但却很容易被人们觉察到。

脱臭的原理是利用臭味物质与甘油三酯的挥发度的差异，在高温和真空环境下借助水蒸气蒸馏脱除臭味物质。除了可以脱除油脂中的臭味物质，脱臭还可以提高烟点，改善油脂的风味、稳定度、色度。这是因为在脱臭的同时，还可以脱除游离脂肪酸、过氧化物、部分热敏性色素、小分子的多环芳烃以及残留农药等。因此，脱臭在高端油脂产品的生产中是很重要的。

3.4.4.6 脱蜡

油脂中的蜡是指高级一元醇和高级一元羧酸形成的酯。蜡一般存在于油料的皮壳和细胞壁中，在制油过程中转移到毛油中。大多数油料毛油中蜡的含量是极微的，料坯中含壳量越大，毛油中蜡的含量越高。油脂中的蜡使油脂的浊点升高，透明度下降，并使气味、滋味变差。蜡是一种重要的工业原料，因此油脂脱蜡既可提高油脂的品质，又可达到综合利用植物油料蜡源的目的。

蜡是一种亲脂性化合物，温度超过40 ℃溶解于油脂中。当温度下降时，蜡分子中的酯键极性增强，低于30 ℃时，就会形成结晶析出，并形成稳定的胶体系统。随着低温时间的延长，蜡晶体相互凝聚，形成较大的晶粒。因此脱蜡工艺是在低温下形成的。影响脱蜡的主要因素有温度、降温速度、结晶时间、搅拌速度等。为了使蜡晶大而结实方便分离，可以加入一些助晶剂，如溶剂、表面活性剂、电解质溶液以及尿素等。

3.5 我国重要的木本油脂及蜡

3.5.1 茶油

油茶（*Camellia oleifera*）是山茶科山茶属的多年生木本油料作物，是我国特有的木本油料树种之一，分布在南方各省份，以湖南、江西和广西3省为集中栽培区。油茶与油橄榄、油棕和椰子并称为世界4大木本食用油料植物。茶油呈浅黄色，澄清透明，气味清香，是我国传统的食用植物油，历属皇家贡品。

油茶的果实由果壳（又叫茶蒲）、种壳和种仁组成。油茶壳占果重的30%~34%，主要是由木质素、半纤维素和纤维素组成，此外还含有一定量的皂素（5%）。油茶籽占油茶果重量的38%~40%,其中种仁占油茶籽重量的66%~72%。油茶籽整籽含油30%~40%,种仁含油40%~60%。

茶油脂肪酸和橄榄油相似,油酸和亚油酸总量高达90%以上(表3-8),维生素E的含量(669.25 μg/g)高于橄榄油,其营养价值和保健功能均可媲美橄榄油,因此有"东方橄榄油"美誉。茶油碘值低(碘值小于100 g/100 g),是典型的不干性油,不易氧化。茶油烟点高,约220 ℃,而一般食用油的烟点约100 ℃,因此,茶油不易因油温的升高和重复使用而产生有害物质,是一种理想的烹饪油。

表3-8 茶油的理化常数和脂肪酸组成

理化常数	数值	脂肪酸	含量/%
水分/%	0.01~0.16	豆蔻酸	微量
相对密度(d^{20})	0.900 1~0.950 9	棕榈酸	6.8~12.8
折光率(n_D^{20})	1.465 3~1.473 2	硬脂酸	1.4~3.5
碘值/(g/100 g)	52.72~98.03	油酸	58.7~78.3
酸值/(mg KOH/g)	0.28~3.41	亚油酸	8.7~26.0
皂化值/(mg KOH/g)	130.51~252.99	花生酸	微量
不皂化物/%	0.89~4.16	亚碳烯酸	微量

油茶籽制油分为带壳加工和去壳加工两种方法,制油工艺可采用压榨法和预榨浸出法。茶籽粕中含有12%~16%的蛋白质,40%左右的淀粉,作为饲料其营养价值和燕麦、米糠饼颇为接近。但茶籽粕中含有超过10%的皂素。皂素有溶血性,进入血液会使红细胞溶解造成动物中毒,但皂素不被牲畜肠胃吸收,并易于分解。皂素有苦味和辛辣味,适口性差。此外,茶籽粕中还含有2%以上的单宁和0.4%以上的咖啡因,这些物质在饲料中也会引起适口性不好、消化不良等问题。由于皂素的溶血性,含有皂素的茶籽粕不可作为冷血动物(鱼、蛙等)的饲料。

皂素是一种表面活性剂,有起泡、乳化、去污等性能,可用作清洁剂、泡沫剂、乳化剂、杀虫剂等。在医药方面,皂素可用于抗浮肿、消炎、祛痰、止咳等。皂素可溶于水、甲醇和稀乙醇,易溶于热水、热甲醇及热乙醇。因此皂素可用热水或含水的甲醇、乙醇提取。

3.5.2 核桃油

核桃(*Juglans regia*)又称胡桃,属胡桃科胡桃属植物。原产于亚洲西部,汉代传入我国。核桃属温带树种,世界三大核桃主产国是中国、美国和印度。核桃在我国分布很广,北起辽宁南部、河北,南至福建北部和西部,东至山东、江苏、浙江,西到青海、新疆、甘肃,西南至四川、云南、贵州,几乎遍及全国。

核桃仁占整果重的50%左右,因品种不同,核桃果含壳含仁率有较大差别。壳厚的果实含仁率低,但仁中含油率高,薄壳则相反。一般核桃仁含油率在65%~70%,高者可达75%。一般用压榨法或预榨浸出取油,油呈黄绿色,具有水果香味。

核桃油的不饱和脂肪酸含量可达90%左右,主要由亚油酸(必需脂肪酸)、油酸和亚麻酸组成(表3-9),是一种营养价值较高的上等食用油脂。

表 3-9　核桃油的理化常数和脂肪酸组成

理化常数	数值	脂肪酸	含量/%
相对密度(d^{20})	0.921~0.923	棕榈酸	约 8
凝固点/℃	-27~-20	硬脂酸	2
折光率(n_D^{20})	约 1.481	油酸	18
碘值/(g/100 g)	143~162	亚油酸	63
皂化值/(mg KOH/g)	188~197	亚麻酸	9

核桃仁除富含油脂外，蛋白质的含量为 14%~17%，核桃蛋白效价与动物蛋白相近，是一种良好的蛋白质资源。核桃仁还富含胡萝卜素、核黄素、钙、磷、铁、尼克酸等。

3.5.3　橄榄油

油橄榄(*Olea europaea*)是木樨科木樨榄属常绿乔木，分布于亚热带和温带，是具有古老栽培历史的植物。全世界油橄榄 95% 以上都种植在地中海沿岸，橄榄油也是地中海沿岸国家的传统食用油。油橄榄在 20 世纪 60 年代被引入我国，主要分布于我国的金沙江流域的河谷区、秦岭南坡和大巴山北坡以及长江三峡河谷区。

油橄榄果为肉核果，由种子和果皮两部分组成。果皮又分为外果皮、中果皮和内果皮。油脂主要存在于中果皮(果肉)中，鲜果肉中含油 15%~30%，干燥后的果肉含油为 35%~45%。橄榄油是用油橄榄的鲜果榨出的油。橄榄油呈黄绿色，具有橄榄油特有的清香和味道。橄榄油制油工艺要求在温度小于 25 ℃时压榨，就地即时加工果浆，榨出的油可以立即食用。制油温度过高会引起橄榄油特有的香味挥发，且酸值上升，颜色变红，品质下降。

橄榄油中不饱和脂肪酸含量高达 80% 以上，其中油酸的平均含量为 75%(表 3-10)。经研究，橄榄油中油酸、亚油酸和亚麻酸的比例是很适合人体生理需要的，具有很高的生理价值，消化吸收率可达 100%，因此，橄榄油具有"植物油的皇后"的美誉。橄榄油的不皂化物含量很低(<1%)，这是人体对橄榄油消化吸收率高的原因之一。在不皂化物中，角鲨烯含量在 50% 以上，这是在天然植物油中唯一发现的现象。角鲨烯是一种天然抗氧化剂，这也是橄榄油过氧化值很低的原因。此外，橄榄油中维生素 E 含量较高，其主要以 α-生育酚(187~300 μg/g)为主。

表 3-10　橄榄油的理化常数和脂肪酸组成

理化常数	数值	脂肪酸	含量/%
相对密度(d^{20})	0.910~0.916	油酸	65.0~83.0
凝固点/℃	2	棕榈酸	7.5~13.9
折光率(n_D^{20})	1.467 7~1.470 9	亚油酸	3.5~8
碘值/(g/100 g)	80~90	硬脂酸	0.5~5.0
皂化值/(mg KOH/g)	184~196	棕榈油酸	0.3~3.5
酸值/(mg KOH/g)	0.6~1.0	亚麻酸	0~1.5
不皂化物/%	0.3~1.0		

天然橄榄油共分为4个等级，分别是特级天然橄榄油（酸值≤2 mg KOH/g）、优级天然橄榄油（酸值≤3 mg KOH/g）、普通天然橄榄油（酸值≤6.6 mg KOH/g）和等外天然橄榄油（酸值>6.6 mg KOH/g）。等外天然橄榄油不供食用，在国外被称为灯油。橄榄油取油后会留下橄榄渣饼和植物水（榨油过程中分离出来的液体）两种副产物，这两种副产物发酵后可以制成橄榄酒。橄榄渣饼是一种安全的饲料，1.3 kg的橄榄饼渣的营养价值相当于1 kg的玉米。

3.5.4 棕榈油和棕仁油

油棕（*Elaeis guineensis*）是棕榈科棕榈属的多年生高大乔木，是目前世界上产油效率最高的产油植物，每公顷产油量高达4.27 t/年，是大豆的9~10倍，花生的5~6倍，在国际油脂市场上的地位仅次于大豆，历来有"世界油王"之称。

油棕的原产地为非洲，现盛产于热带非洲、东南亚、中美和南美等地区。我国的广东、广西、海南和云南也有种植。油棕是一种新兴的、潜力巨大的木本能源树种，是国家林业和草原局确定的重要能源树种之一，油棕产业开发利用前景广阔。印度尼西亚、马来西亚和尼日利亚是世界前三大生产国。目前，中国是全球第一大棕榈油进口国。

油棕果实由种壳、果肉和种仁组成。油棕鲜果含油脂40%~60%，主要存在于果肉中。种仁中也含有丰富的油脂（50%~55%）。取自果肉的油称为棕榈油，取自种仁的油称为棕仁油。棕榈油和棕仁油的物理和化学性质以及脂肪酸组成都不同（表3-11），其应用领域和应用市场也不同。

棕榈果肉中含有脂肪酸分解酶，因此采摘以后应立即进行高温蒸煮处理，以抑制脂肪酸分解酶的活性，防止油酸值升高。棕榈油的制取包含水煮、碾碎和榨取3个过程，从棕榈果肉中获得毛棕榈油和棕榈粕。在碾碎的过程中，棕榈仁被分离出来，再经过碾碎和去掉外壳，剩下的果仁经过榨取得到毛棕仁油和棕榈仁粕。

表3-11 棕榈油和棕仁油的理化常数和脂肪酸组成

理化常数	数值		脂肪酸	含量/%	
	棕榈油	棕仁油		棕榈油	棕仁油
相对密度（d_{20}^{40}）	0.905 3	0.918 2	辛酸	—	3.8
黏度（恩氏黏度计）	$E50\ ℃=4.6$	$E50\ ℃=6.3$	癸酸	0.2	4.2
折光率（n_D^{20}）	1.455 0 (50℃)	1.452 9 (20℃)	月桂酸	0.7	49.9
碘值/(g/100 g)	61.6	19.3	豆蔻酸	1.0	16.9
皂化值/(mg KOH/g)	201.3	250.9	棕榈酸	49.8	0.8
酸值/(mg KOH/g)	13.87	9.79	油酸	47.9	16.5
不皂化物/%	2.32	1.45			

棕榈油分为棕榈原油和成品棕榈油两类。棕榈原油是指只能作为原料，不能直接供人类食用的棕榈油，成品棕榈油是指经过处理符合国标标准和卫生要求的直接供人类食用的棕榈油。图3-9为棕榈油精炼工艺流程，主要包括脱胶、脱色、过滤、脱酸、脱臭和结晶

等工序。从棕榈成品中可分提出棕榈液油(常温下呈液态)、棕榈超级液油(碘值超过60的液态棕榈油)和棕榈硬脂(高熔点的棕榈油)3种产品。棕榈液油和棕榈超级液油是世界油脂贸易中的主要油脂,最广泛的用途是煎炸油,也可用作食用油。棕榈硬脂是生产起酥油、糕点用人造奶油和印度人造酥油等产品的良好原料。研究表明,棕榈油富含生物活性物质,其中类胡萝卜素含量为 500~700 mg/kg,生育酚含量为 500~800 mg/kg,维生素 A 含量为 500~1 000 mg/kg。人体对棕榈油的消化吸收率在 97% 以上。

新鲜的棕仁油呈乳白色或微黄色,有如固体的稠度,具有令人喜爱的核桃香味,既适合应用于食品方面,也适合应用于非食品方面。

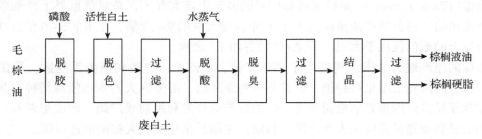

图 3-9 棕榈油精炼工艺流程

3.5.5 桐油

油桐(*Vernicia fordii*)是大戟科油桐属植物,是我国特产的工业用木本油料树种,已有 1 000 多年的栽培历史。我国油桐品种主要有三年桐(油桐)和千年桐(木油桐)两种。油桐属于典型的中亚热带树种,在我国多个省份均有分布,中心栽培区在重庆、贵州、湖南、湖北四省(直辖市)毗邻区。千年桐是典型的南亚热带树种,主要栽培区为广东、广西和福建南部。

桐籽仁含油率为 53%~65%,可用压榨法或预榨-浸出法提油,油色呈淡黄至棕黄,具有特殊的臭味,含油毒素,不能直接食用,误食后会引起腹痛腹泻和呕吐。桐油是工业用油,是世界上最优质的干性油,广泛应用于工业、农业、建筑、印刷、交通运输等行业。桐油在空气中能很快干燥成膜,具有附着力强、光亮坚韧、防水防腐性能良好、经久耐用等优点,故制造各种清漆、色漆、绝缘漆、特种油漆以及印刷油墨等都离不开桐油,它在工业上的应用方式已超过 800 余种,在医药上可用作呕吐剂或用于熬制外伤药膏。

桐油中含量最高的脂肪酸是桐酸,约占总脂肪酸含量的 80%(表 3-12),其中绝大部分是 α-桐酸(顺-9,反-11,反-13-十八碳三烯酸)。桐油在制取和贮存过程中受日光暴晒或与硫、硒、碘及其化合物相遇时,α-桐酸很容易发生异构化作用生成白色的同分异构体 β-桐酸,即固态 β 型桐油,又称变性桐油。β 型桐油的熔点为 71 ℃,几乎不溶于乙醇、乙醚和石油醚等有机溶剂中,使桐油使用价值降低。为防止这一反应的发生,常将制好的桐油加热到 200 ℃维持 30 min,然后急速冷却,如果桐油已部分异构化(即出现白色结晶),应进行处理,去除 β 型桐油。桐油全部异构化后会凝固成坚硬固体的 β 型桐油,只能做制皂原料。

表 3-12 桐油的理化常数和脂肪酸组成

理化常数	数值	脂肪酸	含量/%
相对密度(d^{20})	0.9360~0.9395	α-桐酸	72.8
凝固点/℃	约0	棕榈酸	3.7
折光率(n_D^{20})	1.5185~1.5220	油酸	13.6
碘值/(g/100 g)	160~173	亚油酸	9.7
酸值/(mg KOH/g)	<9	硬脂酸	1.2
皂化值/(mg KOH/g)	188~197		
不皂化物/%	0.6~1.0		

桐油在常温氧化时主要是 α-桐酸的共轭双键与氧按（1→4）加成作用结合（图 3-10）。大部分发生由氧诱导的聚合反应，形成碳-碳链聚合体，但碳-氧-碳链聚合体也会同时产生。当高温（>200 ℃）无氧热炼时，会发生分子间和分子内的聚合反应，生成环二聚体和三环二聚体。

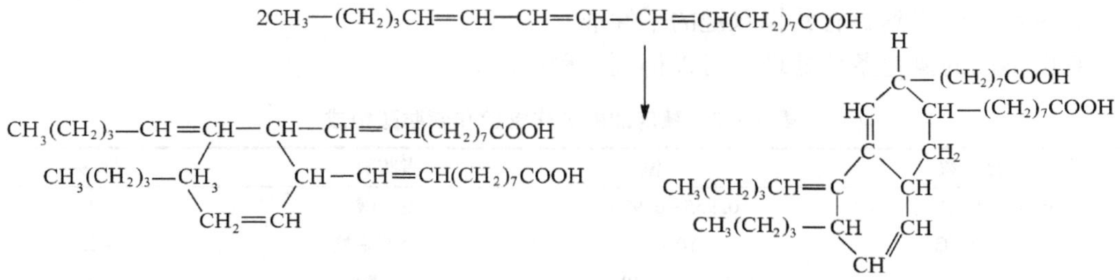

图 3-10 桐油在常温下氧化

桐油氧化和聚合的速度是随着油温升高而加快的，如油温 100 ℃时，熬炼 100 h，其稠度没有明显的变化，150 ℃需熬炼 60 h 才能胶化。油温升高到 280 ℃时，只需 7~8 min 就全部胶化。油温每升高 13.9 ℃，胶化速度增加两倍。桐油聚合反应属放热反应，放出的热量不易为聚合体所导出，因此促使油温上升，控制不当时会引起胶化，甚至可能发生燃烧，在熬制油漆或厚油时需特别注意。未经熬炼的桐油称为生桐油，其涂膜干燥慢，且防水性能、耐候性、强度、光泽度等都不理想，故使用时需熬制成熟桐油或清漆，使桐油进行适当的聚合，方能发挥出它独特的特性。

去壳的桐籽饼中含蛋白质 45%~47.2%，但由于有些蛋白质是带有毒性的，因此不宜用作饲料。但桐籽饼可用作木材胶黏剂，不但可以减少板材的甲醛释放量，还可以起到防霉抑菌的作用。中南林业科技大学主持完成的国家重点研发计划选育出'华桐 1 号'油桐，其油脂脂肪酸中 α-桐酸含量高达 79%，并创制了桐油基绿色生物质涂料制备技术，大幅度提高了桐油的附加值。

3.5.6 蓖麻油

蓖麻（*Ricinus communis*）是大戟科蓖麻属植物，是世界十大油料作物之一。蓖麻有一年生草本，也有多年生灌木或乔木，原产于非洲，现在我国各省份均有种植。

蓖麻籽外壳占整籽质量的25%~30%，外壳薄而脆，表面光滑。蓖麻籽含油率为46%~56%，籽仁含油率高达70%以上。蓖麻油脂肪酸中最主要的是蓖麻酸(>80%)(表3-13)。蓖麻籽的取油方法因油的用途不同而异。药用蓖麻油用水压机冷榨，温度不超过60 ℃，否则会有部分有害物质进入油中而不能药用。用螺旋榨油机直接压榨，或者采用预榨-浸提法所得的蓖麻油只能作为工业用油。

蓖麻油不能食用，但经济价值较高，用途极广，高含量的蓖麻酸赋予了蓖麻油其他油脂所没有的性质：

①蓖麻油易溶解于乙醇，而难溶于石油醚，不溶解于汽油。

②黏度、相对密度和乙酰酯比例都大于其他一般油脂，尤其是黏度几乎不随温度而发生变化，在低温下仍能保持流动性，而且其凝固点低、燃点高，是航空和高速机械理想的润滑油及动力皮带下的保护用油。

③在空气中几乎不发生氧化作用，稳定性很好。

④用浓硫酸处理，能得到表面活性很好的硫酸酯，俗称土耳其红油。

⑤脱水后可得到具有共轭双键的干性油。

⑥以不同的氢化条件处理，可以得到多种产品。

表3-13　蓖麻油的理化常数和脂肪酸组成

理化常数	数值	脂肪酸	含量/%
相对密度(d^{20})	0.955~0.970	硬脂酸	0.5~3.0
凝固点/℃	-10~18	二羟硬脂酸	0.6~2.0
折光率(n_D^{20})	1.476 5~1.481 9	油酸	3~9
碘值/(g/100 g)	82~86	亚油酸	2.0~3.5
皂化值/(mg KOH/g)	176~187	蓖麻酸	80~88
不皂化物/%	<1		
乙酰值	143~165		

蓖麻油可用作助燃剂、润滑剂、增塑剂和乳化剂，并且是制造油漆、涂料、肥皂、油墨、印泥、化妆品等的原料。

蓖麻饼粕中含有33%~35%的蛋白质，其组分与大豆、花生相似。但是蓖麻饼粕中含有一些有毒或极毒成分，包括蓖麻碱(0.15%~0.2%)、蓖麻毒蛋白(0.5%~1.5%)、变应原(0.4%~0.5%)以及血球凝集素(0.005%~0.015%)，因此必须脱毒后才能作为饲料使用。

3.5.7　椰子油

椰子(*Cocos nucifera*)属棕榈科椰子属热带木本油料。椰树最适宜生长在赤道南北20°的热带海滩地区，在其余地区生长通常产量不高。在我国，椰树主要在海南岛、雷州半岛以及云南省和台湾地区的南部。

成熟椰子由外到内分别是椰子衣、椰壳、果肉和椰汁，分别占椰子总重的35%、12%、28%和25%。椰子油主要来自干燥后的果肉(椰子干)，成熟椰子的椰子干含油率为50%~60%，高的可达70%。椰子干多采用压榨法制油，椰子油为白色或淡黄色的脂肪，常温下呈固态。椰子油脂肪酸中月桂酸含量为45%~51%(表3-14)。

表 3-14 椰子油的理化常数和脂肪酸组成

理化常数	数 值	脂肪酸	含量/%
相对密度(d_{20}^{40})	0.920~0.926	己 酸	1.2~2.0
凝固点/℃	14~25	辛 酸	4.5~9.7
折光率(n_D^{40})	1.447~1.450	癸 酸	4.5~10.0
碘值/(g/100 g)	8~9.6	月桂酸	45~51
皂化值/(mg KOH/g)	254~262	豆蔻酸	13~18
不皂化物/%	<0.3	棕榈酸	7~10
酸值/(mg KOH/g)	<0.20	油 酸	5~8.3
		硬脂酸	1~3

椰子油饱和程度高，脂肪酸链短，消化系数高，是一种比较理想的食用油，也是制作人造奶油、人造黄油的上等原料。椰子油低脂肪酸（尤其是月桂酸）含量丰富，是制造肥皂、洗涤剂和其他清洁剂的理想的高发泡剂。由椰子油生产的肥皂特别洁白，混合其他油脂后则会变黄。由于椰子油的皂化值较高(254~262 mg KOH/g)，发泡力强，因此是制造硬水肥皂、供航海船员用的海水肥皂的良好原料。

3.5.8 山苍籽油

山苍籽(*Litsea cubeba*)为樟科姜子属植物，又名山鸡椒，是一种传统的中药材，原系野生，多生长于向阳的丘陵或山地，在我国南方多个省份均有分布，现在山苍籽的人工栽培技术已经很成熟了。

山苍籽果实中含有5%~6%的挥发性芳香油，主要成分为单萜和半萜类化合物，可用于医药、化工产业。这里说的山苍籽油是指山苍籽果实中核仁所含的油脂，含油率为38%~40%，一般用压榨法制取。压榨法制取的山苍籽油颜色很深，山苍籽油中月桂酸含量57.8%（表3-15），属于不干性油脂。山苍籽油的用途和椰子油类似，可用于提取中碳链脂肪酸、制皂、生产洗涤剂等。

山苍籽果实外覆有一层黑的果皮，籽仁在核的内部。山苍籽经过提取芳香油后仍有较多的果胶和色素，因此必须用水泡去果皮，晒干除杂后再进行榨油。

表 3-15 山苍籽油的理化常数和脂肪酸组成

理化常数	数 值	脂肪酸	含量/%
相对密度(d_{20}^{40})	0.915 3	癸 酸	12.4
折光率(n_D^{40})	1.451 0	月桂酸	57.8
碘值/(g/100 g)	25~53	豆蔻酸	2.7
皂化值/(mg KOH/g)	212~254	棕榈酸	2.1
酸值/(mg KOH/g)	13.2	硬脂酸	0.3
不皂化物/%	2.9	油 酸	7.2
乙酰值	8.2	亚油酸	4.2
		十碳一烯酸	1.5
		十二碳一烯酸	8.8

提取挥发油和核仁中的油脂后的果渣是良好的饲料及天然饲料防霉剂。有实验表明，山苍籽果渣的乙醇萃取物均有抗性作用，其效果与丙酸相近。因此，山苍籽果渣在作为饲料的同时，还兼具饲料防腐剂的功能。

3.5.9 无患子油

无患子（*Sapindus mukorossi*）为无患子科无患子属落叶乔木，又名肥皂树或洗手果，在我国淮河以南、台湾地区以及东南亚各国都有分布。无患子的假种皮中皂苷含量丰富，具有良好的起泡性、去污性和药用性。

无患子种仁含油率为40.7%，无患子油稳定性好，酸值低，碘值较高，油酸和亚油酸总含量在60%以上，其中$C_{16} \sim C_{20}$的脂肪酸占98%以上（表3-16），同时无患子产量大，在我国分布广泛，是开发生物柴油和天然表面活性剂的理想树种。无患子油提取后的残渣蛋白含量高，营养丰富，可用作有机肥料。

表3-16 无患子油的理化常数和脂肪酸组成

理化常数	数　值	脂肪酸	含量/%
折光率（n_D^{40}）	1.471 3~1.472 0	棕榈酸	5.1
碘值（g/100 g）	103.22	油　酸	51.0~53.6
皂化值/（mg KOH/g）	214.03	亚油酸	6.6~7.8
酸值（mg KOH/g）	4.13	亚麻酸	1.1
不皂化物/%	0.34~0.58	硬脂酸	1.5~1.8
		花生酸	6.4~7.3
		二十碳一烯酸	21.8~23.1
		山嵛酸	1.2
		芥　酸	0.8

3.5.10 白蜡

白蜡又称虫蜡，国际上称中国虫蜡，是我国著名林特产。白蜡是由白蜡虫雄虫（*Ericerus pela*）分泌的物质，白蜡虫是重要的林业资源昆虫。我国白蜡的主要产地为四川、云南、贵州、陕西、湖南等地的浅山丘陵地带，尤以四川、湖南产蜡最多，分别被称为"川蜡"和"湘蜡"。白蜡是轻重工业不可缺少的原料，也是我国传统的出口物资，其产量和出口量均位于世界第一位。

3.5.10.1 白蜡虫

白蜡虫属同翅目蜡蚧科，是两性繁殖的昆虫，雌虫一生经过卵、若虫、成虫3个虫期，属不完全变态；雄虫经过卵、幼虫、蛹、成虫4个虫期，属完全变态类。白蜡虫性喜温暖，一年只发生一代。以雌性成虫越冬，第二年3月下旬开始产卵，一个月左右孵化，一般雄卵孵化时间比雌卵要晚2~4 d。幼虫孵化后先栖息在寄主树的叶子上，口针自叶脉插入组织内摄取养分，俗称"定叶"。经过15~20 d后，虫体上出现白毛，蜕第一次皮，进入第二龄幼虫。这时雄幼虫离开叶面，定居到新生的嫩枝上，俗称"定杆"。雄虫喜群居，约 130 个/cm²，雄虫定杆后即开始分泌蜡丝，逐日增加，结成蜡花，将自身包裹住，8 月下旬第二次蜕皮，进入蛹后，不再产蜡，此时蜡花厚 6~7 mm，蛹再经过第三次、第四次蜕皮弱化为成虫，由蜡花中退出，寻找雌虫交尾后死亡。

雌幼虫离开叶面后，单个定居在新生的嫩枝条上，以后不再变动位置，8 月间第二次蜕皮即变为成虫，与雄成虫交尾后虫体逐渐膨大，越冬至第二年，尾部会分泌一滴滴露水状糖汁，称为"吊糖"，无色、具有黏性、味甜，优良的种虫泌糖量特别多。随后虫体膨大呈球形，浅棕红色，缀以大小不等的黑斑，密生白色绒毛，腹壁内陷，形成一个大腔，卵产于腔内，产卵完毕母体便干枯死亡，成为一个薄壳，及卵囊，这就是供虫蜡生产用的种虫。

3.5.10.2 白蜡生产

白蜡生产分为育虫和挂蜡两个环节。

育虫是培养优良的白蜡雌虫，为虫蜡生产提供种虫。育虫区应选择海拔较高（500 m以上），不受台风影响，气候凉爽的山区。寄主植物以女贞（*Ligustrum lucidum*）和小叶女贞（*Ligustrum guihoui*）为佳。女贞是常绿树，雌成虫在越冬期也能获得养分，同时因其枝叶繁茂，形成一种隐蔽环境，也有利于雌成虫越冬，当然女贞也可用来挂虫产蜡。

挂蜡是培育白蜡雄虫，采收蜡花的过程。挂蜡区宜选择海拔较低（500 m 以下），温暖湿润的低山丘陵地带，寄主植物以白蜡树（*Fraximus chinensis*）和女贞树为佳。每年四五月，当雌虫"吊糖"变干消失，撕开虫壳已无浆汁时，说明种虫已成熟，应及时采摘、运到挂蜡区放养。

雄白蜡虫定杆后，即开始分泌蜡质，到 8 月底或 9 月初，当蜡花表面开始出现白色蜡丝时就要及时采收。白蜡生产的季节性很强，如果在白露后采收，则蜡花很难摘脱。采收的蜡花应及时熬蜡，如果来不及加工，则要薄摊在阴凉处，防止发热变色。加工前，应将蜡花内的杂质拣净，洗净灰土。

3.5.10.3 白蜡加工

白蜡属于动物蜡，是以高级脂肪酸和高级一元醇形成的酯为主体的一种混合物。其主要成分是二十六酸二十六酯，占 95%~97%。还有少量的其他酯类，如硬脂酸、软脂酸形成的酯和游离酸、游离醇、烃类、树脂等。白蜡熔点为 81~85 ℃，酸值为 0.7 mg KOH/g，皂化值 79.5 mg KOH/g，碘值 4.1 g/100 g，苯不溶物 0.08%。

白蜡加工有熬煮法和水蒸气法两种。我国大规模的白蜡加工，主要采用熬煮法。蜡花由棉花状的白色堆积物、蜡米（即虫子）及混杂物等组成。加工的要求是除去蜡米和杂物，以获得较为纯净的白蜡。

采收的蜡花倒入沸水中熬煮后，蜡质熔化成蜡液，浮在水面上，撇出，冷却后的结晶蜡块即为头蜡。生产头蜡的残渣即虫尸等沉渣，经漂洗后装入布袋，再在沸水中熬煮，边煮边挤压布袋，将蜡质压出，熔化后浮在水面上，撇出后制成蜡块，即二蜡。头蜡和二蜡的蜡渣和渣水等，再用同样的方法熬煮、过滤和冷却结晶，所得蜡块称为三蜡。通常每 100 kg 蜡花可制蜡 45~50 kg，其中头蜡约占 60%，二蜡占 35%，三蜡只占 5%。《白蜡虫种虫繁育技术规程》（LY/T 2840—2017）规定的质量技术指标见表 3-17。

表 3-17　虫白蜡质量技术指标

指标名称	头蜡	混合蜡	二蜡
色泽	白色或类白色	白色至微黄色	白色或微黄色
气味	有蜡香	有蜡香	有蜡香
硬度	质硬而脆	质较硬而较脆	质较软
断面	条状结晶	条状至针状结晶	针状结晶
熔点/℃	82~84	81~84	81~83
酸值/(mg KOH/g) ≤	0.8	1.0	1.2
皂化值/(mg KOH/g)	65~80	75~85	75~90
碘值/(g/100 g) ≤	3.0	6.0	9.0
苯不溶物/% ≤	0.5	0.7	0.9

市场上销售的主要是米心蜡和马牙蜡，这两种蜡都是由头蜡、二蜡和三蜡混合加工制成的。米心蜡，白色或微黄色晶体，表面呈橘皮状，无明显杂质，质硬而脆，断面细密呈米心状，有蜡香气味。马牙蜡，白色或微黄色晶体，表面光滑有光泽，无明显杂质，质硬而脆，断面呈马牙状，有蜡香气味。

白蜡广泛应用于轻工业、重工业、国防军工、医药等工业部门。白蜡是铸造模型最理想的材料，成型精密度高、不变形、不起泡、光洁质轻，可长期保存。还可用于防潮、防腐，生产润滑油。在电子工业上可用于绝缘、防潮。在造纸工业上可用于产品的填充剂、着光剂、制造铜版纸、复写纸、蜡花纸、画报、纸币、邮票、糖果纸和高级包装纸等。白蜡也是制造鞋油、地板蜡、汽车上光蜡以及蜡烛的上等原料。在医药方面，白蜡有止血、止痛补虚、续筋接骨等作用，还可治疗子宫萎缩、盆腔炎、风湿、头痛头晕等症，也可用于制造伤口愈合剂、油膏以及中西药糖衣片的抛光，同时也是医药上很好的防潮、防腐剂。

复习思考题

1. 木本油料的优势是什么？为什么要发展木本油料？
2. 油脂氧化的类型都有什么？简述其各自的机理。
3. 压榨法和浸出法分离制取的油脂有什么差别？
4. 食用植物油中的微量营养成分有哪些？在油脂精炼生产中哪些工序会造成主要营养成分的损失？
5. 我国特有的木本油料有哪些？其油脂的主要用途是什么？

推荐阅读书目

1. Shahidi F B, 2005. Industrial Oil and Fat Products[M]. 6th ed. Hoboken: Wiley.
2. 毕艳兰, 2005. 油脂化学[M]. 北京: 化学工业出版社.
3. 刘玉兰, 2009. 油脂制取加工工艺学[M]. 2版. 北京: 科学出版社.

第 4 章

植物精油

4.1 概述

4.1.1 植物精油的定义和种类

4.1.1.1 植物精油的定义

植物精油，又称芳香油或挥发油，是采用蒸馏、压榨、萃取（浸提）或吸附等物理方法，从芳香植物的根、茎、叶、花、果、种子或分泌物中提取出来的具有一定香气和挥发性的油状物质。该油状物质提炼和浓缩了芳香植物原料中的香气成分，是芳香气味的精华，故称为植物精油。植物精油是一类重要的植物天然产物。

植物精油是一类分子质量相对较小的植物次生代谢产物，蕴含于芳香植物体内，具有浓郁、鲜明的香气特征和一定的挥发性。植物体内不同部位的精油含量有较大差异，一般精油含量较高的部位是花、果，其次是叶，再次是茎。但也因植物种类不同而异，比如香叶天竺葵、薄荷、香茅等以叶中精油含量最高，又如菖蒲属、水杨梅属、阿魏属、旋覆花属、缬草属、鸢尾属的精油主要集中在根部和块茎内，而有些樟科植物和松杉柏类植物则以树干中的精油含量最高。同一器官因具体位置不同，精油含量也不同，比如大多数植物的主枝或侧枝，均以上层叶片的含量最高，中层次之，下层最少。

芳香植物精油的含量和组分因植物林龄增长而变化，且该变化具一定规律性，不同种类植物的变化规律存在差异；不同生长季节的植物精油含量和组分有差异；不同地理与生态环境条件、栽培措施的植物精油含量和组分也有差异。

4.1.1.2 植物精油的种类

全球共有植物精油3 000种以上，其中具有商业价值的有数百种。

根据芳香植物的种类可将植物精油分为 8 大类：柑橘类、花香类、草本类、樟脑类、辛香类、树脂类、木质类和土质类。

柑橘类精油来自佛手柑(Citrus medica)、葡萄柚(Citrus aurantium)、柠檬(Citrus limon)、莱姆(Citrus aurantifolia)、橘子(Citrus reticulata)等。

花香类精油来自天竺葵(Pelargonium hortorum)、玫瑰花(Rosa rugosa)、薰衣草(Lavandula angustifolia)、依兰(Cananga odorata)、橙花(Citrus aurantium)等。

草本类精油来自罗马甘菊(Chamaemelum nobile)、欧薄荷(Mentha longifolia)、迷迭香(Rosmarinus officinalis)、马郁兰(Origanum majorana)、鼠尾草(Salvia japonica)等。

樟脑类精油来自樟树(Cinnamomum camphora)、尤加利(Eucalyptus robusta)、白千层(Melaleuca cajuputi)、茶树(Camellia sinensis)等。

辛香类精油来自芫荽(Coriandrum sativum)、黑胡椒(Piper nigrum)、姜(Zingiber officinale)、小豆蔻(Elettaria cardamomum)等。

树脂类精油来自乳香(Boswellia carterii)、没药(Commiphora myrrha)、榄香(Canarium luzonicum)、白松香(Ferula galbaniflua)等。

木质类精油来自西洋杉(Cedrus atlantica)、檀香(Santalum album)、松木(Pinus sylvestris)、杜松(Juniperus rigida)、丝柏(Cupressus sempervirens)等。

土质类精油来自广藿香(Pogostemon cablin)、岩兰草(Chrysopogon zizanioides)等。

4.1.2 我国植物精油资源概况

我国幅员辽阔,地理和气候条件差异大,芳香植物资源非常丰富,从南到北均有分布,南北生长的种类差异大。经过长期自然选择和人工选择,芳香植物地理分布的区域性明显。根据气候类型特点,并适当结合行政区划,可将我国芳香植物资源区划为7个自然区:

(1)华南亚热带、热带区

该区主要包括我国广东、广西、福建、海南、台湾、香港、澳门。该区夏季炎热,冬季温暖,年平均气温较高,多数地区年降水量1 400~2 000 mm。土壤由南到北以砖红壤、赤红壤为主,其次有红壤、黄壤、石灰土、磷质石灰土等。

该区芳香植物资源极为丰富,是我国芳香植物资源较为集中的地区,以木兰科、蔷薇科、木樨科、樟科、菊科、芸香科、唇形科等为主。主要芳香植物有:樟树、九里香、八角茴香、胡椒、肉桂、山鸡椒、香茅、白兰、黄兰、含笑、鹰爪、香荚兰、柠檬桉、依兰、柠檬草、茉莉、广藿香、檀香、丁香、马尾松、日本柳杉、珠兰、莽草、夜合花、细叶桉、乌药、金合欢、米兰、芸香草、香根草等。

(2)华中区(长江流域区)

该区主要包括湖北、湖南、江西、浙江、安徽、江苏的南部及四川盆地。该区夏季温度高,冬季有霜雪,年平均气温在15 ℃以上,无霜期240~340 d,年降水量1 000~1 500 mm。土壤有冲积土、红壤、棕壤、黄褐土、黄壤以及水稻土等。

据统计,该区有芳香植物750种以上,其中以樟科、木兰科、杜鹃花科、兰科、伞形科、唇形科等为主。主要芳香植物有:山鸡椒、薄荷、缬草、香薷、花椒、马尾松、桂花、栀子、樟树、牡荆、藿香、山胡椒、狭叶山胡椒、山姜、蜡梅、山刺柏、晚香玉、罗勒、枫香等。

(3) 华北区

该区主要包括北京、天津、河北、河南、山东、山西等省份及江苏和安徽淮河以北干旱地区，辽东半岛也类似于该地区。该区阳光充足，雨水较少，空气湿度低，年降水量在750 mm以下，夏季昼夜温差较大，冬季寒冷，全年无霜期200~240 d。土壤有黄土、棕色森林土、冲击性褐土和盐碱土。

该区重要的芳香植物以唇形科、蔷薇科和菊科等为主。主要芳香植物有百里香、香薷、黄芪、香青兰、野蔷薇、玫瑰、桂花、零陵香、黄花蒿、油松、缬草、茵陈蒿、猪毛蒿、苍术、花椒、荆条、铃兰等。

(4) 东北寒冷区

该区主要包括黑龙江、吉林、辽宁北部和内蒙古东部地区。该区气候寒冷，植物生长期短，无霜期仅90~165 d，年均降水量为400~600 mm。土壤肥沃，富含有机质。土壤多为黑钙土，以灰色森林土、腐殖质湿土及沼泽地区的泥炭质湿土为主。

该区有芳香植物近百种，主要有：杜香、铃兰、暴马丁香、臭冷杉、百里香、刺玫蔷薇、香薷、黄花蒿、香蒿、落叶松、红松、白桦、兴安杜鹃、甘草等。其中，杜香、铃兰主要分布于大兴安岭，暴马丁香遍布东北。

(5) 西北干燥区

该区主要包括陕西、甘肃、内蒙古、新疆、宁夏等省份。该区空气干燥，雨量极少，年降水量在100 mm以下，气候寒冷，但阳光充足。冬寒夏热，昼夜温差较大。土壤多为漠钙土、盐土和盐碱土、红土、黄土、砂土。

该区芳香植物资源较少，大面积分布的有玫瑰、沙枣等。该地区有一些闻名全国的芳香植物，如甘肃的苦水玫瑰，新疆的薰衣草和大马士革玫瑰，甘肃民勤县的小茴香，新疆重要的调味香料孜然。

(6) 西南高原区

该区主要包括四川西南部、重庆等地及云南、贵州的高原地带。该区以高原、山地为主，海拔多在1 500~2 000 m以上，一般年降水量为800~1 000 mm，一年中的温度变化不大。冬暖夏凉，四季如春。云贵高原以红壤、赤红壤、黄壤及燥红土为主，四川盆地以紫色土为主。

该区芳香植物种类多、分布广，主要有：云南松、日本柳杉、马尾松、亮叶桦、含笑、蜡梅、香樟、山鸡椒、木姜子、柠檬桉、野花椒、大齿当归、香蒲、香茅等。

(7) 青藏高寒区

该区主要包括青海和西藏自治区以及四川西北部。该区气候高寒，雨水较少，空气干燥，海拔多在3 000 m以上，四季多风，气候变化剧烈，谷地气候较温和。土壤有石砾土、栗钙土、高山草原土等。

该区芳香植物种类不多，在局部较好生长环境下有零星分布，主要有：臭樟、油樟、野花椒、蔷薇、缬草、土木香、荆芥、唐古特青兰、地椒、党叶甘松及蒿属植物等。

4.1.3　植物精油的发展概况

4.1.3.1　发展历史

早在4 700年以前，我国就有利用植物各类功能的记载。从神农氏尝遍百草到李时珍编纂《本草纲目》，利用植物治疗疾病早已屡见不鲜。西方在《圣经》中也有使用植物用于治病和在宗教不同场合使用的记载。

植物精油主要应用于香料，而香料的应用历史悠久。中国、古印度、古埃及、古希腊等文明古国，都是最早应用植物精油的国家。由于植物精油中某些天然香料成分具有较强的杀菌活性，古人也经常将其用于熏香净身和遗骸防腐。最广为人知的是古代埃及人利用植物精油的杀菌和防腐功能来制作木乃伊。

我国不仅使用植物精油和香料的历史悠久，而且也是开展贸易的最早的国家之一。中国古代海上香料贸易交往，与陆上丝绸贸易之路相对应，构成了泉州海上贸易香料之路。樟脑、乳香、麝香等经由日本、埃及输入欧洲。

在8~10世纪，人们已掌握使用蒸馏法来分离植物精油。在13世纪，人们第一次从植物精油中分离出萜烯类化合物。到15世纪，香料的使用成为许多国家上层和贵族奢华的象征。到16~17世纪，植物精油已成为重要商品，数量多达170种以上。随着科学技术的发展，从19世纪开始，合成香料工业逐渐发展起来，与植物精油共同发展。目前，植物精油产品在日常生活和工业生产中已不可缺少。

随着气相色谱、高效液相色谱、质谱、核磁共振谱、红外光谱和紫外分光光度计等现代分析方法的发展与应用，人们在植物精油中分离鉴定香料化合物取得了重要进展，为现代植物天然精油、天然香料、合成香料、食品、医药、化工、生物农药、新材料等行业的发展打下了坚实的基础。

4.1.3.2 中国现状

我国有芳香植物56科380余种，生产的茉莉花浸膏、柠檬油、龙脑、樟脑、香叶油、薰衣草油和薄荷脑都是驰名海内外的优质产品；鸢尾、素馨、香茅、依兰、白兰、留兰香、芳樟和山苍子油等也享有盛名，多个产品具有国际话语权。

我国用于生产天然精油的植物有150余种，每年生产各种植物精油 $2\times10^4 \sim 3\times10^4$ t。主要出口品种有50余种，如龙脑、薄荷脑、薄荷素油、留兰香油、桂油、桉叶油、柏木油、黄樟油、芳樟油、山苍子油、香兰素、香豆素、松油醇、洋茉莉醛、酮麝香和香茅油等。

随着科学技术的发展和人们生活水平的提高，植物精油和香精香料已广泛应用于食品、烟草、日化、医药、卫生、健康等行业，尤其是随着近年来芳香疗法和大健康行业的发展，植物精油的应用领域和市场前景将更为广阔。

4.2 植物精油理化性质

植物精油是由多至数十种化学物质组成的混合物。在常温下，植物精油一般是透明澄清的无色或淡黄色液体，有的呈特殊颜色，有的带有荧光。常温下大多植物精油为易流动的液体，但有的比较黏稠，有的在低温下变为固体，有的在固体表面析出结晶。

大多数植物精油密度比水小，但也有密度比水大的。比水密度小的称作轻油，比水密度大的称作重油。植物精油在蒸馏中常常最先馏出的为轻油，蒸馏到后期则有可能有重油馏出。植物精油中与水密度类似的馏出物，如香根油、丁香罗勒油、月桂油、桂皮油，也属重油。在蒸馏提取过程中，前期馏出的是轻油，使用轻油油水分离器分离油层，后期馏出的是重油，则需要使用重油油水分离器来分离油层。

4.2.1 植物精油物理性质

4.2.1.1 挥发性

从芳香植物的含香部分通过蒸馏、萃取、吸附或压榨等方法制得的精油和净油，在室温下都有一定挥发性。将几滴玫瑰精油滴在闻香纸上，不久室内即可嗅到芬芳的玫瑰香气。

虽然精油以挥发性香气成分为特点，但由于制备方法不同，有些精油中也含有不挥发的成分，常见的有蜡质、高级脂肪酸及其酯类化合物等。如玫瑰油中的玫瑰蜡即为不挥发成分。

4.2.1.2 溶解性

植物精油在水中的溶解度极小，因而可以使用水蒸气蒸馏法将其从植物原料中提取出来。植物精油易溶于有机溶剂，用精制乙醇配制香水，制成各种酊剂，都是利用其在乙醇中易溶解的特性。除乙醇之外，常用的溶剂还有苯、石油醚、丙酮、二氯乙烷等。人们使用这些溶剂进行精油的提取和精制。

值得注意的是，植物精油能溶解橡胶、树脂、蜡、石蜡、沥青以及脂肪等物质，因此，在加工生产中，要注意避免接触此类物质。因此，蒸馏釜的密封垫片等不能使用橡胶材料，包装瓶盖不能使用橡胶塞，也不能用蜡封口，从而避免植物精油溶解此类物质而影响精油质量，尤其是影响香气性质。

4.2.2 植物精油化学性质

4.2.2.1 主要化学成分

植物精油种类较多，所含成分较复杂，主要化学成分大致可分为以下 4 类：

（1）萜类化合物

萜类化合物是植物精油中的主要组成化合物类型之一，如松节油中的蒎烯（含量在 80%以上）、柏木油中的柏木烯（80%左右）、樟脑油中的樟脑（50%）、山苍子油中的柠檬醛（80%左右）、薄荷油中的薄荷醇（80%）及桉叶油中的桉叶素（79%）等均属萜类化合物。从精油中分离出来的萜类化合物，有些可直接作为香料应用于加香产品，有的可作为合成香料的重要原料。

萜烯类化合物是自然界中分布极广的一类有机化合物，通式为 $(C_5H_8)_n$。萜烯类通常是由若干个异戊二烯(2-甲基-1,3-丁二烯)首尾连接而成的化合物。萜烯类化合物能生成许多含氧衍生物，如醇类、醛类、酮类及过氧化物等。萜烯及萜烯衍生物统称为萜类化合物。萜类化合物种类繁多，自然界中已经发现约 22 000 种。根据异戊二烯单元的数目，可把萜类化合物分成若干系列(单萜、倍半萜、二萜、三萜等)。在天然香料中最重要的是单萜 $(C_5H_8)_2$ 和倍半萜 $(C_5H_8)_3$。萜类化合物又可分为无环萜(如开链的不饱和萜烯：月桂烯、罗勒烯)和含有一个或几个碳环的脂环萜(如单环单萜、双环单萜)。

单萜类及其衍生物：具有 10 个碳原子的单萜，存在于精油的低、中沸点部分。多数单萜为挥发性化合物，是精油的主要成分。单萜类的含氧衍生物（醇类、醛类、酮类）具有较强的香气和生物活性。单萜主要分为直链型、单环型、双环型三种类型。直链型单萜类，如香叶醇、月桂烯、橙花醇等；单环型单萜类，如薄荷醇、香芹酮、草酚酮等；双环单萜类，如樟脑、蒎烯、茴香醇等。

倍半萜类及其衍生物：精油高沸点部分中存在具有 15 个碳原子的倍半萜。倍半萜主要分为直链型、单环型、二环型、三环型和四环型等，具有挥发性，其含氧衍生物具有较强的香气和生物活性。如金合欢醇、γ-没药烯、α-桉叶醇、β-杜松烯、愈创木醇、广藿香酮等。薁类是具有五元环与七元环并合形成芳环骨架的倍半萜类化合物。植物中的倍半萜薁类化合物主要是其氢化衍生物，如大籽蒿精油中的母菊薁，黄荆果实精油中也含有薁类化合物。

二萜类及其衍生物，广泛分布于植物分泌的乳汁、树脂中，松柏科植物多含有二萜类化合物，如枞酸、紫杉醇等。

(2) 芳香族化合物

芳香族化合物是植物精油主要化学成分中仅次于萜类的第二大类化合物，此类化合物含有苯环，一般具芳香气味，故称为芳香族化合物。植物精油中的芳香族化合物具体可分为：

① 芳香族烃类　为数不多，如山紫苏油中的对-聚伞花烃。

② 芳香族醛类　在植物精油中占有重要地位，如金合欢浸膏、水仙浸膏和桂皮油、藿香油中所含的苯甲醛；黄樟油中所含的洋茉莉醛；桂叶、桂皮及肉桂皮油中所含的肉桂醛等。

③ 芳香族酮类　价值较高。如香薷精油、岩蔷薇浸膏中所含的苯乙酮；含羞草植物花油中所含的对甲基苯乙酮等。

④ 芳香族醇类　是植物精油的主要成分，其中最重要的有苯甲醇、苯乙醇、肉桂醇等，芳香族醇类是香水和花露水的重要成分。

⑤ 芳香族醚类　常见的有石菖蒲中的胡椒酚甲醚、细辛中的 α-细辛醚和 β-细辛醚。

(3) 脂肪族化合物

脂肪族化合物是精油中的小分子化合物，在植物精油中广泛存在，但含量一般少于萜类化合物和芳香族化合物。根据官能团不同，脂肪族化合物可分为醇、醛、酸、酯和烃类，其中烃类较为少见。

① 脂肪族醇类　常见的有茶叶发酵后具有青草清香的顺-3-己烯醇、人参挥发油中所含的人参炔醇。

② 脂肪族醛类　在植物精油中地位不是很重要，如不饱和脂肪醛 2-己烯醛，又称叶醛，是构成黄瓜清香的重要醛类；紫罗兰叶中的紫罗兰叶醛，具有浓烈香气。

③ 脂肪族酮类　在植物精油中数量不多，如柠檬油、柠檬草油、香草油、姜草油等芳香油中的甲基庚烯酮。

有些精油中含有高级脂肪酸，如鸢尾油含有 85% 的肉豆蔻酸。在香料生产中，酸类可用作酯类生产的原料。酯类也是植物精油中的组成部分，在食品工业中可赋予产品果子香味。酸类及酯类主要有桂皮酸、乙酸龙脑酯、乙酸芳樟酯等。

(4) 含硫、含氮类化合物

含硫、含氮化合物在植物精油中普遍存在，但含量很少。在肉类、谷类、豆类、花生、咖啡、可可、茶叶等食品中也常有发现。此类化合物虽然是微量化学成分，但由于气味极强，而且有特征性香气，所以是植物精油中不可忽视的化学成分。

含硫的芳香化合物主要存在于辛辣刺激的芳香植物精油中，如姜油中的二甲基硫醚，大蒜中的二烯丙基硫醚，芥子油中的异硫氰酸丙烯酯等。

含氮化合物主要存在于茉莉花油、苦橙油、甜橙油、柠檬油、柑橘油中，其中吡嗪类是重要的食品香料成分，比如川芎中的四甲基吡嗪、花生中的2-甲基吡嗪和2,3-二甲基吡嗪等。

其主要成分分类和各类型代表性物质与结构见表4-1。

表4-1 植物精油主要成分分类和各类型代表性物质与结构

类型	代表性物质	结构	其他主要成分
萜类化合物	月桂烯（无环单萜化合物）	(α-月桂烯) (β-月桂烯)	罗勒烯、香叶醇、橙花醇、芳樟醇、香茅醇、柠檬醛、香茅醛等
	柠檬烯（单环单萜类化合物）		松油烯、水芹烯、松油醇、薄荷醇、薄荷酮、香芹酮、驱蛔素、1,8-桉叶素等
	3-蒈烯（双环单萜类化合物）		蒎烯、莰烯、龙脑、樟脑、葑酮等
	金合欢醇（倍半萜类化合物）		橙花叔醇、蛇麻烯、长叶烯、柏木烯等
芳香族化合物	苄醇		β-苯乙醇、桂醇、丁香酚、百里香酚、大茴香脑、苯甲醛、桂醛、苯丙醛、香兰素、黄樟油素
脂肪族化合物	壬醇		癸醇、叶醇、叶醛、癸醛、甲基庚烯酮、紫罗兰酮、鸢尾酮、肉豆蔻酸等
含硫、含氮类化合物	吲哚		甲基吲哚、邻氨基苯甲酸甲酯、二甲基硫醚等

4.2.2.2 不稳定性

植物精油在贮存中容易变质。光线、湿度（水分）、空气对精油质量都会产生不利影响，包括促进精油的氧化、树脂化、聚合等，尤其是精油中含有过多水分时，易于水解、异构化，使精油香气质量下降。如薰衣草油贮存过程中，未除尽的水分易导致主成分乙酸芳樟酯的含量降低，造成含酯量下降，香气变劣。

除了橘子油、甜橙油、香柠檬油等萜类含量高的精油必须在低温下保藏之外，多数精油应保藏在阴暗避光处。有条件的可以充惰性气体或尽可能将精油装满，以免精油与空气相互作用而被氧化。另外，使用容易生锈的铁罐作为包装容器，会促使精油氧化产酸和使精油变色，因此通常用铝质包装。

4.2.2.3 燃烧性

植物精油是可燃烧物。一般精油的闪点在 45~100 ℃，柑橘油、柠檬油的闪点为 47~48 ℃，肉豆蔻油的闪点为 38 ℃，冷杉油的闪点为 43 ℃，它们在高温下很容易起火。一般精油都属于三级液体易燃危险品，必须存放于阴凉处。

4.2.2.4 不饱和性

植物精油大多含有萜烯类化合物，且有不对称碳原子，故几乎都具有旋光性和不饱和性。不饱和性主要包括以下几个方面：

①易被氧化，形成过氧化物。

$$C=C + O_2 \longrightarrow -\underset{\underset{O-O}{|}}{C}-\underset{|}{C}-$$

例如，松节油在氧化的同时发生加成反应，生成树脂和大分子化合物，导致精油的相对密度增大、颜色加深并有难闻臭气。

②当植物精油中有酸存在，被加热时很不稳定，双键易被破坏。同时，化合物中的环状结构也容易被打开而成为直链化合物，有时直链化合物也能环化。

③可与卤素（Br_2、Cl_2、I_2）、卤化氢（HF、HB）、酰氯（NOCl）、N_2O_3 等发生加成反应，加成物具有自身的熔点、溶解度和颜色。利用这一性质可以鉴定某些化合物，也可以用于分离和精制某些化合物。

溴加成反应：将植物精油溶于冰醋酸或乙醇与乙醚的混合物中，用冰水冷却，加入溴水，即可生成溴化物。如柠檬烯可生成四溴化柠檬烯，熔点为 104~105 ℃。

柠檬烯 +2Br₂ → 四溴化柠檬烯

卤化氢加成反应：将植物精油溶于冰醋酸中，加入卤化氢的冰醋酸溶液，反应完毕后，倾入冰水中，则加成物以结晶形沉淀析出。将此沉淀溶于冰醋酸后，与无水冰醋酸钠或苯胺一起加热处理，则可脱除卤化氢，生成原来的物质。

酰氯加成反应：将植物精油溶于冰醋酸中，加入等量的亚硝酸乙酯，用冰水冷却，并加入浓 HCl 后，放置，则亚硝酸乙酯与 HCl 反应生成 Cl—N=O 而添加在双键处。

酰氯加成后一般转位生成氯亚硝基衍生物，再与伯胺或仲胺类化合物作用，生成易于结晶的安定硝基胺类化合物。

$$\begin{matrix} R-CH \\ R-CH \end{matrix} + \begin{matrix} Cl \\ N=O \end{matrix} \longrightarrow \begin{matrix} R-\overset{H}{\underset{|}{C}}-Cl \\ R-C=NOH \end{matrix} \xrightarrow{R-NH_2} \begin{matrix} RHC-NHR \\ | \\ R-C=NOH \end{matrix}$$

亚氮氧化物（N_2O_3）加成反应：将植物精油溶于冰醋酸中，和亚硝酸钠一起振摇，即有亚氮氧化物生成。

④呈色反应。由于各种植物精油的化学成分不同，不存在共同的呈色反应，但是经验表明，凡具有丙烯基（$CH_2=CH-CH_2-$）的化合物与间苯三酚和浓 HCl 作用，可呈现红色。

4.3 植物精油提取与精制

4.3.1 植物精油提取

植物精油的化学组成复杂，以萜类及其衍生物为主，也含有芳香族化合物等，其共同点为具有挥发性，大都可以采用水蒸气蒸馏来提取。但芳香植物品种繁多，原料部位和性质多样，因此需要根据不同的原料特性和精油特点，采取不同的提取方法。常用的提取方法有水蒸气蒸馏法、浸提法、吸附法和压榨法 4 大类，其中历史最悠久、应用最广泛的是水蒸气蒸馏法。

4.3.1.1 水蒸气蒸馏法

该方法是将叶、花、果、枝等原料置于容器中，再加水或蒸汽，加热后，精油和水蒸气一起被蒸馏出来，形成混合蒸汽。混合蒸汽经过冷凝，得到油水混合物，再经油水分离后，所得到的油层即为精油。水蒸气蒸馏法操作简单、成本较低，是最常用的植物精油提取方法。

另外，由于精油略溶于水，油水分离后的水层中含有少量精油物质，被称为纯露、花水、晶露或水溶胶。因为纯露在一定程度上具有植物精油类似的功能和功效，且浓度很低，可以不经稀释直接使用，目前已被广泛应用，并开发成各类产品。

(1) 生产原理

水分子向植物原料的细胞中渗透，细胞中的精油成分向水和水蒸气中扩散，精油与水不相溶，但在加热过程中，当精油的蒸汽压与水的蒸汽压总和等于大气压时，溶液立即沸腾，精油和水蒸气一起被蒸馏出来，形成混合蒸汽。混合蒸汽经由顶端的出口进入冷凝器，被冷凝为液态的油水混合物。油水混合物进入油水分离器后，因植物精油不溶于水，油水分层后，植物精油的密度一般小于水，所以会浮在水面上成为油层。将油层和水层分离后，即可得到精油产品。

水蒸气蒸馏过程中，精油通常在低于其自身沸点温度时，即可与水一同被蒸馏出来。如 α-蒎烯沸点约为 155 ℃，在水蒸气蒸馏中，低于 100 ℃ 时即与水蒸气一同蒸馏出来。一般先馏出来的组分大多为沸点较低的化合物，后馏出来的组分沸点较高。

（2）生产工艺

采用水蒸气蒸馏法从植物原料中提取精油的工艺流程如图 4-1 所示，主要包括加热蒸馏、冷凝、油水分离、萃取、澄清和除水等工序。

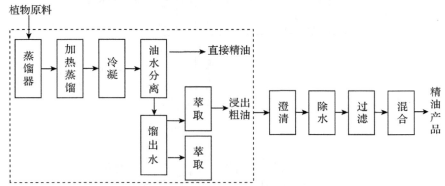

图 4-1　植物精油水蒸气蒸馏工艺流程

（3）蒸馏方法

在使用以上方法时，原料装载高度一般不超过蒸馏釜的 80%。在蒸馏中会膨胀的原料，应适当装得更低些，反之则可适当装得更高些。在蒸馏釜顶部应适当留有油水混合蒸汽的缓冲空间，以防原料进入鹅颈管和冷凝器。装料应均匀，对鲜花或干花类的装料以松散为宜，对鲜叶类的装料应层层压实，对粉粒状原料的装料应均匀和松紧一致。

按蒸馏釜容量计，常取 5%~10% 的馏出速度，对含醛较多的精油如山苍子、香茅等应加快馏出速度，松散和破碎的原料蒸馏时间宜短。蒸馏开始时，首先将蒸馏釜、鹅颈管和冷凝器中的不凝气体（空气）驱出，驱出速度宜慢。蒸馏前期蒸馏应慢，以后逐渐加快，不宜突然加快。蒸馏中，适当加压可缩短蒸馏时间，但必须确保油水混合蒸汽能完全冷凝成馏出液，并继续在冷凝器中冷却，直至室温，再进入油水分离器分离。当蒸馏达到理论精油得率的 90%~95%，即可停止蒸馏。

植物精油的蒸馏方法可分间歇式和连续式。

① 间歇式水蒸气蒸馏法　根据原料性质和设备不同，通常可分为水中蒸馏、水上蒸馏和蒸汽蒸馏三种类型，其生产工艺和生产设备如图 4-2 所示，主要包括蒸馏、冷凝和油水分离等工序。

水中蒸馏是将原料放入蒸馏釜的水中，水的高度刚好漫过原料，使原料在蒸馏过程中与沸水直接接触。也可在釜底设置筛板以防原料与热源壁直接接触造成烧焦，影响精油品质。水中蒸馏原料始终淹没在水中，水散作用好，蒸馏较均匀，也不会因原料板结而造成蒸汽短路。水中蒸馏可采用直接火加热、直接蒸汽加热或间接蒸汽加热。水中蒸馏适于某些鲜花、破碎果皮和易黏结的原料，如玫瑰花、橙花等。但水中蒸馏精油中的酯类成分易水解，所以含酯类高的芳香植物，如薰衣草等不宜采用此方法。

水上蒸馏又称隔水蒸馏，是把原料置于蒸馏釜内的筛板上，筛板下盛放一定量水以满足蒸馏操作所需的饱和蒸汽，水层高度以水沸腾时不溅至原料底层为准。水上蒸馏也可采用直接火加热、直接或间接蒸汽加热等 3 种加热方式。蒸馏开始，釜底水层首先被加热，直至沸腾，所产生的低压饱和蒸汽通过筛板由下而上加热原料层，从饱和蒸汽开始升入料

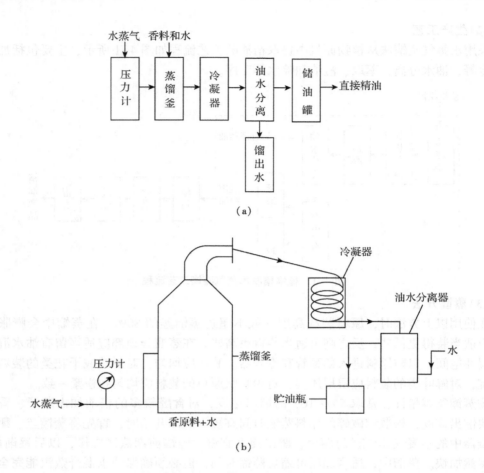

图 4-2 间歇式植物精油水蒸气蒸馏生产流程及设备
(a)间歇式植物精油水蒸气蒸馏生产工艺;(b)间歇式植物精油水蒸气蒸馏生产设备示意图

层,到蒸馏釜顶部形成油水混合蒸汽的整个过程,以缓慢为宜,一般需 20~30 min。水上蒸馏过程中,原料只与蒸汽接触,产生的低压饱和蒸汽由于含湿量大,有利于精油蒸出,也有利于缩短蒸馏时间,节省能源。同时,因为原料与沸水隔离,可以减少精油中酯类成分的水解,因此可以提高精油的得率和质量。

水上蒸馏又可分为水上回水蒸馏和水上不回水蒸馏两种。前者从油水分离器中排出的蒸馏水通过回水管返回蒸馏釜内,而后者则不返回。水上蒸馏应用较广,大规模种植的芳香植物如桉树叶、薄荷、香茅等均使用此法。此法也适用于粉碎后的干燥原料,包括某些干花。

直接蒸汽蒸馏,其操作过程与水上蒸馏法基本相同,区别在于水蒸气的来源和压力不同,此法是直接引入锅炉蒸汽进行蒸馏。通常在蒸馏釜的釜底筛板下装有一条开有小孔的环形管,引入的蒸汽通过小孔直接喷出,通过筛板的筛孔进入原料层加热原料。由锅炉导入的饱和蒸汽具有较高的压力和温度,能很快加热原料。但蒸汽的含湿量较低,因此蒸馏干料时,必须在装料前预先使其湿透。直接蒸汽蒸馏,速度快,温度高,可缩短蒸馏时间,高沸点成分可蒸出,出油率高,对精油成分的水解作用小,蒸馏效率高,还可根据植物精油的释放规律，调节不同时间段的蒸汽压力和流量，进行削峰填谷，从而使得整个蒸馏过程精油馏出量平稳，冷凝和油水分离平稳，从而更好地实现节能高效、提高提取率和得率。但直接蒸汽蒸馏对设备等条件要求较高，还需另设锅炉，适用于大规模生产。

以上3种蒸馏方法各有优缺点，适用于不同的情况。水中蒸馏的加热温度一般为95 ℃左右，植物原料中的高沸点精油成分不易蒸出，直接加热方式中易产生焦煳现象。水上蒸馏和水蒸气蒸馏不适于易结块和细粉状的原料，但这两种蒸馏方法生产出的精油质量较好。水蒸气蒸馏过程中，可根据需要调节温度和压力，所生产的精油质量最佳。

②连续式水蒸气蒸馏法　首先将原料切碎后，由加料运输机将原料送入加料斗，经加料螺旋输送器送入蒸馏塔内，通蒸汽进行蒸馏，馏出物经冷凝器进入油水分离器分离，得到精油产品。蒸馏后的料渣从卸料螺旋输送器卸出运走。该工艺可以实现连续蒸馏。

连续式蒸汽蒸馏法减轻了加料和卸料的劳动强度，使工时消耗缩短到1/5~1/3；加工原料的水量消耗减至 1/5~1/4；精油得率一般可增加 0.025%~0.08%（按照原料重量计算）；与间歇式蒸馏法比较，精油品质更高；改善了生产人员的工作条件。

随着精油需求的增长，芳香植物种植面积也不断增加。同时，从提高精油质量、提高机械化程度、提高生产效率、降低劳动强度等多方面综合考虑，植物精油生产中采用连续式蒸馏法的将会越来越多。

各种方法生产的精油，都需符合相关质量标准和内外销要求，若未达到要求，必须进一步精馏。有些植物精油经过精馏仍达不到要求，则必须进一步精制，如桉叶油素达不到80%以上，可采取-40~-30℃冷冻精制以达到要求。

另外，水蒸气蒸馏法提取致密紧实植物原料精油时，比如山苍子果实的水蒸气蒸馏，常存在蒸馏提取时间长、出油不完全、长时间蒸馏影响精油质量等方面的问题。为了提高生产效率和精油得率，改善精油质量，已有生产者采用快速闪蒸提取的方法，通过加压蒸煮、快速释放的方式实现精油的高效提取。

4.3.1.2　浸提法

（1）生产原理

浸提法是将溶剂加入固相中，使其中所含的一种或几种组分溶出的过程。用浸提法生产浸膏一般是用挥发性溶剂将芳香植物中的芳香成分浸提出来，通过蒸发浓缩、回收溶剂后，得到既含芳香成分又含植物蜡、色素、脂肪等杂质的膏状混合物，称为浸膏。常用的溶剂有石油醚、乙醇、苯、二氯乙烷等。

以花为原料的精油提取，常采用浸提法，采用蒸馏法加工的较少，如茉莉花、白兰花、晚香玉、栀子花、桂花、木兰花、月见草花、铃兰花、白丁香花等都采用浸提法。有些香树脂也采用浸提法，如橡苔浸膏、枫香浸膏的生产。

（2）生产工艺

基本工艺流程如图4-3和图4-4所示，主要包括浸提、澄清、过滤和蒸馏等工序。常见的浸提方式有固定浸提、逆流浸提、转动浸提和搅拌浸提，这4种浸提方式各有其特点和适用原料，具体情况见表4-2。

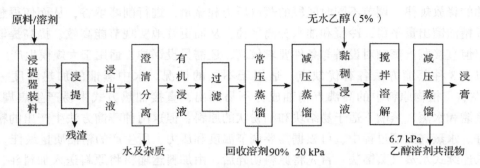

图4-3 浸提法提取植物精油的工艺流程

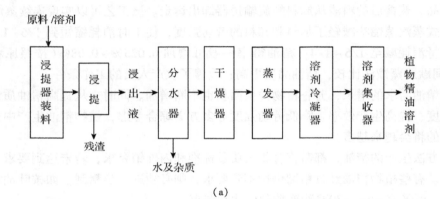

(a)

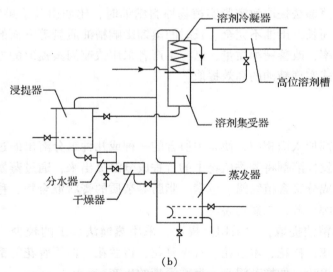

(b)

图4-4 浸提法提取植物精油溶剂循环生产工艺及设备
(a)浸提法提取植物精油溶剂循环生产工艺;(b)浸提法提取植物精油溶剂循环生产设备示意图

浸提法提取植物精油生产中,残渣中含有大量有机溶剂,在对残渣中的溶剂进行回收的同时,还可得到精油产品,因此最好能对残渣进行处理。残渣的处理工艺流程如图4-5所示,主要包括蒸馏、油水分离、精馏等工序。

表 4-2　几种植物精油浸提生产方式的比较

特点	浸提生产方式			
	固定浸提	搅拌浸提	转动浸提	逆流浸提
方　法	原料浸泡在溶剂中静止不动，溶剂可以静止，也可以回流循环	原料浸泡在溶剂中，采用刮板式搅拌器缓慢搅动原料和溶剂	原料和溶剂在转鼓中，设备转动时溶剂和原料做相对运动	原料和溶剂作逆流方向移动，以提高浸提效率
适用原料	适于大花茉莉、晚香玉、紫罗兰花等娇嫩花朵	适于桂花、米兰等小花或粒状原料	适于白兰、茉莉、墨红等花瓣较厚的原料	适于产量大的多种原料
生产效率	较低	较高	高	最高
浸提率	60%~70%	80%左右	80%~90%	90%左右
产品质量	原料静止，不易损伤，浸膏杂质少	搅拌很慢，原料不易损伤，浸膏杂质较少	原料易损伤，浸膏杂质多	浸提较充分，浸提效果好，杂质较多

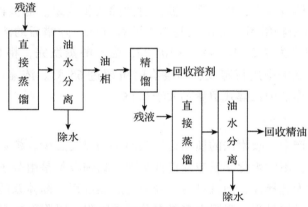

图 4-5　残渣处理的工艺流程

浸膏中含有相当数量的植物蜡、色素等杂质，不宜配制高级香精，因此需要除去杂质，得到净油。除去杂质的具体原理是：随着温度下降，乙醇对精油成分的溶解度变化较小，而对植物蜡等杂质的溶解度下降。因此，可以用乙醇将浸膏溶解，再降温，杂质因溶解度下降析出，成为不溶杂质，除去杂质，回收乙醇，即可得到净油，其工艺流程如图 4-6 所示，主要包括溶解、过滤、常压蒸馏和减压蒸馏等工序。

(3) 浸提、浓缩的工艺条件

①原料的装载量　装料高度一般为浸提器的 70%，装载的原料要与溶剂有最大的接触面积，以确保最好的传质效率。固定浸提最好分格装载。

②溶剂比　溶剂应浸没原料，原料与溶剂的比例一般为 1：(4~5)。

③浸提温度　最常用是室温，适当提高温度，浸出率会显著提高。浸提温度对溶剂渗透和精油扩散速率也有影响。

④浸提时间　达到理论提取得率的 80%~85%，即可停止浸提。

⑤真空浓缩　对含热敏性成分的浸提液必须采用减压浓缩的方式，真空度一般为

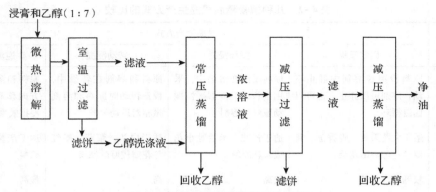

图 4-6　浸膏制取净油的工艺流程

$8.0×10^4 \sim 8.4×10^4$ Pa，加热温度为 35～40 ℃，在减压浓缩至近一半体积时，以 120～150 r/min 进行搅拌，直至浓缩为粗膏状。

⑥净油的制备　浸膏中含有大量植物蜡，一般用浸膏量 12～15 倍的纯度 95% 以上的乙醇，在加热条件下溶解浸膏，冷却到室温，过滤除去植物蜡。滤液再在 0 ℃ 下冷冻 2～3 h，减压过滤，所得植物蜡用乙醇洗至基本无芳香气味。除蜡后的溶液浓缩到初始浸膏量的 3 倍，浓缩真空度为 $7.3×10^4 \sim 8.0×10^4$ Pa，当乙醇蒸发完，将真空度提高到 $9.3×10^4$ Pa，在 45～55 ℃ 水浴中进行蒸发，温度有时可超过 65 ℃。浓缩过程中需进行搅拌，加快乙醇蒸发，直至净油中乙醇残留量不大于 0.5%。

4.3.1.3　吸附法

植物精油提取生产中，吸附法的使用远比蒸馏法和浸提法少。植物精油提取所用的吸附方法多为物理吸附，不发生化学反应和极性吸附。物理吸附是由分子间引力所引起，即范德华力。物理吸附无选择性，而且可逆，吸附为放热过程，即体系的熵减小，降低了界面自由能，是一个自发的过程。吸附大多是多分子层吸附，吸附剂本身不发生变化。通过脱附可得到精油，且精油质量不会发生改变。常用的吸附剂有硅胶、活性炭等。

吸附法分为 3 种：脂肪冷吸法、油脂温浸法、吹气吸附法。

(1) 脂肪冷吸法

先将脂肪基涂于木框内的玻璃板两面，随即将花蕾平铺于涂有脂肪基的玻璃板上，铺了花的木框可层层叠起，木框内玻璃板上的鲜花直接与脂肪基接触，脂肪基进行吸附。每天更换一次鲜花，直至脂肪基中芳香物质基本上达到饱和为止，然后将脂肪基从玻璃板上刮下，即为冷吸脂肪。

(2) 油脂温浸法

将鲜花浸在温热精炼过的油脂中，经一定时间后更换鲜花，直至油脂中的芳香成分达到过饱和为止，除去花片和杂质，即得香花香脂。

(3) 吹气吸附法

将湿度恰当的空气以一定的流量均匀地鼓入装有多层鲜花花筛的装料罐，再将带有芳香成分的空气从装料罐引入到装有多层活性炭吸附层的吸收罐。香气被活性炭吸附达饱和

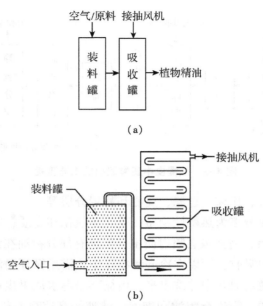

图 4-7 吹气吸附法植物精油提取工艺及设备
(a)吹气吸附法植物精油提取工艺流程图；(b)吹气吸附法植物精油提取设备示意图

后，用溶剂洗脱多次，对所得溶液进行溶剂回收后，即得吸附精油。其工艺流程和设备示意如图 4-7 所示。

吸附法通常用 3 份猪脂、2 份牛脂的混合物作为精油的吸附剂，先在面积为 50 cm×50 cm、厚度为 3 mm 的玻璃板两面都涂抹一层吸附剂，然后将玻璃板置于厚度为 5 cm 的木框中，在玻璃板上面铺一金属网，其上放一层新鲜花朵或花瓣，其上再置一涂抹好的玻璃板，堆叠起来。花瓣被置于两层吸附剂之间，玻璃板上的两面都可以吸收精油，依照花的不同性质，放置一昼夜或更长的时间后，更换花瓣，多次更换，直至吸附剂达到饱和为止。刮下吸附剂，可直接作为香脂用于化妆品上，也可提取高级精油。

此法所制植物精油品质较佳，多用于提制贵重的精油，如玫瑰油、茉莉花油等。此法在提取中可以保存花朵的新鲜和完整，在酶的作用下，花朵还可以继续产生精油，故产量高、质量好。

4.3.1.4 压榨法

压榨法是植物精油提取的传统方法，主要用于柑橘类精油的提取。

(1) 生产原理

压榨是使用机械压缩力将液固两相混合物中液相分离出来的单元操作。柑橘类水果果皮内除了含有芳香成分，还含有易发生氧化、聚合等反应的萜烯和萜烯衍生物。为保证精油质量，需在室温下进行压榨。生产中常用的有整果冷磨法和果皮压榨法。

(2) 工艺举例

以果皮压榨法为例，将果皮放入压榨机中，先榨取出果汁和精油的混合物，再将其进行分离。冷冻压榨法专门用来提取果皮内精油。图 4-8 为从橘皮中压榨取油的工艺流程，

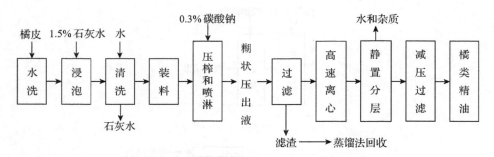

图 4-8 从橘皮中压榨取油的工艺流程

主要工序包括浸泡、清洗、压榨、过滤、离心和静置分层等。

柑橘类精油的化学成分多为热敏性物质,受热易氧化和变质,需使用冷磨法或冷压法(图 4-9)。当油囊破裂后,精油虽会喷射而出,但仍有部分精油在油囊中,或已喷出的精油被果皮碎屑或海绵组织吸收,所以在冷磨和冷压中,需用循环喷淋水不断对被磨和被压物进行喷淋,将精油从植物原料中冲洗出来。由循环喷淋水从果皮或碎皮上冲洗下来的油水混合液常带有果皮碎屑,需进行粗滤和细滤,滤液经高速离心机分离后,即可得精油。此精油含有少量水分和蜡状物等杂质,在 8 ℃ 下静置 6 d,杂质与水沉降后,吸取上层澄清精油,再过滤,滤液即为品质更好的精油。

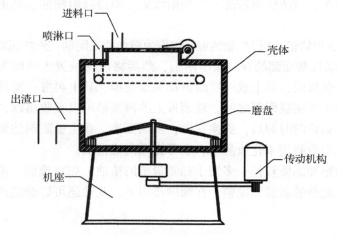

图 4-9 平板式榨磨机结构示意

4.3.1.5 其他精油提取新技术

(1) 超临界 CO_2 萃取技术

水蒸气蒸馏法或浸提法提取植物精油过程中,常引起组成的改变,从而改变整个香味轮廓,且常常损失头香,产品失去新鲜感,同时浸提法所得产品的溶剂残留也难以避免。超临界 CO_2 萃取法可以弥补这一不足。此法利用超临界状态下 CO_2 流体对难挥发物质溶解度的增加常达几个数量级这一性质,对植物精油进行萃取。

相比传统提取方法难以提取相对分子质量较大、热敏性或化学不稳定性物质,超临界

CO_2 萃取法具有独特的优势,因此成为研发热点。发达国家已有工业化装置,但由于超临界 CO_2 萃取技术设备投资费用大、实现生产的难度大,目前国内尚未大量使用。

(2) 亚临界水提取技术

亚临界水是指在一定压力下,将水加热到 100 ℃ 以上,临界温度 374 ℃ 以下,水仍然保持液体状态。在亚临界状态下,维持适当的压力使水呈液态,随着温度上升,水分子之间的氢键作用被减弱,水的极性大大降低,由强极性逐渐变为非极性,利用这一特性可以有选择性地萃取不同极性的目标物质。通过调节萃取温度、压力、水的流速流量和夹带剂等优化缩短提取时间,提高萃取效率。

亚临界水提取技术是近些年发展起来的新型提取技术,具有提取时间短、效率高、环境友好等特点。国外已将其作为一种绿色环保技术应用于环境样品中有机污染物的萃取、某些植物精油及有效成分的提取等。国内的研究与应用工作也已开始。亚临界水提取法在植物精油提取分离方面具有良好的应用前景。

(3) 分子蒸馏技术

分子蒸馏亦称短径蒸馏,是一种新型的液液分离或精制技术。此法是在高真空下利用不同物质分子运动自由程的差别来分离物质,因此可以在远低于沸点的情况下实现分离,具有蒸馏压强低、受热时间短、分离程度高等特点,可大大降低高沸点物料的分离成本,很好地保护热敏性物质。此法可用于植物精油的低分子萜化合物去除、脱臭、脱色、提纯,可获得高品位天然精油,如桂皮油、玫瑰油、香根油、香茅油、山苍子油等。

(4) 微波提取技术

微波是一种电磁波,其波长介于红外和无线电波之间,一般作为热源的微波波长为 12.2 cm(2.45 GHz)。微波提取植物精油过程如下:微波加热导致植物细胞,如油胞、油腺、树脂导管等结构内的极性物质(细胞液)吸收微波能量,使细胞内温度迅速上升,液态细胞液(水分等)汽化膨胀产生的压力把细胞膜和细胞壁冲破,继续加热使细胞表面出现裂纹和孔洞,提取液体(溶剂)直接进入细胞内部进行渗透和扩散,并溶解细胞内的挥发物质(精油),促使精油成分快速被萃取出来。

应用微波技术提取植物精油,其优点在于速度较快,减少热破坏,对含水分较多的植物原料更为有利。有关微波在提取植物精油时,是否会使精油某些成分产生重排或异构化,报道不一。但实践表明,掌握好时间、溶剂、温度等因素,所提取的精油成分相对比较稳定。

4.3.2 植物精油精制

采用前述几种方法得到的是植物精油粗制品(原油),原油的质量往往还达不到质量标准或使用者的要求。如水蒸气蒸馏法得到的原油中,常含有微量水分和固体杂质,有时呈现较深颜色,或者主要成分达不到商品质量要求。又如压榨法得到的柑橘类精油,含有高达 40%~50% 的萜烯类成分(单萜、倍半萜等)。萜烯类化合物影响主要成分的香气,又易发生氧化、聚合等反应,导致精油易变质而不易贮存。

因此,需对原油进行精制,并在成品包装、贮存和运输方面亦需按规定执行。原油的精制包括:除去固体杂质、异味化学物质、水分、有色物质、部分或全部萜烯类物质,以及调整精油中主要成分的含量使之达到商品质量标准。

4.3.2.1 除去固体杂质

在蒸馏法提取植物精油过程中，如果操作时蒸馏速度太快，油水混合蒸汽流速快，极有可能将釜内原料顶层中的少量植物碎屑、粉尘等固体物质带入冷凝器，继而流入油水分离器中。在油水分离器中如果停留时间不足，固体物质与精油的密度又极为接近时，很难分离而混入原油中。

常用的除去固体杂质的方法是过滤法，包括常压过滤、真空抽滤和加压过滤。如果原油黏度大，可以适当升温降低黏度后再过滤。如果原油中含有较多的细小黏性粒子或胶状沉淀物，为了防止滤孔被堵塞可加快过滤速度，也常添加助滤剂，如硅藻土、活性炭等。

4.3.2.2 除去异味化学物质

在用水蒸气蒸馏法提取原油时，如果蒸馏温度较高，提取物易发生酯类化合物水解、热敏性化合物分解等副反应，生成一定数量的小分子醇、酸、醛等。这些小分子化合物随水蒸气蒸出，混于馏出液，进入原油中，使其带有异味或不良气息。

除去方法：①挥发法，将贮存原油容器的盖子打开，让异味化学物质自行挥发逸散出去，这是最简单的方法。②化学法，如用酸化的过氧化物或 O_3 处理，消除异味。③分馏法，除去含有小分子异味的头馏分，其后所得原油的香气质量将得到很大提高。

4.3.2.3 除去有色杂质

植物精油的加工、贮存过程中，植物精油与金属设备或容器接触，如精油中含有酸性物质，有可能生成少量有颜色的金属离子化合物，使得精油带上颜色。此外，芳香植物中的水溶性或油溶性色素物质在加工过程中也可能带入精油中。

除去方法：可用柠檬酸或酒石酸的水溶液洗涤，使之生成可溶于水的柠檬酸或酒石酸金属盐类，然后脱水即可使精油色泽变浅。

4.3.2.4 除去水分

水蒸气蒸馏得到的馏出液，经油水分离器后仅得到初步分离，实际上原油中还含有一定数量悬浮于其中的极微细水粒。微量水分的存在对植物精油是十分有害的，尤其是对含酯类化合物较多的精油，会使酯类化合物水解，生成的酸和醇不但破坏了精油香气的纯正，而且酸的存在又会促使精油中萜烯类物质异构、聚合或树脂化。总之，水分的存在是引起精油在贮存过程中变质、酸败的重要原因。

除去方法：①将精油继续静置澄清，用足够长的时间让精油中含有的微量水分沉降下来。②利用水和精油之间的密度差，使用高速离心机，在强大的离心力的作用下迅速分离出少量水分。③可用某些固体干燥剂处理含水原油，油中水分可被干燥剂吸收，如食盐、无水硫酸钠、无水硫酸镁等。

4.3.2.5 除去萜烯类物质

柑橘类精油大多含有较多萜烯类化合物，如红橘油、甜橙油、柠檬油等。对于这类精油，可根据需要除去一部分萜烯类成分，使精油中的含氧香料化合物的相对含量得到提高，香气也得到浓缩。如柠檬油，其主要成分含量提高1倍、2倍后被分别称为双倍柠檬油、三倍柠檬油。如果把萜类物质(包括单萜和倍半萜)全部除去,所得精油称为无萜油或无倍半萜油,有时也叫无烃油。常用的除萜方法如下。

(1)分馏法除萜

单萜、倍半萜等萜烯的沸点与含氧香料化合物沸点相差较大,通过分馏可以大致将这3类物质分开,大大降低主要成分馏分中的含萜量,实现香气浓缩。大多数单萜烯烃的沸点为150~180 ℃,分馏时可以作为头馏分(即头子)分开;含氧香料化合物的沸点大多为180~240 ℃,分馏时可以作为主馏分(即产品)取出;倍半萜烯烃的沸点一般为240~280 ℃,分馏时可以作为尾馏分(或釜残)收集。一般来说,含有较多倍半萜烯的精油种类很少,除萜浓缩时往往只需要分馏出只含单萜烯烃的头馏分即可。此方法也适合于山苍子油、薄荷油、留兰香油等精油。

(2)稀乙醇萃取法除萜

倍半萜烯烃、单萜烯烃只能溶解在浓乙醇水溶液中,而含氧香料化合物还能溶解在稀乙醇水溶液中,所以可以用稀乙醇水溶液(浓度一般为60%~70%)把含氧香料化合物从含有大量萜烯类物质的精油中萃取出来,再通过蒸馏蒸出乙醇,剩余的香料化合物和水,由于互不混溶而自行分层,得到香料化合物高度浓缩的精油产品。

4.4 植物精油制品与应用

4.4.1 植物精油制品

4.4.1.1 精油

精油在商业中被称为芳香油,在医药行业中被称为挥发油,是一类重要的天然香料。精油是许多不同化学物质的混合物。一般精油都是易于流动的透明液体或膏状物,无色、淡黄色或具特有的颜色(黄色、绿色、棕色等),有的还有荧光。某些精油在温度略低时成为固体,如玫瑰油、八角茴香油等。

4.4.1.2 粗制原油和精制油

各个芳香植物产区,采用简易加工设备生产出来的各种精油称为粗制原油。粗制原油常带有令人不愉快的杂香气和较深的颜色,同时有些主要成分含量达不到规格要求,必须进行二次蒸馏或适当处理,使之符合商品规格要求。这种经过精制处理的精油称为精制油。

4.4.1.3 浓缩油、去萜及去倍半萜精油

有些精油中所含的萜烯类成分(单萜类和倍半萜类)不仅对香气无作用或作用极小,反而将主体香气稀释变淡,而且萜烯类化合物在精油贮存中容易变质,因此一般通过减压分馏、溶剂萃取、分子蒸馏以及柱色谱等方法除去萜烯类成分,从而使香气增浓和改善,溶解度与稳定性得到提高。这样的精油称为浓缩油、去萜油或去倍半萜油。

4.4.1.4 浸膏

浸膏是一种含有精油和植物蜡等杂质的浓缩非水溶剂膏状萃取物,是植物精油的主要

品种之一。用挥发性有机溶剂浸提芳香植物原料，然后蒸馏回收有机溶剂，蒸馏残留物即为浸膏。在浸膏中除了含有精油，尚含有相当量的植物蜡、色素等杂质，故在室温下大多是深色膏状或蜡状，如茉莉浸膏、桂花浸膏、墨红浸膏、晚香玉浸膏等。

4.4.1.5　净油

用乙醇萃取浸膏香脂或树脂所得到的萃取液，经过冷冻处理，滤去不溶的植物蜡等杂质，经减压蒸馏蒸去乙醇，所得到的流动或半流动的液体统称为净油。净油相对更为纯净，是调配化妆品、香水等产品的佳品。

4.4.1.6　酊剂

酊剂亦称乙醇溶液，是以乙醇为溶剂，在室温或加热条件下，浸提植物原料、天然树脂或动物分泌物所得到的乙醇浸出液，经冷却、澄清、过滤而得到的产品。如枣酊、咖啡酊、可可酊、黑香豆酊、香荚兰酊、麝香酊等。

4.4.1.7　香脂

采用精制的动物脂肪或植物油脂吸收鲜花中的芳香成分，这种被芳香成分所饱和的脂肪或油脂统称为香脂。香脂可以直接用于化妆品香精中，也可以经乙醇萃取制取香脂净油。由于脂肪很容易酸败变质，现在已很少大批量生产香脂。

4.4.1.8　纯露

纯露又名水精油、花水。蒸馏鲜花的蒸馏水，在分出精油之后残留的部分即为纯露。纯露中含有亲水性的精油成分。纯露中的精油虽能回收，但不经济，因此，纯露往往直接用于加香和制备各类产品。

4.4.1.9　香膏

香膏是由于芳香植物的生理或病理原因，渗出的带有香成分的膏状物。香膏大部分呈半固态或黏稠液状态，不溶于水，几乎全溶于乙醇。香膏的主要成分包括苯甲酸及其酯类、桂酸及其酯类等，如秘鲁香膏、吐鲁香膏、安息香香膏、苏合香香膏等。

4.4.1.10　树脂

树脂分为天然树脂和经过加工的树脂。天然树脂是指植物渗出体外的固态或半固态物质，如黄连木树脂、苏合香树脂、枫香树脂等。经过加工的树脂是指将天然树脂中的精油去除后的制品，如松脂经过蒸馏后，除去松节油而制得松香。

4.4.1.11　香树脂

香树脂是指用烃类溶剂浸提植物树脂类或香膏类物质而得到的具有特征香气的浓缩萃取物，如乳香香树脂、安息香香树脂等。香树脂通常用作定香剂。由于香树脂为黏稠液体、半固体或固体均质块状物，使用不方便，有时在制品中配备苯甲酸苄酯、邻苯二甲酸二乙酯、丙二醇等稀释剂。香树脂稀释后不仅流动性好，而且提高了溶解度。香树脂主要成分有树脂酸、精油、植物色素、植物蜡和烃类等。颜色较深的橡苔树脂、树苔树脂和岩蔷薇香树脂等，需要进行脱色处理。

4.4.1.12　油树脂

一般是指用溶剂萃取天然辛香料，然后蒸除溶剂后而得到的具有特征香气或香味的浓缩萃取物。常用的溶剂有丙酮、二氯甲烷、异丙醇等。油树脂通常为黏稠液体，色泽较深，呈不均匀状态，如辣椒油树脂、胡椒油树脂等。

4.4.2 植物精油应用

对植物精油的应用可以追溯到远古时代，主要用于沐浴、制作香料等方面。最早使用的有百里香油、芍药油、乳香油等。目前，植物精油在医药、食品、烟酒、日用化学、精细化工等行业中的研究和应用日益增多，已成为国民经济发展中不可或缺的产品。

植物精油是单离香料与合成香料的重要原料。虽然植物精油是多组分混合物，但其含量较高的往往是一种或几种成分，如山苍子油中的柠檬醛、留兰香油中的香芹酮含量均较高，单离后可进一步合成其他香料，如用柠檬醛合成紫罗兰酮等。

植物精油还是调制各种香精产品的灵魂，尤其是在高档香精产品中。这方面研究较多，不在这里一一介绍，这里主要介绍植物精油在杀虫、抗菌、医药、美容护肤品等领域中的应用。

4.4.2.1 植物精油在杀虫方面的应用

植物精油不仅对害虫具有较高的生物活性，而且不易产生抗药性，且具有对人畜毒性小、不污染环境等特点，因而被人们广泛关注，在植物精油对害虫的影响等方面开展了大量研究与应用，如引诱、驱避、拒食、毒杀和生长发育抑制。

33 种植物精油对根瘤线虫幼虫杀虫活性的研究表明：杀线虫最有效的是丁香油，其主要成分是丁香酚、芳樟醇、香叶醇，它对所有供试线虫均有不可逆转的毒杀作用。23 种辛香料和药用植物的精油及其主要成分对甲虫类成虫谷囊、米象的熏蒸毒性评价显示：活性物质松油烯醇、1,8-桉叶油素和三叶鼠尾草、鼠尾草、月桂、迷迭香、薰衣草等植物的精油对毒杀谷囊最有效；1,8-桉叶油素、回香芹精油、椒样薄荷油对赤拟谷盗有效。

有美国专利报道，柑橘属精油的萜烯部分可用于制取各类杀虫剂，其配方是由 4%~7%的柠檬烯和 3.5%~4.5%的表面活性剂和乳化剂，溶剂为水。此类杀虫剂可杀灭各种小害虫，如蚊子、臭虫、飞虱等。

由于植物精油均为挥发性天然产物，同时其安全性是经过检测合格的(表 4-3)，基本不存在残留问题，因此是预防、抑制和杀灭害虫的良好天然药物，获得了广泛的实际应用。

表 4-3 植物精油活性成分的安全性评价

常见精油的活性成分	评价方法	实验对象	$LD_{50}/(g/kg)$	评价(毒性级别)
木橘精油	经口急性毒性	小鼠	23.66	无毒
百里香精油	经口急性毒性	小鼠	17.50	无毒
丁香精油	经口急性毒性	小鼠	55.23	无毒
肉桂精油	经口急性毒性	小鼠	5.04	无毒
枫茅精油	经口急性毒性	小鼠	3.50	低毒
薄荷精油	经口急性毒性	小鼠	2.00	低毒
印楝素	经口急性毒性	小鼠	13.00	无毒

(续)

常见精油的活性成分	评价方法	实验对象	$LD_{50}/(g/kg)$	评价(毒性级别)
马鞭草酮	经口急性毒性	小鼠	8.09	无毒
1,8-桉叶油素	经口急性毒性	小鼠	7.22	无毒
丁香酚	经口急性毒性	小鼠	3.00	低毒
肉桂醛	经口急性毒性	小鼠	2.22	低毒

4.4.2.2 植物精油在抑菌方面的应用

植物精油具有普遍的抑菌作用,全球各国都在开展广谱抑菌活性植物精油的开发与应用研究。研究表明,植物精油中不同化学成分的抑菌效果差异较大。植物精油主要成分中,不含氧的萜烯抑菌能力较弱,而含氧衍生物中羰基化合物抑菌效果较羟基化合物好,基团嵌有不饱和双键,特别是共轭双键,抑菌效能较高,短碳链较长碳链抑菌效能高。

植物精油成分中的醛类如桂醛、柠檬醛、茴香醛,酚类如麝香草酚、丁香酚、香芹酚,酮类如香芹酮、薄荷酮、辣薄荷酮,醇类如芳樟醇、香茅醇、薄荷醇(脑)等均具较强的抑制真菌生长及抑制真菌毒素合成的能力。另外4种植物精油成分4-松油醇、丁香酚、1,8-桉叶油素、麝香草酚对镰刀菌属、曲霉菌属、青霉菌属均具较明显的抑制功效,有些对霉菌的抑制率达100%。其作用机制主要是通过损伤霉菌的质膜,使其失去选择透过性,精油和有效成分进入细胞内对细胞器产生影响;也使细胞内大分子空间结构发生改变,引起细胞新陈代谢紊乱,从而抑制霉菌的生长。

围绕植物精油开展的抑菌研究较多,如1 000 μL/L欧刺柏油对瓜果腐霉有抑制作用,而对番茄的发芽和幼苗的生长没有毒性;2 000~3 000 μL/L时抑真菌谱更广,可用于防止植物倒伏病;2 000 μL/L白叶过江藤油对菜豆壳球孢菌丝体生长有很好的抑制作用,而对黄豆的发芽、幼苗生长没有任何副作用。对12种该属精油的化学成分和抗细菌、抗真菌活性进行研究后发现,柠檬桉精油由于主要含有香茅醛及其衍生物,所以效果最好;2 000 μL/L的万寿菊叶油能完全抑制猝倒病病原体瓜果腐霉的生长,且具有广谱杀菌活性,对植物无毒性,优于克菌丹、赛力散和代森锌3种合成杀菌剂。

植物精油因具有抑菌作用,被应用于水果和粮油等农产品的贮藏。有研究者发现,用0.1%的香叶醇处理柑橘果实,贮藏60 d后无腐烂现象,且品质也得到保存;柠檬醛能有效延长小麦、大麦及水稻的储存期;将山苍子油和广藿香精油按65:35混合,对仓储霉菌颇具抑制效果,特别是对粮油中所能致癌的黄曲霉菌有明显抑制作用;单萜类和醛类能抑制马铃薯块茎萌芽;植物精油能保护花卉的鳞茎,如将郁金香鳞茎置于紫苏醛、水杨醛中贮藏,毒霉菌侵染程度明显减轻。

4.4.2.3 植物精油在医药方面的应用

植物精油中不少成分具有生理活性和药理作用,如具有芳香健胃、解表发散、祛痰止咳平喘、消炎、镇痛、止瘙痒、止血等功效。《中国药典》(2015版)中以植物精油作为主料或辅料的中成药种类很多,如十香丸系列、保济丸、藿香正气丸、七制香附丸、十五味沉香丸、八味檀香散、九味羌活丸、川芎茶调丸、小儿香橘丸、小儿解表颗粒、云香祛风止痛酊、木香顺气丸、止咳橘红丸等。在西药的酊剂中,樟脑和薄荷也是不可或缺的成分。

用植物精油直接配制的各种风油精类产品，在我国南方、东南亚和华人聚居的欧美十分普遍，这类风油精最大特点是可随身携带，使用方便，大多数只要一两滴外涂即可，对肌肉疼痛、蚊虫咬伤、感冒不适、舟车晕船、瘙痒、头晕头痛、伤风鼻塞等都有一定缓解效果，是居家、旅游和野外作业最常备的药物之一。

在医药方面，植物精油也有较多应用实例。香葵精油抗霉效果较好，精油的各种成分混合使用可提高其对某些皮癣菌的抗菌作用。木香薷中提取的精油不仅有芳香气味，而且具有抗菌和杀菌作用，可以治疗痢疾、肠胃炎、感冒等病症。鱼腥草精油临床上用于治疗支气管炎、大叶性肺炎、支气管肺炎、肺脓肿等呼吸道炎症，妇科用于宫颈炎、附件炎。薄荷油外用能麻醉神经末梢，具清凉、消炎、止痛、止痒作用，内服作为祛风剂，可用于头痛、鼻咽炎症等。细辛精油、柴胡精油具有解热止痛作用，已用于临床并有较好的退热效果。牡丹皮中含有的牡丹酚，也有镇痛、镇静作用，临床上制成4%的注射剂，用于治疗各种内脏疼痛，也用于风湿痛、皮肤瘙痒、过敏性皮炎、湿疹、鹅掌风等。菖蒲精油中的 α-细辛脑具有镇静抗惊作用，用于紧张焦虑失眠、神经衰弱等症。甘松精油成分缬草酮具有抗心律不齐的作用。此外，川芎油、毛叶木姜子果实的精油均能作用于中枢神经系统，有镇静镇痛作用。芸香草精油主要成分胡椒酮具有松弛支气管平滑肌的作用，临床上用于治疗慢性气管炎和支气管炎、支气管哮喘。临床上用于治疗平喘以及镇咳、祛痰的精油还有绿薄荷精油、兴安杜鹃精油、白皮松精油、樟树精油等。

有研究报道，人参精油、水菖蒲精油、香叶天竺葵精油、草珊瑚精油、香叶精油中的香茅醇及甲酸香茅酯对癌症有明显的疗效。藿香精油、茴香精油、丁香精油可抑制胃肠的过激蠕动，促进胃液分泌而帮助消化，在临床上均用作芳香健胃剂。

4.4.2.4 植物精油在日化产品和化妆品中的应用

自1900年起，植物精油就开始与日化产品和美容护肤品紧密相连了。为了增加日化产品的魅力，人们在其配方中增加了植物精油和香料成分，使其产生独特的宜人香气。日化产品中常用的植物精油包括茴香油、桉叶油、肉桂皮油、白兰油、茉莉净油、玫瑰油等70多种。另外，还有上千种合成香料。日化产品中除了利用植物精油的赋香功能，还充分利用各种天然提取物独特的生物活性来提高产品的质量和开发更多产品。

肉桂油具有驱虫、防霉和杀菌的作用，能够制成衣物、鞋袜和高档日用品的驱虫剂和防霉剂。此外，还能够利用肉桂醛和其他芳香物质一起生产香皂和除臭剂，应用于家庭卫生的洗涤、除臭和消毒。广泛用于日化产品中的植物精油还有茶树油、椰子油、澳洲坚果油、杧果脂、竹子提取物、甘草提收物等。

植物精油经常与植物提取物共同使用，在化妆品和美容护肤品行业的市场广阔，如芦荟精油与提取物含有多种活性成分，具有护肤美容、护发、抗紫外线、抗 X 射线辐射、抗衰老、抗菌和消炎功能，广泛用于化妆品和美容护肤品中，包括营养保湿霜、洗面奶、粉饼、面膜和柔肤液等，具有防皱、增白、亮肤、去斑、防晒、防治皮肤病等功效。

4.4.2.5 植物精油在其他方面的应用

(1) 植物精油在精细化工方面的应用

植物精油可作为精细化工原料。其中产量最大、应用范围最广的是松节油。松节油中

α-蒎烯和β-蒎烯总含量超过90%，还有少量松油烯、α-水芹烯、莰烯等，它们都是被允许作为合成食用香料的原料，如合成松油醇及其酯类、芳樟醇及其酯类、香叶醇和橙花醇及其酯类、薄荷醇及其酯类、龙脑及其酯类、合成香叶基丙酮、合成乙酸异丙基甲苯，还可以合成萜烯树脂、药物、农药、新材料及各类助剂等。还有一些植物精油成分，虽然产量远不及松节油，但其结构特殊，能作为一些特有的产品合成原料，如黄樟油素，它的含量大于40%的植物有34种，是合成洋茉莉醛、大茴香脑、香荚兰素最理想的天然原料。

(2) 植物精油在食品方面的应用

植物精油可用于食品，主要是以食品添加剂的形式使用。一类植物精油，如柑橘类果皮精油被广泛应用于饮料、饼干、糕点和冰激凌中，用量很大。另一类植物精油直接用于调味料，如花椒油、八角茴香油、胡椒油、孜然等辛辣型调味料。还有一些植物精油被制成油树脂形式使用。

(3) 植物精油在烟草方面的应用

烟用香精也是一类用量非常大的精油调配产品，它是卷烟生产中非常重要的辅料。目前国内使用的烟用天然香料主要有白兰叶油、广藿香油、八角茴香油、姜油、灵香草油、肉桂油、小豆蔻油、薰衣草油、桂花净油、茉莉花净油、香叶油、丁香油、沉香油等。它们除了可提高香烟的香味，还具有降低焦油、尼古丁的功效，同时能提高烟草香浓味。

(4) 植物精油在防腐保鲜方面的应用

具有抑制霉菌成分的植物精油在防腐、防霉、保鲜等方面具有独特的优势。首先植物精油在安全性和易于被消费者接受方面，是合成产品无法比拟的。目前越来越多关于植物精油防腐保鲜的研发正在开展，植物精油的使用方式也在不断创新。如利用柠檬醛、艾草脑、大茴香醛等生产出保鲜膜，用作水果保鲜，其防止指状青霉、意大利青霉入侵的效果显著。

(5) 植物精油在芳香疗法方面的应用

这是国内近年来兴起的植物精油应用新方向。精油在居家、健体、美容、治疗亚健康的芳香疗法中，发挥了至关重要的作用。芳香疗法必须在专业人员指导下进行，内容包括嗅吸、口服、按摩、香薰、沐浴等。常使用的植物精油达70多种，有代表性的30多种植物精油见表4-4。

表4-4 芳香疗法使用的常见植物精油

名 称	主要成分	特 性
澳洲互叶白千层叶精油	4-松油醇、松油烯、1,8-桉叶油素	抑杀细菌、病毒、真菌和寄生虫
罗勒精油	丁香酚	止痛，改善痛经，治疗肠道疾病、腹胀便秘，消除烦躁、忧郁
佛手柑皮精油	柠檬烯、芳樟醇、乙酸酯	可治白癜风，杀菌消毒，放松心情，催情，健康肌肤
玫瑰木油	芳樟醇、香叶醇、乙酸芳樟酯	改善皮肤粗糙，抗皱，延缓皮肤衰老，消除烦躁
柏木油(福建柏木油)	橙花叔醇、侧柏烯	改善前列腺充血

(续)

名称	主要成分	特性
锡兰玉桂精油	丁香酚、肉桂醛	杀菌，治疗尿道炎，对哮喘性气管炎有疗效，杀灭人体寄生虫，消除疲劳
岩蔷薇种子精油	α-蒎烯	止血，可治流鼻血、痔疮出血，改善失眠
柠檬果皮精油	柠檬烯、柠檬醛	利肝清肝，净化消化系统，利尿，改善血液循环
香茅(亚香茅)精油1	香茅醇、香叶醇	驱虫，杀菌消炎，清新空气，消除异味
乳香(树脂)	α-蒎烯、桧烯、柠檬烯、香叶烯	抑制沮丧情绪，增强免疫力
龙蒿(花精油)	甲基蒌叶酚	治疗呼吸系统过敏，缓解风湿疼痛
柠檬桉叶精油	香茅醛、香茅醇	消除真菌，驱除蚊蝇，缓解痉挛
蓝桉叶精油	1,8-桉叶油素	治疗肺炎，舒解咽喉
桉树(大叶桉)精油	1,8-桉叶油素、对伞花烃	治疗感冒、流感、气管炎
平铺白珠树精油	水杨酸甲酯	改善由炎症引发的疼痛，消炎、退热、利尿
天竺葵(香叶)精油	香茅醇、香叶醇	治疗低血糖及相关疾病，改善身体疲乏，治疗脱发、痤疮，改善皮肤衰老，紧致皮肤
姜(块茎)精油	姜油烯、莰烯、1,8-桉叶油素	缓解各种恶心症状，缓解身体疲劳、肌肉紧张，治疗脱发，对关节炎、肌肉疼痛治疗效果明显
公丁香花蕾精油	丁香酚、乙酸丁香酯	缓解各种牙痛、口腔溃疡，具强杀菌、消毒之效，可消除疲劳
土木香花精油	乙酸龙脑酯	治疗黏液分泌过多，对多种炎症有效，如阴道炎、膀胱炎等
月桂(开花枝桠)精油	1,8-桉叶油素、芳樟醇、α-松油醇、松油烯醇、木香内酯	杀菌、止痛，可治流感、风湿
宽叶薰衣草精油(开花时)	1,8-桉叶油素、芳樟醇、樟脑	对重度烧伤，蛇咬蜂叮，蝎子、蜈蚣咬等有一定效果
薰衣草精油	乙酸芳樟酯、芳樟醇、1,8-桉叶油素、薰衣草醇	治疗偏头痛、眩晕、失眠、神经紧张、心悸、心律不齐、脉管炎
柠檬草精油(枫茅)	α,β-柠檬醛、芳樟醇	镇静，安抚情绪，消炎、杀菌、消脂，治疗蜂窝性组织炎
黄连木开花期枝叶精油(中国黄连木)	α,β-蒎烯、α,β-罗勒烯、柠檬烯	治疗各种充血、静脉曲张，对耳鸣有一定效果
山苍子果实精油	α,β-柠檬醛、柠檬烯	抑制沮丧情绪，减压、安眠、消炎
辣薄荷全株精油	薄荷脑、薄荷酮、辣薄荷醇	止痛，改善呼吸不畅，治消化疾病
匙叶甘松精油	β-古芸烯、白菖油萜烯	呼吸镇静剂，头发滋养剂，刺激头发生长

(续)

名称	主要成分	特性
苦橙花精油	芳樟醇、α-松油醇、橙花醇	排解不良情绪,调节神经
牛至花期枝叶精油(美洲)	香芹酚、麝香草酚、芳樟醇	消毒杀菌,改善病毒性炎症,增强免疫力,治疗耳鼻喉病
葡萄柚果皮精油	柠檬烯、芳樟醇、橙花醇、α,β-柠檬醛	杀菌消毒,净化室内空气,紧致皮肤,如面部、大腿、臀部等
檀香(木)精油	α,β-檀香醇、檀香醇异构体	对各种炎症有效,紧致肌肤
巴山冷杉针叶精油	β-蒎烯、龙脑、乙酸龙脑酯	治感冒,缓解流鼻涕症状,治疗气管炎,抗疲劳

4.5 我国主要木本精油与木本芳香植物

4.5.1 我国主要木本精油

4.5.1.1 樟油

樟油是从樟科桂属樟树的根、干、枝、叶提取制得的。其中,结晶部分为樟脑,非结晶部分为樟油。据统计,全球樟科植物共有45属2 500余种。除樟树外,用以提取樟油的其他樟科植物主要有沉水樟、岩桂、细毛樟、黄樟等。樟油的产率、含量与樟树品种、树龄大小和部位有关,比如同一株樟树根部的樟脑含量最高,主干次之,枝条再次之,叶部最低。

根据樟油中化学成分和含量的差异,樟树可分为3个生理类型,即本樟、油樟、芳樟。这3种类型,外部形态相似,但所含油的成分不同,因此被视作生理上的不同品种。用3种类型的樟树所提取的精油分别称为本樟油、油樟油和芳樟油,理化性质和主要成分见表4-5。

表4-5 本樟油、油樟油、芳樟油的理化性质及主要成分

类型	外观	相对密度(d^{20})	折光率(n_D^{30})	旋光度($[\alpha]_D^{25}$)	主要成分
本樟油	黄色透明液体	0.937~0.960	1.473 4~1.475 1	+20°~+30°	樟脑45%~50%,松油醇15%~17%,桉叶素、黄樟油素等
油樟油	灰黄色透明液体	0.915~0.930	1.470 5~1.473 5	+5°~+18°	桉叶素20%~30%,樟脑18%~35%,松油醇15%~20%等
芳樟油	淡黄色液体,具芬芳清香	0.880~0.915	1.464 0~1.471 0	-12°~-0.5°	芳樟醇50%~60%,樟脑15%~18%,松油醇20%

樟油的组分比较复杂,主要含有蒎烯、莰烯、桉叶素、双戊烯、芳樟醇、樟脑、松油醇、黄樟油素、丁香酚、倍半萜烯和倍半萜醇等50多个化学成分。而各种樟油又有其特

殊的高含量成分。

樟油提取的工艺流程图如图4-10所示，樟油分馏得到的多种产品，在香料、医药等工业中的应用占有重要地位。樟油经分馏得到的白油、芳油、松油醇油、红油、蓝油、沥青、樟脑的理化性质和主要用途如下。

①白油　樟油减压分馏所得的第一馏分，无色至微黄色透明液体。馏程115～125 ℃ (1.9998×10^5 Pa)。相对密度 d^{25} 0.870～0.880，折光率 n_D^{25} 1.4663，旋光度 $[\alpha]_D^{25}$ +16°～+19°。主要成分为蒎烯和莰烯20%～30%，桉叶素30%，双戊烯30%～40%，芳樟醇2%～5%，樟脑含量<2.5%。常用于油漆稀释剂、防臭剂、消毒剂、防腐剂以及浮选剂等。

②芳油　樟油减压分馏的第二馏分。馏程120～130 ℃ (1.0666×10^5 Pa)。相对密度 d^{25} 0.860～0.870，折光率 n_D^{25} 1.4621，旋光度 $[\alpha]_D^{25}$ -12.5°～-13.5°。主要成分为芳樟醇含量95%，樟脑含量<1.5%。主要用以提取芳樟醇。芳樟醇为合成多种高级香料的主原料，为可直接应用于调香，亦可用以合成维生素E，是合成柠檬醛、紫罗兰酮、乙酸芳樟酯等调和各种香精必不可少的原料。

③松油醇油　松油醇油为次于樟脑的馏分，馏程140～150 ℃ (1.666×10^5 Pa)。相对密度 d^{25} 0.940～0.950，旋光度 $[\alpha]_D^{25}$ -7°。主要成分为松油醇70%以上，黄樟油素10%，樟脑10%。松油醇油可用以提取松油醇。香料级松油醇常被用于香皂及化妆品的制作。含醇量不高的松油用作浮选剂、溶剂、杀菌剂、清洁剂等。

④红油　樟脑油分馏的副产油之一。淡黄色至橘黄色透明液体。馏程150～160 ℃ (1.0666×10^5 Pa)。相对密度 d^{25} 1.020～1.040，折光率 n_D^{25} 约1.5150。主要成分为黄樟油素50%～60%，松油醇20%，少量丁香酚，倍半萜及倍半萜醇5%，樟脑含量<3%。主要被用以提取黄樟油素。黄樟油素为合成洋茉莉醛、乙基香兰素等单体香料的主要原料。红油在食品及化妆品中应用也较广泛。

⑤蓝油　樟油分馏的最后馏分。蓝色黏稠油状液体。馏程180～200 ℃ (1.0666×10^5 Pa)。相对密度 d^{15} 小于1.000。折光率 n_D^{20} 约1.5050。主要成分为倍半萜烯和倍半萜醇类化合

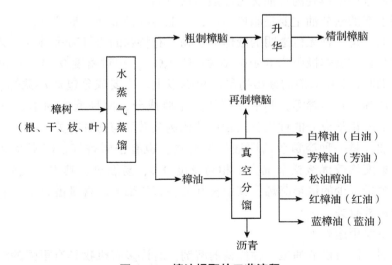

图4-10　樟油提取的工艺流程

物，樟脑含量<2.5%。常被用于低档皂用香精、消毒剂或烫伤油膏。倍半萜化学发展后，有用作香原料的发展前景。

⑥沥青　樟油分馏的釜残，一般量为1.5%~3%。油樟油无沥青。

⑦樟脑　樟油分出的樟脑为白色晶体。有特殊香气，刺鼻，味初辛，后清凉。天然樟脑存在右旋(D-)、左旋(L-)、外消旋体(DL-)。熔点178.6 ℃(L-樟脑)、179.5 ℃(D-樟脑)；沸点204 ℃(L-樟脑)、207 ℃(D-樟脑)。由于熔点和沸点接近，樟脑易升华。相对密度d^{12}0.995 0，d^6 时为1。旋光度$[\alpha]_D^{25}$+44.2°(在20%乙醇溶液中为右旋性)。樟脑易溶于多种有机溶剂中，但难溶于水(约1/1 000)。樟脑是硝化纤维最理想的增韧剂，曾大量用于赛璐珞工业。医药上用作中枢神经兴奋剂、局部麻醉剂，用于调配清凉油、红花油、十滴水、痱子水。也用于制备止痒剂，祛风剂、抗刺激剂。樟脑具有消毒、杀菌、防腐、防蛀等功用，且具馨香，是衣物、书籍、标本、档案的防护珍品。近年来，还用作食品、冷饮、糖果、调味等的微量添加剂。

4.5.1.2　松节油

马尾松等松科松属树种的树干经过采脂可以得到松脂，松脂进行水蒸气蒸馏得到的精油即为松节油。商品松节油主要有两种：优级松节油(简称优油)和重级松节油(简称重油)。这是依这两种松节油的成分和重度不同而区分的品种。若以松节油的来源及生产方法不同，又可分为3种：脂松节油、木松节油及硫酸盐松节油。

①脂松节油　从松树活立木(正常生长的树木)树干上采割松脂，然后用水蒸气蒸馏的方法从松脂中蒸馏出来的松节油。

②木松节油　也称浸提松节油，主要是从久埋于土壤的松树伐根明子中，用汽油或其他有机溶剂浸提，浸提液加工后得到的松节油。

③硫酸盐松节油　以松木等针叶材为造纸原料，采用硫酸盐法蒸煮制浆，在小放气操作的时候，松木木片中所含有的松节油被排出，经冷凝和油水分离得到的精油称为粗硫酸盐松节油，再通过精制得到的精油称为硫酸盐松节油。

目前我国生产的松节油主要是脂松节油，其他两种松节油产量较小。

优级松节油，是一种无色透明的液体混合物，有特殊的松针芳香香气，易挥发，易燃烧。与空气混合物的爆炸极限为0.8%~62%(体积%)，相对密度0.86。它没有固定的沸点，常压下蒸馏时，170 ℃前的馏出物量占90%以上。主要成分包括α-蒎烯、β-蒎烯、柠烯、莰烯、水芹烯、月桂烯等，其中以蒎烯为主要成分，两种蒎烯的总含量高达90%左右。优级松节油中化学成分的种类及其含量的比例关系又与树种有关。

重质松节油，是一种淡黄色透明液体混合物，也有松树香气，但不及优级松节油清新。其黏度及重度均较优级松节油大，相对密度0.9，易燃烧。其主要成分包括长叶烯、石竹烯和其他含量很少的倍半萜烯，其中长叶烯和石竹烯的总含量占80%左右。重质松节油的组成也与树种有关。

松节油的主要用途如下：

①用作溶剂　优级松节油是一种优良的溶剂，对许多有机物具有很强的溶解能力，广泛用于油漆、假漆、催干剂、鞋油、油膏等。

②用作有机合成原料　如用于合成胶黏剂工业中广泛使用的萜烯树脂、萜酚树脂等，用于合成选矿中广泛使用的浮选剂松油醇，用于合成各种卫生用品的清新剂、杀菌剂等。

③用作香料的合成　松节油是合成香料的3大基础原料之一，用于合成各种香料化合物，如樟脑、冰片、松油醇、乙酸松油酯、芳樟醇、香茅醇、香叶醇等。

4.5.1.3　柏木油

柏木油是由柏科植物，如柏木、圆柏、刺柏等树种的根、茎、枝、叶提取所得精油的通称，常冠以树种和采油部位的名称，以示区别。其中，最主要的植物原料为柏木。柏树种类很多，不同品种的柏树中提取的柏木油，其颜色、外观形态、香气等理化性质和主要成分均有差异，表4-6中列举了3种常见的柏木油。

柏木油，尤其是赤柏木油，香气优异，可直接用于化妆品和皂用香精的配制中，且有定香作用。柏木油因具有驱虫、杀虫等方面的功能，也可用来配制驱避剂、杀虫剂等。柏木油在医药上也有一定的医疗作用。柏木油常经过单离得到柏木烯和柏木醇，再合成其他品种的香料，如柏木酯、柏木烷酮、乙酰基柏木烯等。

表4-6　3种柏木油的理化性质及主要成分

类型	颜色	香气	相对密度 (d^{20})	折光率 (n_D^{20})	旋光度 ($[\alpha]_D^{20}$)	稠度	结晶形状	90%乙醇溶解度(20℃)	沸点/℃	主要成分
柏木油	淡黄色、暗红	具柏木特有香气	0.940~0.960	1.505 0~1.506 5	-35°~-27°	较大	针状或粒状结晶，常见于沉淀中	1:20~1:25	255~260	柏木脑(30%~40%)、松油醇、香柏油烃、松油烃
圆柏油	血红或暗红	檀香香气	0.935~0.960	1.508 0~1.511 0	-20°~-13°	中等	少见，疏松海绵状结晶，浮于油中	1:15~1:20	250~255	柏木脑、侧柏醇、松油烯、樟脑烯
刺柏油	比柏木油淡	含佛珠气味，略带青气	0.928~0.948	1.508 5~1.520 0	-15°~-10°	较小	无	1:25~1:30	250左右	柏木脑、香柏油烃、柏木酮、松油烃

4.5.1.4　八角茴香油

八角茴香油在20℃以上时为无色或淡黄色的流动液体，具有浓馥的八角特有的香气并带有天然适口的甜味，在稍冷温度(低于15℃)时即凝成固体。各国产八角茴香油的理化性质见表4-7。

表4-7　各国产八角茴香油的理化性质

国家	相对密度 (d^{20})	折光率 (n_D^{20})	旋光度 ($[\alpha]_D^{20}$)	凝固点/℃	1份体积在90%乙醇中的溶解度
中国	0.978 0~0.987 0	1.553 0~1.558 2	-1°45'~-0°34'	15	1~2倍体积
越南	0.977 5(20℃)	1.552 3	-1.0°	16.2	2倍体积
菲律宾	0.978 5	1.547 4(32℃)	-0.76°(32℃)	—	—

八角茴香油主要成分约有26种，反式大茴香脑含量为80%~85%，其次为大茴香醛、柠檬烯、芳樟醇、α-松油醇、大茴香基甲酮、大茴香酸甲酯、α-蒎烯等。

八角茴香油主要用于酿酒工业，其次用于食品和牙膏加香。在国外，八角茴香油大量用于配制利口酒，用于汤类、蛋糕、面包中，也用于肉类及糖果中。此外，八角茴香油还用于改善药剂的味道和保护口腔等。

八角茴香油用来单离大茴香脑，再制取醛、醇、酸、酯、腈等一系列香料产品，并广泛用于牙膏、食品、香皂、化妆品及烟草香精。八角茴香油也是合成性激素己烷雌酚的主要原料。

4.5.1.5 山苍子油

山苍子油具清鲜香甜的果香，有酸柠檬样气息，不溶于水、胺、醚，易溶于甲苯、二甲苯和环己烷，可溶于酯、酮和部分脂肪醇、芳香醇，密度为 0.880~0.905 g/mL，折光率 n_D^{20} 1.4800~1.4900，旋光度 $[\alpha]_D^{25}$ +3°~+12°，溶混度为1体积试样混溶于3体积90%（体积分数）乙醇中，呈澄清溶液。主要成分为柠檬醛（含量60%~85%）、柠檬烯、α-蒎烯、β-蒎烯、甲基庚烯酮、芳樟醇等。

山苍子油是我国特色和优势植物精油之一，出口量较大。山苍子油被广泛应用于化妆品、食品、烟草等行业。山苍子油应用于医药方面可治胃病、关节炎和溃疡等，还能抑制致癌物质黄曲霉菌的代谢产物黄曲霉毒素的作用。山苍子油是国际香料行业中获得天然柠檬醛的主要原料之一。山苍子油常单离出柠檬醛，直接用于配制各种香精，合成紫罗兰酮等系列香料，合成维生素 A 等。

4.5.1.6 甜橙油

甜橙油是从芸香科柑橘属的甜橙果皮中提取的精油，为橙黄到深橘黄色流动液体，遇冷时会变浑浊，具甜清果香，柑橘香气，带有脂腊香，有新鲜甜美之感，香气飘逸，但留香不长。各种甜橙油的理化性质见表4-8。

表4-8 各种甜橙油的理化性质

类 型	相对密度 (d^{20})	折光率 (n_D^{20})	旋光度 ($[\alpha]_D^{20}$)	不挥发残渣/%	乙醇溶解度（90%乙醇中）	酸值（mg KOH/g）	含醛量/%	酯 值
压榨甜橙油	0.8443~0.8490	1.4723~1.4746	95°66'~98°13'	0.06~0.36	1:7.6~1:8.9	0.35~0.91	0.3~1.23	1.11~5.09
蒸馏甜橙油	0.8440~0.8464	1.4715~1.4732	95°12'~96°56'	0.82~1.24				
甜橙叶油	0.853 (d^{15})	1.4725	37°30'					
甜橙花油	0.853 (d^{15})		44°0'					

甜橙油主要成分有 α-蒎烯、β-蒎烯、月桂烯、α-柠檬烯、辛醛、壬醛、柠檬醛（橙花醛、香叶醛）、α-甜橙醛和 β-甜橙醛、芳樟醇、α-松油醇、乙酸香叶酯等。甜橙油的化学

成分、性质及质量与加工方法、采果时间、产地及甜橙树的品种有关。

甜橙油是最常用的3种果香精油之一,是果香型香料中需求量最大的一种。它在食用香精和日化香精中占有较重要的地位,如饮料、调味料、食品、肥皂、牙膏、化妆品等。

甜橙油中含有大量苧烯,含量有时超过90%,通过浓缩除萜的方法把苧烯单离出来,可用于合成香芹酮和制备萜烯树脂。

4.5.1.7 玫瑰油

玫瑰油是从蔷薇科蔷薇属玫瑰鲜花中提取的精油。目前我国生产的玫瑰油主要有重瓣玫瑰油和苦水玫瑰油。

①重瓣玫瑰油　淡黄液体,有时稍带黄绿色,香甜如蜜。相对密度 d^{20} 0.845~0.865,折光率 n_D^{20} 1.453 0~1.464 0,旋光度 $[\alpha]_D^{25}$ -2°18′~4°24′,皂化值 10~17 mg KOH/g,酸值 0.3~3 mg KOH/g。主要成分有香叶醇(24.25%)、苯乙醇(15.85%)、乙酸香叶酯和香茅醇(11.45%)、丁香酚(10.22%)、香叶酸(12.49%)等。我国重瓣玫瑰油中香叶醇的含量特别高,香叶醇、苯乙醇、丁香酚等在重瓣玫瑰油中占主要地位。与国外同种玫瑰油相比,这个组成特点非常鲜明。另一个特点是香叶酸的含量特别高,这对玫瑰油的香气也具显著作用。

②苦水玫瑰油　相对密度 d^{18} 0.891 7;折光率 n_D^{25} 1.464 7;旋光度 $[\alpha]_D^{25}$ -40°36′;酸值 2.87 mg KOH/g 油;酯值 1.57。主要成分有 β-香茅醇(60.4%)、苯甲醇(0.8%)、香叶醇(7.6%)、乙酸香茅酯(3.8%)。

玫瑰油是珍贵的植物天然精油之一,用于调配多种花香型高级香精,也用于食品、酿酒、化妆品、香皂等方面。玫瑰水也可以用来配制香水,或使用在食品、糖果中。

4.5.1.8 桉叶油

我国桉叶油原料的主要桉树品种有柠檬桉和蓝桉等。柠檬桉油与蓝桉油的理化性质见表4-9。

表4-9　柠檬桉油与蓝桉油的理化性质

类型	外观	相对密度(d^{20})	折光率(n_D^{20})	旋光度($[\alpha]_D^t$)	溶解度(20 ℃)
柠檬桉油	无色至浅黄色或黄绿色流动液体,具类似柠檬醛香气	0.854 0~0.877 0	1.450 0~1.459 0	(20 ℃)-2°~+4°	1:2 全溶于70%乙醇
蓝桉油	无色至淡黄色流动液体,具清凉桉叶樟脑香气	0.914 6~0.930 4	1.459 2~1.460 8	(24 ℃)+5.95°~+7.2°	1:5 全溶于70%乙醇

柠檬桉油主要成分为香茅醛(含量65%~85%)、香叶醇(20%)及二者的酯。此外,还含有蒎烯、香茅醇、异薄荷醇、愈创木醇等。柠檬桉油可单离香茅醛、香叶醇,香茅醛可进一步合成羟基香茅醛、薄荷脑等。

蓝桉油主要成分为桉叶素(含量65%~75%),其余为 α-蒎烯、β-蒎烯、γ-松油烯、莰烯、对伞花烃、龙脑、异戊醇、倍半萜类等。蓝桉油可单离出桉叶素。在医药、香料方面,蓝桉油与柠檬桉油有相同的用途。

桉叶油是世界十大精油品种之一,也是我国重要的出口植物天然精油之一。桉叶油用途极为广泛,可用于调配化妆品、牙膏、香皂、洗涤剂、口腔清洁剂、室内清洁剂、口香糖等产品的香精,也用于口腔用、鼻炎用、祛痰用制剂和用作清凉油、祛风膏等药用原料,还可用作矿石浮选剂等。

4.5.1.9 针叶油

各种针叶树的针叶、嫩枝等都含有精油,提取可得针叶油。得油率及油的品质都因树种而异,其中,冷杉和马尾松针叶的含油量及理化性质见表4-10。

表4-10 冷杉和马尾松的含油量及理化性质

树 种	含油量/%	相对密度 (d^{20})	折光率 (n_D^{20})	旋光率 ($[\alpha]_D^t$)	溶解度 (20 ℃)
冷 杉	2.0~2.5	0.905~0.925	1.468~1.473	−35°~−44°(25 ℃)	溶于0.5~1倍体积90%乙醇中
马尾松	0.4~0.6	0.888 8	1.475 5	−28°27′(20 ℃)	—

①冷杉油　冷杉针叶油是萜烯、萜烯醇及其酯类的混合物。其中,最有价值的成分是乙酸龙脑酯,其含量高,占冷杉油的30%~40%。乙酸龙脑酯可用于合成樟脑、龙脑以及其他香料。

冷杉叶油一般采用水蒸气蒸馏法提取,蒸汽经冷凝冷却后,馏出液的温度需控制在35 ℃以下。

②松针油　松针油是各种萜烯、萜烯醇及其酯类的混合物。其中,最有价值的成分是乙酸龙脑酯,可直接用作香料,也可代替松节油作溶剂和用作有机合成的原料。

4.5.1.10 肉桂油

肉桂油又称桂皮油、桂油,主要是从中国肉桂、大叶清化肉桂的枝叶、树皮提取的精油。肉桂油为淡黄色至黄棕色,流动性透明液体,有类似桂醛的香气,具辛香和热辣味。中国肉桂油和大叶清化肉桂油的性质相似,但大叶清化肉桂的皮、叶精油含量更高,枝的精油含量更低。两种肉桂不同部位精油含量及其理化性质见表4-11。

表4-11 两种肉桂不同部位精油含量及其理化性质

种 类	来 源	树龄/a	胸径/cm	部位	精油含量/%	相对密度 (d^{20})	折光率 (n_D^{20})	旋光度 ($[\alpha]_D^{25}$)
中国肉桂	广西岭溪	15	14	皮	1.98	1.051 2	1.596 6	−1.80°
				枝	0.69	1.060 4	1.608 4	—
				叶	0.37	1.056 4	1.583 4	+2.28°
大叶清化肉桂	广西岭溪	12	10	皮	2.08	1.050 5	1.605 9	−1.40°
				枝	0.36	1.040 0	1.586 0	−1.10°
				叶	1.96	1.056 4	1.557 4	—

肉桂油的成分有数十种,主要为肉桂醛,含量为80.0%~94.8%,其余为丁香酚、苯甲醛、α-胡椒烯、β-榄香烯、水杨醛、肉桂酸、羟基肉桂醛、乙酸肉桂酯、白菖蒲烯、丁

香烯、苯甲酸、香兰素、桉叶素、对伞花烃、α-蒎烯、莰烯等。

肉桂油为我国重要的出口林特产品，在国际上久负盛誉。肉桂油主要用于食品调味、饮料、化妆品及其他日用香精，也用于单离肉桂醛，再合成一系列香料，如溴代苏合香烯、肉桂酸及其酯、肉桂醇及其酯等。肉桂油在医药上的应用也较为广泛，对风湿关节痛、皮肤湿痒、昏迷、头痛、感冒、腹泻胃痛、咳喘，毒虫咬伤等均有显著疗效。

4.5.1.11 桂花浸膏

桂花浸膏为黄色或棕黄色膏状物，具有桂花香气，熔点 40~50 ℃，酯值>40，净油含量>60%。桂花浸膏的主要成分为 α-紫罗兰酮、β-紫罗兰酮、芳樟醇、香叶醇、橙花醇、松油醇、γ-癸内酯、壬醇、β-水芹烯等。

桂花浸膏的品质与桂花的品种有很大的关系。银桂浸膏中头香成分含量较高，因而净油得率也高，蜡质和高级脂肪酸相对较少，香气清甜纯正，细腻文雅。金桂浸膏中净油含量低于银桂，香气相对偏甜。桂花香型受到人们的普遍喜爱，因此桂花浸膏被广泛用于食品、化妆品、香皂的香精中。

4.5.1.12 茉莉浸膏

茉莉浸膏按原料不同可分为小花茉莉浸膏和大花茉莉浸膏两种。我国以生产小花茉莉浸膏为主，国际上多为大花茉莉浸膏。

①小花茉莉浸膏 黄绿色或浅棕色膏状物，具茉莉鲜花香气，熔点 46~52 ℃，酸值<11 mg KOH/g，酯值>80，净油含量 60%左右。小花茉莉浸膏的主要成分有茉莉内酯、乙酸苄酯、苯甲酸顺式-3-己烯酯、苯甲酸苄酯、茉莉酮酸甲酯、苄醇、芳樟醇、茉莉酮、顺式-3-己烯醇及其乙酸酯、反式橙花醇等。

②大花茉莉浸膏 红棕色蜡状固体，具有大花茉莉的清新鲜花香气，熔点 47~52 ℃，酸值 9~16 mg KOH/g，酯值 68~105，净油含量 45%以上。大花茉莉浸膏的主要成分有乙酸苄酯、乙酸芳樟酯、苯甲酸甲酯及苄酯、苯甲酸顺式-3-己烯酯、茉莉酮酸甲酯及乙酯、茉莉内酯、苄醇、芳樟醇、吲哚、顺式茉莉酮、香叶醇、叶醇、异植物醇、松油醇、对甲酚等。

茉莉浸膏和净油具有清鲜温浓的茉莉花香和鲜韵，香气细致而透发，有清新感，在高级香水、日用化妆品、香皂、香精配方中被广泛应用；在茉莉香精中为主香剂，在多种花香型香精中起修饰剂作用。

4.5.1.13 丁香罗勒油

丁香罗勒油是黄色至棕黄色液体，具辛甜的丁香样香气，带有清香气息，相对密度 d^{15} 0.995~1.042，折光率 n_D^{20} 1.523~1.529，旋光度 $[\alpha]_D^{20}$ +1°~-18°。全溶于 7 倍体积的 90%乙醇中。丁香罗勒油的主要成分为丁香酚(占 60%~70%)、芳樟醇、对伞花烃、罗勒烯等。

丁香罗勒油可直接用于调香和配制香皂、牙膏、食品、化妆品等产品的香精。丁香酚的沸点较高，它可以起到定香的作用。丁香罗勒油还可单离出丁香酚，用于合成香兰素和结核病的治疗药物异烟肼(雷米封)等。

4.5.1.14 牡丹精油

牡丹精油是从牡丹花中提取的具有挥发性油状液体，其中大多数挥发性成分是具有花香、果香等芳香气味的物质。牡丹精油外观为黄色澄清液体,具有牡丹花的特征香气,相对密度 d_D^{20} 为 0.815 3,折光率 n_D^{20} 为 1.464,旋光度为 $[\alpha]_D^{20}$ 为 -3°27′。

牡丹精油的主要成分有醇类、酮类、酯类、烷烃类和芳香烃及其衍生物,还含有少量烯烃、醛类、酚类和吡喃类化合物。牡丹精油的成分较多,产地、品种、采摘时间、提取方法不同,精油的成分都存在不同程度的差异。

牡丹精油富含多种人体需要的氨基酸和微量元素,具有抗氧化、抵抗敏感、改善血液循环、促进细胞再生、缓解肌肤老化等作用,可用于医药、食品、饮料、化妆品等领域。

4.5.2 我国主要木本芳香植物

据不完全统计,我国芳香植物(包括引种)达 400 余种,分属于 77 个科,192 个属,目前我国已利用的芳香植物有 110 多种。

我国主要木本芳香植物如下:

①松科　马尾松,别名山松、枞松;红松,别名海松、果松、红果松、朝鲜松;思茅松;湿地松;新疆五针松,别名西伯利亚红松。

②杉科　杉木,别名沙木、正木、刺杉。

③柏科　柏木,别名香扁柏、垂丝柏、黄柏、柏树;刺柏,别名山刺柏、台桧、台湾柏;侧柏,别名香柏、扁柏、扁桧。

④木兰科　玉兰,别名木兰、玉堂春;紫花玉兰,别名辛夷;白兰,别名白玉兰、白玉;黄兰,别名黄玉兰、黄兰花;含笑,别名含笑花;云南含笑,别名皮袋香。

⑤八角科　八角,别名大茴香。

⑥番荔枝科　鹰爪花,别名莺爪、鹰爪兰、五爪兰;依兰,别名香水树、依兰香、加拿楷。

⑦樟科　猴樟,别名香樟、大胡椒树、香树;湖北樟;阴香,别名桂树、香胶树、野桂树、香柴;樟树,别名香樟、芳樟、油樟、脑樟、樟木;肉桂,别名玉桂、筒桂、桂;云南樟,别名臭樟、红樟、香樟、香叶树、青皮树;天竺桂,别名竺香、山肉桂、土肉桂;沉水樟,别名水樟、臭樟、牛樟、黄樟树;黄樟,别名油樟、大叶樟、冰片樟、樟脑树;香桂,别名细叶月桂、月桂、土肉桂;细毛樟;锡兰肉桂;山胡椒,别名牛筋树、野胡椒、香叶子;三桠乌药,别名香丽木、三健风、三角枫;山橿,别名钓樟、野樟树、生姜树、大叶钓樟;山鸡椒,别名山苍子、木姜子、毕澄茄、山胡椒;清香木姜子,别名毛梅桑;毛叶木姜子,别名木姜子、香桂子、狗胡椒;木姜子,别名兰香树、生姜树、香桂子、辣姜子。

⑧胡椒科　胡椒。

⑨瑞香科　白木香,别名土沉香、牙香树、女儿香。

⑩桃金娘科　岗松,别名铁扫把、扫把枝;水翁,别名水榕;柠檬桉,别名油桉树、留香久;窿缘桉,别名小叶桉、风吹柳;蓝桉,别名灰叶桉、玉树、蓝油木;桉树,别名大叶桉、大叶尤加利、蚊子树;白千层,别名玉树;番石榴,别名鸡屎果;丁子香,别名丁香、公丁香、支解香、雄丁香。

⑪蔷薇科　榅桲,别名木梨;墨红,别名株墨双辉;玫瑰,别名徘徊花、笔头花、湖

花、刺玫花。

⑫蜡梅科　蜡梅，别名蜡梅、黄梅花、素心蜡梅。
⑬含羞草科　金合欢，别名鸭皂树、牛角花。
⑭云实科　油楠，别名火水树。
⑮蝶形花科　降香，别名降香檀、花梨母。
⑯芸香科　山油柑，别名降真香；柚，别名文旦、朱栾、香栾；柠檬，别名洋柠檬；甜橙，别名橙、广柑；广西九里香，别名广西黄皮；千里香，别名九里香；千只眼；两面针；簕欓花椒，别名鸟不宿、鹰不泊；花椒，别名秦椒、蜀椒、巴椒；吴茱萸；大叶臭椒。
⑰楝科　米仔兰，别名碎米兰、树兰。
⑱杜鹃花科　杜香；烈香杜鹃，别名白香柴、黄花杜鹃；千里香杜鹃。
⑲木樨科　连翘，别名绶带、黄绶丹；茉莉，别名茉莉花、没利、末利；桂花，别名木樨。
⑳茜草科　栀子，别名黄栀子。
㉑毛茛科　紫斑牡丹，别名甘肃牡丹、西北牡丹。

复习思考题

1. 请简述我国植物精油资源的特色与优势，再谈谈你对我国植物精油产业发展的建议。
2. 请简述植物精油的物理性质和化学性质。
3. 请选择一种芳香植物，简述其精油提取工艺和需要特别注意的事项。
4. 请选择一种植物精油，描述其特征，并简述其精制方法。
5. 请选择一种木本精油，简述其理化性质和应用开发情况。

推荐阅读书目

1. 苏珊·柯蒂斯，帕特·托马斯，弗兰·约翰逊，等，2018. 芳香精油宝典[M]. 金俊，谢丹，金青哲，译. 北京：中国轻工业出版社.
2. 徐怀德，罗安伟，2020. 天然产物提取工艺学[M]. 北京：中国轻工业出版社.
3. Malik S, 2019. Essential Oil Research [M]. Switzerland：Springer International Publishing.

第 5 章

植物色素

5.1 植物色素的基本概念

5.1.1 概述

色素是赋予特定颜色的原料，具有改善感官性质的作用。色素包括天然色素、合成色素和无机色素等。天然色素是从植物、动物组织和培养的微生物等天然原料中，经提取、精制等工序而制得的一类色素。合成色素即利用化学合成的方法制备的色素。无机色素是从天然矿物中提炼的一类色素。

公元前 1500 年左右，古埃及就已利用天然提取物和葡萄酒改善糖果的色泽。我国《史记·货殖列传》记载："若千亩卮茜，千畦姜韭：此其人皆与千户侯等。"说明早在东周时期先民们就已利用茜草和黄栀子等植物了。公元 6 世纪的北魏末年，农学家贾思勰所著《齐民要术》一书中就有从植物中提取色素的相关记载。19 世纪以前人们都是使用天然色素进行着色。1856 年英国的 W. H. Perkins 合成了第一个有机色素——苯胺紫，从此，合成色素工业得到快速发展。由于合成色素色泽艳丽、着色能力强、稳定性好以及价格低廉而被广泛应用于食品、染织等领域。近年来，随着毒理学等科学与技术的发展，人们对合成色素潜在的致癌等毒副作用的认知越来越深，天然色素绿色、无毒副作用的特点更符合大众需求，因而已成为色素特别是食用类色素的主流。

植物色素是从植物的组织器官中提取、精制获得的一类主要的天然色素，主要用于食品的着色，也可用于医药工业中的药物包衣，还可以用于化妆品、织物的着色等。我国开发并已经批准使用的植物色素品种超过 40 种，包括茶黄色素、茶绿色素、多穗柯棕、番茄红、柑橘黄、核黄素、黑加仑红、金樱子棕、可可壳色、蓝靛果红、密蒙黄、葡萄皮红、桑椹红、沙棘黄、酸枣色、橡子壳棕、胭脂树橙、杨梅红、叶黄素、叶绿素及其盐类、越橘红、栀子黄、栀子蓝、植物炭黑、柑橘黄、天然胡萝卜素、辣椒橙、辣椒红、红花黄、落葵红、靛蓝、黑豆红、藻蓝、红米红、高粱红、甜菜红、紫草红、紫胶红、萝卜红、花生衣红、姜黄色素、菊花黄、玫瑰茄红、天然苋菜红、核桃青皮色素等。我国植物资源丰富、可用于生产植物色素的原料品类繁多，天然的植物色素具有绿色安全、色泽艳丽、大多不受添加量的限制和使用范围广等优点，植物色素的开发与利用潜力巨大。

5.1.2 分类

植物色素有多种分类方法，按应用分类有还原型、直接型、分散型、媒染型、直接媒染型、阳离子型等。按颜色的不同分为植物黄色素、植物红色素和植物绿色素等；按来源的不同分为山茶科源植物色素、桑科源植物色素、鼠李科源植物色素和芸香科源植物色素等；按化学结构的差异分为花青素类、黄酮类、类胡萝卜素类、四吡咯类、醌类等。以化学结构对植物色素进行分类为例，其分类和代表性物质见表 5-1。

表 5-1 植物色素的分类及各类型的代表性物质和结构

种类	名称	结构	其他
花青素类	花青素		矢车菊素、花翠素、天竺葵素、牵牛素
黄酮类	红花黄色素		高粱色素、可可色素、牵牛花色素、紫苏色素、染料木素
二酮类	姜黄素		黄油树脂（姜黄浸提精油）
醌类	胡桃醌		紫草素、茜草素、胭脂红酸、紫胶色酸
多酚类	茶黄素		茶红素、竹叶色素、菠菜色素、草莓绿色素
生物碱类	盐酸小檗碱		罂粟碱、甜菜碱、甜菜红、落葵红

（续）

种类	名称	结构	其他
类胡萝卜	类胡萝卜素	(结构图)	α-胡萝卜素、β-胡萝卜素、γ-胡萝卜素、叶黄素、番茄红素、南瓜黄、菊黄、柑橘黄
四吡咯(卟啉)类	叶绿酸	(结构图)	叶绿素、藻蓝色素
吲哚类	靛蓝	(结构图)	酸枣色、长叶牛膝色素
杂环类	栀子蓝	(结构图)	甜菜红、栀子红色

5.1.3 作用机理

植物色素是一类天然有机化合物，它们以共价键相结合。共价键主要有 σ 键和 π 键两种形式，σ 键和 π 键中的电子在各自不同的成键轨道运动，即 σ 轨道和 π 轨道，其反键轨道为 σ^* 轨道和 π^* 轨道。稳定的分子中各原子的价电子分布于能量较低的 σ 轨道和 π 轨道中运动，当它们受到一定能量的激发，可以从能量较低的基态跃迁到能量较高的激发态，这种跃迁可能出现 $\sigma \rightarrow \sigma^*$ 跃迁、$\pi \rightarrow \pi^*$ 跃迁、$n \rightarrow \pi^*$ 跃迁等。

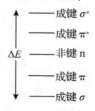

(1) $\sigma \to \sigma^*$ 跃迁

在有机化合物中，σ 键上电子结合比较牢固，不易激发，需要吸收较高能量才可能激发，所以一般只能吸收短波长紫外线，其波长小于 150 nm。

(2) $\pi \to \pi^*$ 跃迁

$\pi \to \pi^*$ 跃迁所需的能量比 $\sigma \to \sigma^*$ 跃迁要小，其吸收波长小于 200 nm。有些色素含有一系列共轭双键的开环或闭环化合物，其 π 电子的共轭体系长度足以在可见光区域产生 $\pi \to \pi^*$ 吸收带。若为开环化合物则属于聚烯烃类，这类色素随共轭双键数目增加，共轭体系变长，吸收波段向长波方向移动，分子在基态的电子占有最高的能级和未放电子所占的最低能级的差距，导致 $\pi \to \pi^*$ 跃迁能量大大降低，吸收波长变长，使最大吸收波长进入可见光区域内，化合物由无色变为有色（表 5-2）。该类化合物中有 8 个以上双键时就会产生颜色，如胡萝卜素和番茄红素。

表 5-2 共轭双键对颜色的影响

化合物中的共轭双键	化合物名称	波长/nm	颜 色	双键数
HC=CH	乙烯	185	无 色	1
CH_2=CH—CH=CH_2	1,3-丁二烯	217	无 色	2
(CH=CH)$_3$	己三烯	258	无 色	3
(CH=CH)$_4$	二甲基辛四烯	296	淡黄色	4
(CH=CH)$_5$	维生素 A	335	淡黄色	5
(CH=CH)$_8$	二氢-β-胡萝卜素	417	橙 色	8
(CH=CH)$_{11}$	番茄红素	470	红 色	11
(CH=CH)$_{15}$	去氢番茄红素	504	紫 色	15

(3) $n \to \pi^*$ 跃迁

$n \to \pi^*$ 跃迁是基团上的非键电子的跃迁，能量最小，其吸收波长往往在 200~400 nm。若有机分子在紫外及可见光区域内（200~800 nm），则该物质就会呈现一定的颜色，这种颜色是未被吸收光波反映出来的颜色。色素之所以能吸收可见光而呈现不同的颜色，是因为其分子含有某些特殊的基团即发色团，主要发色基团如图 5-1 所示。

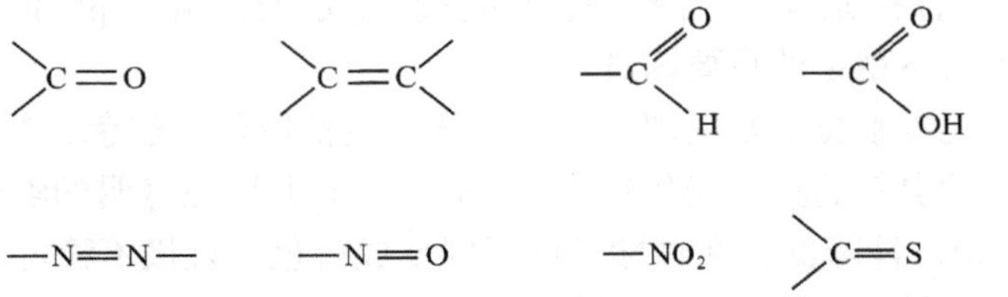

图 5-1 色素的发色基团

有些基团如—OH、—OR、—NH_2、—NR_2、—SH、—Cl、—Br 等助色团，它们都含有未共用电子对，能够发生到反键轨道上的跃迁。这些基团本身的吸收波段在远紫外区，但它们若连接到共轭体系或生色团上，可使共轭体系或生色团吸收波段向长波方向移动，而出现在可见光区域。

若化合物中含有若干发色基团和助色基团，且存在足够长的共轭体系，则会使化合物呈现不同颜色。另外，还有些色素不存在共轭体系，但可通过电子转移、重排时共轭链延长而显色，且颜色随 pH 值的改变而发色变化。例如，花青素随 pH 值的增大，其颜色由淡黄色逐渐变为蓝色，具体如图 5-2 所示。

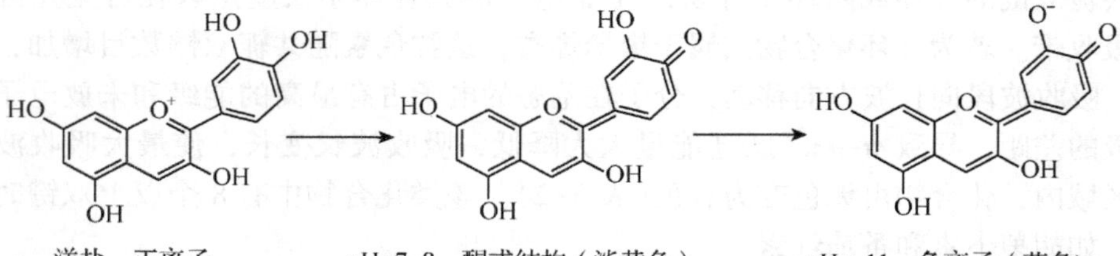

图 5-2　花青素颜色随 pH 变化而变化的情况

5.2　植物色素理化性质

5.2.1　溶解特性

色素的溶解性质直接影响其萃取分离方法、着色工艺以及应用范围。植物色素的分子结构决定了其在不同溶剂中的溶解性能差异。一般能很好溶于水中的色素称为水溶性色素，不溶于水而只溶于石油醚、乙酸乙酯、丙酮、乙醇等有机溶剂的色素称为脂溶性色素。植物色素中以叶绿素为代表的吡咯类色素，不溶于水，而溶于乙醇、乙醚、氯仿等有机溶剂中。胡萝卜素为脂溶性色素，一般难溶于水和乙醇，易溶于油脂、汽油或乙醚等，而胡萝卜醇类是以醇、酮、酸的形式存在，易溶于甲醇、乙醇。酚类色素是植物中水溶性或醇溶性色素的主要成分，一般易溶于极性溶剂，难溶于非极性溶剂。

5.2.2　溶液 pH 与显色的性质

绝大多数的植物色素在溶液中呈现出的颜色与溶液 pH 值有关。一般来说，植物色素在一定 pH 值范围内保持原有的色泽，此时是比较稳定的，由于 pH 值改变而使色素颜色发生变化是造成色素不稳定的重要因素。

植物色素中，花青素类色素呈现的色域较宽，包括橙色、红色、紫色、蓝色等。花青素因酸碱性的改变所引起的颜色变化较大，在低 pH 值下呈现鲜明的红色，当 pH 值为 4~7 时，颜色变淡，稳定性降低；在碱性条件下则变成蓝色，且极不稳定。类胡萝卜素对 pH 值的变化较为稳定，呈现的颜色一般不会因酸碱性的改变而变化。类黄酮可呈现出浅黄至深黄的各种颜色，酸性越强，黄色就变得越浅；碱性越强，黄色就变得越深。多酚醌类结构中的胭脂虫红和紫胶红在酸性条件下呈橙色，随着 pH 值的增大，色调会逐渐变成红色至紫红色。植物色素在不同 pH 值下的显色情况见表 5-3。

表 5-3　部分植物色素在不同 pH 值下的显色情况

色　素	pH 值							
	1	3	5	7~8	9	10	11	12
叶子花红	暗红	暗红	鲜红	鲜红	鲜红	鲜红	黄	绿
花石榴红	橙红	橙红	浅红	浅红至浅紫	紫色	紫色	墨绿	墨绿
月季花红	深红	深红	浅红	淡黄色至墨绿	墨绿	草绿	草绿	草绿
大理花黄	亮黄	亮黄	亮黄	橙黄至橙红	橙红	红	暗红	暗红
黑豆皮色素	红色	红色	红色	橙红至灰绿	灰绿	灰绿	灰绿	灰绿
黑瓜子色素	鲜红	红色	玫瑰红	红紫至紫色	紫色	紫蓝	紫蓝	茶色
女贞果色素	红色	红色	红色	浅紫黑至绿	黄绿	黄绿	褐色	褐色
刺桐花红	深橘红	橘红	淡橘红	红紫	紫色	—	紫绿	—
红甘蓝	鲜红	鲜红	红色	浅蓝	黄色	黄色	黄色	黄色

5.2.3　稳定性

植物色素的稳定性是衡量其理化性能的重要指标之一。在使用过程中要求色素的化学结构、色泽稳定，不易发生变化。植物色素一般较合成色素的稳定性差。稳定性一般包括热稳定性、光稳定性、金属离子稳定性和氧化稳定性等。

5.2.3.1　热稳定性

植物色素用于食品着色时，常在食品加热的过程中进行，而很多植物色素对热的稳定性较差，在遇热时易发生分解，造成褪色，导致着色困难，因此，在使用植物色素时，需要尽量控制短的加热时间以保证色素尽可能少地被破坏。通常情况下，温度上升会加速色素品质的劣化，同时也会加速氧化分解或其他聚合反应的发生。例如，花青素类色素遇热会导致化学结构被破坏而发生褐变。

5.2.3.2　光稳定性

不同种类的植物色素对光的稳定性不同，多数植物色素在紫外光照射下都会发生褪色，有的甚至放在室内受散射光照射也会褪色。例如，辣椒红、胭脂树橙、甜菜红、姜黄色素、栀子黄、藻蓝色素等对光的稳定性均较差。因此，植物色素一般需置于暗处保存，在使用透明包装的色素在流通、运输和贮藏过程中一定要注意避光。

5.2.3.3　对金属离子的稳定性

植物色素对各种金属离子的稳定性不同，一般少量 NaCl、$CaCl_2$ 对其影响不大，但 Cu^{2+}、Zn^{2+} 等离子对色素的稳定性有较大影响，特别是 Fe^{3+}。某些色素如花青素类、紫胶红、胭脂虫红等易与金属离子形成络合物，发生性质的变化。

5.2.3.4　氧化稳定性

植物色素的化学结构大多含不饱和双键及其他可氧化基团，因而易受氧气的氧化而导致其呈现的颜色变弱。水和金属离子等会加速植物色素的氧化分解使其褪色，所以植物色素大多应密封贮存。

植物色素易受温度、光照、pH 值、氧气、金属离子等因素的影响，使其应用受到极大限制，通过采取加入抗氧化剂、稳定剂、金属螯合剂等措施可以有效提高色素的稳定性。例如，类胡萝卜素在维生素 C、维生素 E 等的存在下，对光的稳定性明显提高。EDTA-Na_2 能稳定栀子黄色素的分子结构，从而增强色素对光、热的稳定性。

5.3 植物色素提取分离及加工

植物色素的提取加工与产品品质和收率密切相关，是相关加工企业提高经济效益的关键。由于植物色素在提取加工过程中普遍存在对光、热和酶等敏感，易降解，不稳定等特性，因此，有必要根据不同的植物色素选择合适的加工工艺，以避免色素的分解与破坏，提高产品的品质与收率。

从大多数植物组织中提取色素时，提取过程中会夹带有其他杂质，如果胶、蛋白质、单宁、树脂和有机酸等物质，因此在提取后须采用适当的精制方法去除杂质，保证色素的纯度。此外，植物色素主要用于食品的着色，为了保证食用安全，在加工过程中不能随意添加对人体有害的化学物质，即使允许使用的化学试剂，在产品中也应使其最大限度地去除。

不同种类的色素因其原料本身性质的差异，加工工艺存在较大差别，但根据大多数原料的具体情况，其主要工艺过程包括原料预处理、提取分离、浓缩、精制、干燥等工序。本节着重介绍主要加工工艺。

5.3.1 预处理

原料在生产前必须进行预处理，主要包括除杂、原料粉碎与筛选、干燥等过程。根据物料色素含量和抽出的难易程度等性质的不同，将原料进行粉碎至合适的粉碎度可以适当提高目的成分的抽出率。一般原料的粉碎度宜控制在 2~4 mm，经过筛选后的粉碎度达不到要求的原料可以继续进行粉碎。对于花瓣类等其他不宜进行粉碎的原料，可以不进行粉碎，直接对其浸提。

5.3.2 植物色素的提取技术

传统的植物色素提取技术一般包括物理压榨法和溶剂提取法等。近年来，新兴的提取技术得到快速发展，主要包括外场强化技术、超临界萃取技术、生物提取技术等。

5.3.2.1 压榨法

物理压榨提取法是从新鲜果实、花朵等原料中提取色素最简便的方法，该技术是利用手工或机械挤压使在细胞中的色素溶液透过细胞壁被压榨出来。压榨提取技术按方式的不同分为手工压榨提取法和机械压榨提取法。其中，手工压榨提取法仅适用于小批量生产。机械压榨提取法主要为螺旋压榨法，它是利用压缩比为 8∶1~10∶1 的螺旋压榨机对原料进行压榨以制取色素的技术。原料在经过压榨后，一部分色素汁液被挤压出来，但仍有一部分色素保留在原料内部，因此必须用循环喷淋水洗涤出残余的色素，以确保色素被最大限度地提取出来。经压榨后得到的色素汁液经过沉降、过滤式离心除去杂质等得到初级产品，再进行进一步加工与利用。

5.3.2.2 溶剂浸提法

绝大多数植物色素都可采用溶剂提取法提取。根据原料中色素与杂质间的理化差异，遵循"相似相溶"原理，使色素从原料表面或组织内部向溶剂中转移的传质过程。原料的性质决定了溶剂提取技术中溶剂的选择。对溶剂的一般要求为无色无味，选择性强（即溶解色素的能力强，对其他杂质如蛋白质、树脂等溶解差），对人体健康危害小，容易回收与重复利用，价格便宜等。常使用的溶剂有水、乙醇、丙酮、乙酸乙酯、石油醚等。提取方法主要包括浸渍法、渗滤法、煎煮法、回流提取法以及连续提取法等。

(1) **浸渍法**

浸渍法是将原料用适当的溶剂在常温或加热条件下浸泡出有效成分的一种方法。具体做法是：取适量粉碎后的原料，置于加盖容器中，加入适量的溶剂并密盖，间断式搅拌或振摇，浸渍至规定时间使有效成分浸出。取上清液，过滤，压榨残渣，合并滤液和压榨液，过滤浓缩至适宜浓度，可进一步制备浸膏。

按提取的温度和浸渍的次数可分为冷浸渍法、热浸渍法、重浸渍法。

(2) **渗滤法**

渗滤法是将原料粗粉湿润膨胀后装入渗滤器内，顶部用纱布覆盖，压紧，浸提溶剂连续地从渗滤器的上部加入（液面超出原料1/3），溶剂渗过原料层往下流动过程中将目标成分浸出的一种方法。不断加入新溶剂，可以连续收集浸提液，由于原料不断与新溶剂或含有低浓度提取物的溶剂接触，始终保持一定的浓度差，浸提的效果比浸渍法好，目标成分提取较完全，但也存在溶剂用量大、对原料的粒度及工艺要求较高以及可能造成堵塞而影响正常操作等缺点。

渗滤法分为单渗滤法、重渗滤法、加压渗滤法等。单渗滤法是简单的渗滤法，其操作一般包括原料粉碎、润湿、装筒、排气、浸渍和渗滤6个步骤。重渗滤法是将渗滤液重复用作新原料的溶剂，进行多次渗滤以提高浸出液中目标成分浓度的方法。由于多次渗滤和富集，浸出效率较高。加压渗滤法是在容器上部加压，使溶剂及浸出液较快接触被浸泡原料，有利于目标成分的浸出，总提取液浓度大，溶剂耗量少，对于浓缩及回收溶剂等大为有利。

渗滤法不经过滤处理可直接收集渗滤液，可省去过滤操作。渗滤法属于动态浸出，即溶剂相对被提取原料流动浸出，溶剂的利用率高，有效成分浸出完全，故适用于贵重原料的提取，也可用于有效成分含量较低的原料的提取，但对新鲜的易膨胀的原料、无组织结构的原料不太适用。渗滤法溶剂用量大，对原料的粒度及工艺要求较高，并且可能造成堵塞而影响正常操作。因渗滤过程时间长，不宜用水作溶剂，通常用不同浓度的乙醇作溶剂，故应防止溶剂的挥发损失。

(3) **煎煮法**

煎煮法是指用水作溶剂，将被提取物加热煮沸一定时间，以提取其所含成分的一种常用方法，又称煮提法或煎浸法。该法是将原料适当地切碎或粉碎成粗粉放入适当容器中

（砂锅、搪瓷锅、不锈钢锅、玻璃锅等），加水浸没原料，充分浸泡后，加热煎煮 2~3 次，每次 1 h 左右。直火加热，要不断搅拌以免焦糊。分离并收集各次煎出液，经离心分离或过滤，浓缩至规定浓度。蒸汽加热可用夹层锅，也可将蒸汽直接通入锅内加热。煎煮法可分为常压煎煮法和加压煎煮法。常压煎煮法适用于一般性原料的煎煮，加压煎煮法适用于物料成分在高温下不易被破坏或在常压下不易煎透的原料。工业生产上常用蒸汽进行加压煎煮。

煎煮法适用于能溶于水，对湿、热均稳定且不易挥发的目标成分物质的提取。含淀粉类、黏液质等成分的原料，煎煮后溶液黏度大，不易过滤；一些不耐热及挥发性成分在煎煮过程中易被破坏或挥发损失。

（4）回流提取法

回流提取法是用乙醇等易挥发的有机溶剂提取原料中的目标成分，将提取液加热蒸馏，其中挥发性溶剂馏出后又被冷却，重复流回浸出容器中浸提原料，直至目标成分回流提取完全的方法。

回流提取法一般选用低沸点的乙醇、氯仿和石油醚等有机溶剂作为提取溶剂，容器置水浴上加热或以蒸汽通入夹层锅加热，根据原料的性质可以合理安排提取次数，每次提取完后滤出提取液，再加入新溶剂，最后合并提取液即可。

因为溶剂能循环使用，回流提取法较渗滤法的溶剂耗用量小。回流热浸法溶剂只能循环使用，不能不断更新，而循环回流冷浸法溶剂既可循环使用又可不断更新，故循环回流冷浸法的溶剂用量较小。回流提取法提取液在蒸发锅中受热时间较长，故不适用于受热易破坏的原料成分的浸出，若再装备上连续薄膜蒸发装置，则可克服此缺点。

（5）连续回流提取法

为了弥补回流提取法中需要溶剂量大，操作烦琐的不足，可采用连续回流提取法。当提取的有效成分在所选溶剂中不易溶解时，若用回流提取法需提取十余次，既费时又耗费溶剂，在此情况下，可用连续回流提取法（实验室常用的设备为索氏提取器），用较少的溶剂一次提取即可提取完全。

连续回流提取法的优点是以较少的溶剂一次加入便可将色素提取完全，提取效率较高。但连续回流提取法提取液受热时间长，因此不宜用此法提取受热易分解的色素。在连续回流提取法中，影响提取效果的因素很多，有原料本身的性质、提取溶剂的性质及其之间的比例，提取温度、时间、次数，原料与溶剂之间的接触情况等。

（6）连续逆流机组提取

连续逆流提取机组设备由一定数量的装置组装而成，包括预浸润设备、提取设备主体、出料器、挤汁机等。连续逆流机组提取工艺流程为：原料通过定量投料机构，均匀地投进机组的一端，再通过螺旋式桨叶慢慢地推向机组的另一端，按工艺所需的一定时间，自动排出；溶剂由另一端用流量计按工艺要求定量控制加入，使原料与溶剂的走向完全相反。在运行中，原料在推进器的作用下不断地翻动着向前与溶剂置换、提取，不停地更新扩散的界面使整个提取过程取得最大的浓度差，从而缩短提取时间，提高提取率。机组的加料和排渣均自动完成，提取残渣可进入挤汁机或溶媒回收器。

（7）平转浸出器提取

平转浸出器由进料装置、转动体、出渣螺旋输送机、溶剂循环泵、调速装置、固定栅底、喷淋头和中心转动轴等组成。在平转浸出器圆柱形壳体内,有一中空的同心转动体,转动体的中心是一根直立的转动轴,转动体被许多径向隔板分成若干扇形浸出格,即料格(一般等分成 18 格)。料格为盛装被浸出物料的单元。循环喷淋的溶剂经各自的溶剂循环泵,由料格上方的喷淋头洒下,对着各料格物料进行逆流喷淋浸泡,又经料层渗滤通过固定栅底,流入下方的几个混合溶剂收集格内。经过多次循环喷淋与物料多次浸泡后,浓度高的提取液经过滤器过滤除渣后,泵入提取液暂存缸,而残渣转至栅底的扇形出渣口落下,被送入湿渣脱溶系统。平转浸出器提取具有产量大、生产连续、动力消耗低、占地面积小、提取效果好等优点。

5.3.2.3 外场强化提取技术

微波辅助和超声辅助外场强化提取技术是 2 种典型的外场强化提取技术,提取原理见 7.3.2 和 7.3.3 节。

目前我国使用的工业微波频率主要为 915 MHz(大功率设备)和 2 450 MHz(中、小功率设备)。其中 2 450 MHz 相当于波长 12.5 cm 的微波,是目前应用最广泛的频率,常见的商用微波炉均为这一频率。超声波是一种频率介于 $2\times10^4 \sim 1\times10^9$ Hz 的声波,除了遵循声波的基本传播规律外,还有一些其他频率声波所不具有的特点,如传播方向性强,传播介质质点振动加速度非常大,在液体介质中传播时会对液体介质造成空化作用等。

超声波辅助提取工艺不需加热,避免了煎煮法、回流提取法等长时间加热对目标成分的不良影响,适用于对热敏性物质的提取,同时也节省了能源。超声波辅助外场强化提取技术提高了色素有效成分的提取率,节省了原料,有利于着色剂资源的充分利用,提高经济效益;溶剂用量少,节约溶剂。超声波辅助外场强化提取技术是一个物理过程,在整个浸提过程中无化学反应发生,不影响色素的生理活性。影响超声波辅助外场强化提取效果的因素有超声时间、超声波频率、温度、原料组织结构以及超声波的凝聚机制等。

5.3.2.4 超临界流体提取技术

超临界流体提取原理详见 7.3.1。超临界流体提取技术作为一种高效的分离技术,具有分离效率高、无溶剂残留、选择性好、操作温度低等特点,且溶剂 CO_2 具有资源丰富、价格低廉、无毒、不燃不爆、无环境污染等优点。对番茄红色素、辣椒红色素等超临界流体提取技术的研究表明,色素的萃取率和色价是常规提取方法的数倍,显示出该技术的巨大优势,但是由于生产成本高、设备投资大,目前应用上仍存在一定的局限性。

5.3.2.5 生物提取技术

生物提取技术主要是酶辅助提取技术。它是利用纤维素酶、半纤维素酶、果胶酶等将植物的细胞壁及细胞间质中的纤维素、半纤维素和果胶等物质降解,使细胞壁及细胞间质结构发生局部疏松、膨胀、崩溃等变化,减小细胞内有效成分向溶剂中扩散的阻力,提高着色剂提取率的方法。

5.3.3 植物色素的分离富集技术

分离富集是植物色素生产的重要工序与技术之一,直接影响色素产品的品质。植物色素提取液的分离富集技术一般有浓缩、膜分离、结晶与重结晶、吸附分离、离子交换以及干燥等方法。

5.3.3.1 浓缩技术

利用压榨法或溶剂浸提法等工艺制备得到的色素提取液中，色素的浓度均较低，一般为1%~8%，因此，需要浓缩并回收溶剂。浓缩技术一般包括蒸发浓缩、冷冻浓缩等。植物色素大多对热敏感，为降低色素的损失，一般宜选择低温高效的浓缩技术。常见浓缩技术有蒸发浓缩、冷冻浓缩和膜浓缩等，膜浓缩分离原理详见本书8.4.1。

（1）蒸发浓缩

蒸发是利用加热的方法将提取液加热至沸腾状态，使其中的挥发性溶剂部分汽化并移出，以提高溶液中溶质浓度并分离出溶剂的过程。蒸发作为浓缩的重要手段，是最早和最广泛使用的浓缩技术之一。蒸发浓缩工艺一般分为常压蒸发和减压蒸发，单效蒸发和多效蒸发，间歇蒸发和连续蒸发，循环型蒸发和单程型蒸发等类型。

蒸发浓缩的受热时间、浓缩温度(与操作压力等有关)、浓缩工艺和设备是影响浓缩质量的关键因素，温度是蒸发浓缩最重要的控制指标。

蒸发浓缩属于热浓缩工艺，存在浓缩温度较高、热敏性有效成分容易受热破坏等影响产品质量的缺点。

（2）冷冻浓缩

冷冻浓缩是将稀溶液降温，直至溶液中部分水冻结成冰晶，并将冰晶分离出来，从而使溶液变浓的工艺。冷冻浓缩实质上是水或其他溶剂从待浓缩提取液中结晶分离的过程。

冷冻浓缩涉及固-液两相之间的相平衡规律和传热、传质规律。冷冻浓缩是常用的非热浓缩方法之一。

5.3.3.2 结晶与重结晶技术

在结晶过程中，由于只有同类物质才能排成晶体，故这种精制方法具有良好的选择性，结晶物一般纯度较高，工艺过程成本低，设备简单，操作方便。

结晶的首要条件是色素在溶剂中过饱和。对于热稳定性好的色素，如果其溶解度随温度降低而显著变小，可将它的热饱和溶液冷却来达到结晶目的。对于热稳定性差和溶解度随温度变化不大的色素，要用在一定温度条件下蒸发溶剂的方法来达到目的，也可用调整pH和加入盐的方法来达到目的。

从色素粗制品中第一次结晶得到的晶体纯度不高，会含有母液、杂质、气泡等。如果要进一步精制，可先将结晶洗涤，再选择合适的溶剂进行重结晶。在结晶过程中，一般都希望产品是颗粒大而均匀的晶体，这种形态可反映出产品的纯度。在过滤、洗涤时，大而均匀的晶体比小而无规则的晶体更方便，且贮存运输过程中也不易结块。辣椒红等植物色素的生产过程中均采用结晶法进行分离富集。

5.3.3.3 吸附分离技术

吸附分离技术是利用吸附材料对待分离样品中的色素或杂质进行特异性吸附分离以达到色素精制目的的一种固相萃取分离技术。其实质是通过相界面上的吸附作用使一种或数种组分在固相吸附剂上富集浓缩。吸附类型一般包括物理吸附、化学吸附和亲和吸附等。

在实际吸附过程中往往同时存在上述几类吸附。

常见的吸附材料包括无机吸附剂和有机吸附剂等。例如，沸石、活性氧化铝、硅胶、活性炭、大孔吸附树脂、离子交换树脂等。一般吸附材料应具有比表面积大、合适的孔径、较高的强度和耐磨性、颗粒大小均匀以及吸附能力强等特性。根据待分离组分性质的差异选择各自特定的吸附材料。一般吸附材料再生后可以反复使用。采用吸附分离法纯化葡萄汁色素，可除去葡萄汁中的果胶质及某些重金属离子，所制得的色素产品可作为高级葡萄酒和饮料的着色剂；利用吸附分离法精制萝卜红色素，可除去90%以上的糖和果胶等杂质，还能一定程度上去除萝卜原有的臭味。

5.3.3.4　干燥技术

经过蒸发浓缩或分离富集后的植物色素溶液，色素的浓度大大提高，虽然可以直接作为液体色素产品，但因其含水量大，容易出现发霉变质、不能长期储存和长途运输等问题，必须进行干燥处理，以获得粉状产品。在干燥过程中宜选择合理的干燥方法以保证色素尽量不被破坏，保持色素的色泽鲜艳。

植物色素浓缩液常用干燥方式有喷雾干燥和真空干燥，也可采用流化床干燥和冷冻干燥等。以喷雾干燥装置为例，其结构简图如图5-3所示，空气经过滤加热，进入干燥器顶部空气分配器，热空气呈螺旋状均匀进入干燥室，料液经塔体顶部的高速离心雾化器，喷雾成极细微的雾状液珠，与热空气接触在极短的时间内可干燥成成品。喷雾干燥可以保留天然色素的特性和营养成分，确保天然色素的稳定性和长期保存。

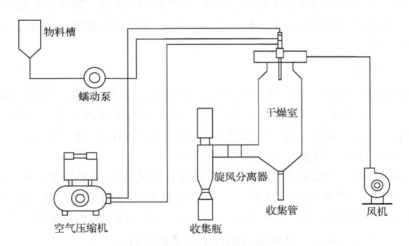

图5-3　喷雾干燥设备结构示意图

5.4　主要植物色素及资源

5.4.1　越橘红色素

越橘红是存在于野生植物杜鹃花科越橘属越橘果实中的一类天然的花青素类色素。

5.4.1.1 主要成分及理化性质

越橘红色素是由 5%~8%的花青定、芍药定和翠雀定苷组成的,以氯化物形式存在的混合色素,主要有 4 种成分,分别为花青定-3-半乳糖苷、花青定-3-阿拉伯糖苷、芍药定-3-半乳糖苷、芍药定-3-阿拉伯糖。主要着色物质为含矢车菊素和芍药素的花色素苷类。结构式如图 5-4 所示。

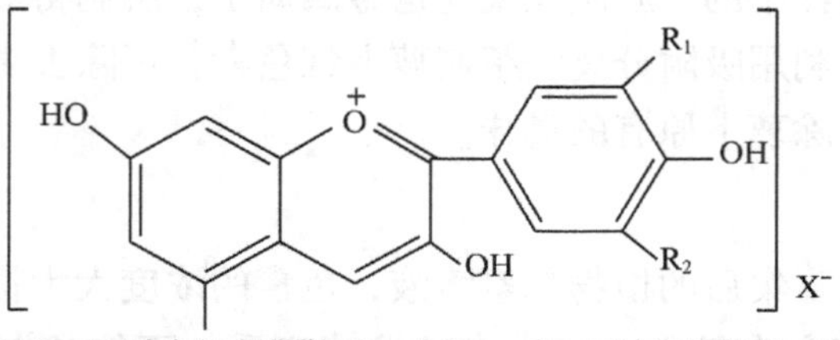

R_1=OH, R_2=H 时为矢车菊素;R_1=OCH$_3$, R_2=H 时为芍药素;X^-为酸部分

图 5-4　越橘红色素化学结构

越橘红色素易溶于水和酸性乙醇,不溶于无水乙醇。在水溶液中透明、无沉淀;在酸性乙醇中的颜色艳丽。越橘红对溶液体系的 pH 值敏感,在酸性条件下呈玫瑰红色,随着溶液 pH 值的增大,溶液颜色由红色变为黄色。越橘红在酸性溶液中,70 ℃以下较稳定,30~40 min 内仍保持红色,当温度大于 70 ℃时,红色减退,高于 100 ℃后,15 min 左右变成红黄色;在碱性溶液中,对温度不敏感,一般呈稳定的黄色。在酸性条件下,越橘红色素溶液在自然光照条件下能较稳定存在,随着储存时间的延长,溶液体系的颜色逐渐减退而呈浅黄色。越橘红对高价阳离子,特别是对铁离子敏感而变褐色,因此,配制越橘红溶液时宜用去离子水。

5.4.1.2 植物资源

越橘红色素是从越橘果实(主要为果皮)中提取的天然色素。越橘(*Vaccinium vitis-idaea*)又名红豆、小苹果、牙疙瘩等,杜鹃花科越橘属的小灌木,主要分布于我国东北、俄罗斯、朝鲜、日本和美国等地。我国已知的越橘属植物有 32 种,可作为食用色素原料的越橘资源主要有 3 种:越橘、笃斯越橘和蔓越橘。

越橘,原产北美,常绿矮小灌木,地下部分有细长匍匐的根状茎,地上部分植株高 10~30 cm。茎纤细,直立或下部平卧,枝及幼枝被灰白色短柔毛。浆果球形,直径 5~10 mm,鲜红色。主要分布在我国东北地区,常见于落叶松林和白桦林下、高山草原或水湿台地,多长于海拔 900~3 200 m 的高山林下,常成群落生长。

笃斯越橘,多年生落叶小灌木,植株高可达 1 m,多分枝,树皮较光滑。果实椭圆或偏球形,较大,成熟果呈蓝紫色,味酸甜可口。分布于亚洲的朝鲜、日本以及欧洲、北美洲等。我国的大兴安岭北部(黑龙江、内蒙古)、吉林长白山以及新疆等均有分布。常生于山坡落叶松林下、林缘、高山草原、沼泽湿地,长于海拔 900~2 300 m 的针叶林下以及亚高山苔原地,是石南灌丛的重要成分。笃斯越橘果实因色、香、味俱佳而具有较高的开发利用价值。

蔓越橘,常绿小灌木矮蔓藤植物,植株高度 5~20 cm,藤状枝条蔓延约 2 m。果实为长 2~5 cm 的卵圆形浆果，由白色变深红色，味重酸微甜。主要生长在寒冷的北半球，如美国北部和加拿大，以及南美西部和欧洲东北部，我国大兴安岭地区也比较常见。

5.4.1.3 加工工艺

越橘红的生产方法主要有醇溶提取工艺、醇浸水溶提取工艺和水浸水溶提取工艺等。以越橘果实榨汁后的果渣为原料，醇溶提取工艺一般包括浸提、压榨、冷却、过滤、浓缩、冷却、过滤、调酸、浓缩等工序，浸提溶剂一般采用体积分数为85%的乙醇溶液；醇浸水溶提取工艺一般包括浸提、压榨和过滤、沉降、浓缩和调酸、干燥等工序，浸提溶剂一般采用体积分数为55%的乙醇溶液；水浸水溶提取工艺一般包括水浸、压滤、浓缩、醇沉、过滤、浓缩等工序，浸提溶剂为水，调 pH 值至 3.5。

以水浸水溶提取工艺为例，其工艺流程如图 5-5 所示，主要包括浸提、醇沉和浓缩等工序。水浸水溶提取工艺制得的越橘红浸膏色泽鲜艳，稳定性好。

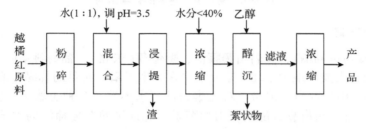

图 5-5 水浸水溶提取工艺流程

5.4.1.4 应用

越橘红色素主要作为食品着色剂用于冷冻饮品（食用冰除外），果蔬汁（浆）类饮料和风味饮料（仅限果味饮料）等。具体用量标准参见《食品安全国家标准 食品添加剂使用标准》（GB 2760—2014）。

越橘红色素除含有花青素类外，还含有一定的糖、有机酸和维生素等营养成分，除用于着色外，还能改善食品的风味，增强食品的营养价值。

5.4.2 葡萄皮红色素

葡萄皮红是由葡萄科植物葡萄果实的果皮（制造葡萄汁或葡萄酒后的残渣），除去种子，用酸性水溶液或酸性乙醇溶液提取、浓缩、精制而成的植物色素。

5.4.2.1 主要成分及理化性质

葡萄皮红由多种花色素苷构成，其主要成分与化学结构如图 5-6 所示。组分中锦葵定-3-O-葡萄糖苷和锦葵定-3-O-(对香豆酰)葡萄糖苷含量均占 35% 以上，其余组分占 10% 以下。

葡萄皮红外观为红至暗紫色糊状、块状或粉末状物，稍有异味，溶于水、甲醇、乙醇、丙二醇、丙三醇、冰醋酸、柠檬酸等溶剂，不溶于苯、甲苯、氯仿、石油醚、油脂等，相同条件下在溶剂中溶解能力排序为：甲醇>乙醇>水。葡萄皮红显色随体系 pH 值的变化而变化，体系为酸性时呈红色，中性时呈紫色，碱性时呈蓝色。着色能力较差，耐光、耐热性较低，遇蛋白质变为暗紫色。

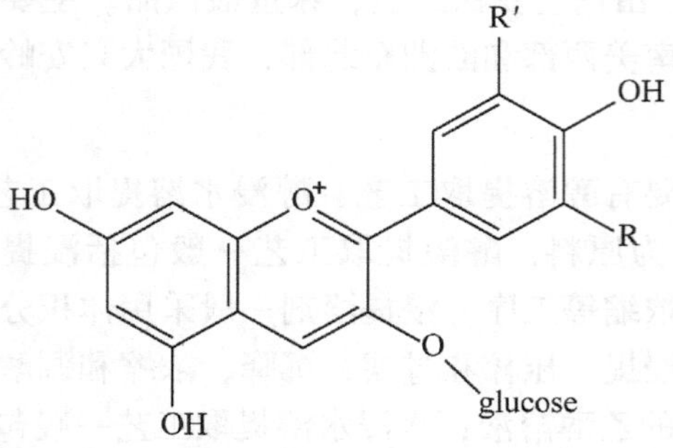

R=R′=—OCH，锦葵定-3-O-葡萄糖苷；R=—OH、R′=—OCH₃，牵牛定-3-O-葡萄糖苷；
R=R′=—OH，翠雀定-3-O-葡萄糖苷；R=—OCH、R′=—H，芍药定-3-O-葡萄糖苷；
R=—OH、R′=—H，花青定-3-O-葡萄糖苷

图 5-6　葡萄皮红色素的化学结构

5.4.2.2　植物资源

山葡萄（*Vitis amurensis*），又名山藤藤秧、野葡萄（东北），葡萄科落叶木质藤本植物。山葡萄原产我国，主要产地为华北、东北及华东，生于阳光充足的林缘、灌丛或山坡，海拔 200~2 100 m。山葡萄耐旱怕涝，对土壤条件要求不严，多种土壤中均能良好地生长。果实直径 1~1.5 cm，可鲜食或酿酒，山葡萄是东北地区酿造葡萄酒的主要原料。山葡萄果实中所含色素属花青素类色素，由翠雀定和花青定与葡萄糖形成的苷组成。山葡萄的根、藤可入药，具有镇痛作用，主治外伤痛、胃肠道疼痛、神经性头痛等。

5.4.2.3　加工工艺

用于加工葡萄皮红色素的原料包括新鲜的葡萄、新鲜的葡萄皮渣和晾干的葡萄皮渣等，加工工艺因原料的不同而略有差异。以新鲜的葡萄皮渣为例，其制取葡萄皮色素的工艺为：将葡萄皮渣用清水洗涤后，用离心机脱水，将脱水物置于搪瓷玻璃反应器中，加入 2 倍重量的体积分数为 70% 的工业酒精，在室温搅拌状况下，加入适量的柠檬酸（或酒石酸），调节 pH 值至 3.0 左右，搅拌 4~5 h 后，用离心机过滤，收集滤液，弃掉废渣，滤液在 50 ℃以下减压浓缩至胶状物，喷雾干燥即得产品。回收的酒精循环使用。

5.4.2.4　应用

葡萄皮红色素常用于高级酸性食品的着色剂，可以作为水果饮料、碳酸饮料、酒精饮料、蛋糕、果酱的着色剂等。其特点是着色力强，效果好。饮料、葡萄酒、果酱、液体产品用量为 0.1%~0.3%，粉末食品中添加量 0.05%~0.2%，冰激凌中添加量 0.002%~0.2%。具体用量标准参见《食品安全国家标准　食品添加剂使用标准》（GB 2760—2014）。

5.4.3　姜黄色素

姜黄色素是从姜科植物姜黄、郁金、莪术等的地下根茎中经溶剂抽提、过滤、浓缩精制等工序制备的一类天然二酮类混合色素。

5.4.3.1　主要成分及理化性质

姜黄色素主要成分为姜黄素、脱甲基姜黄素和双脱甲氧基姜黄素。姜黄素（$C_{21}H_{20}O_6$），

相对分子质量为368.39，约占70%；脱甲基姜黄素（$C_{20}H_{18}O_3$），相对分子质量为338.39，占10%~20%；双脱甲氧基姜黄素（$C_{19}H_{16}O_4$），相对分子质量为308.39，约占10%。结构式如图5-7所示。

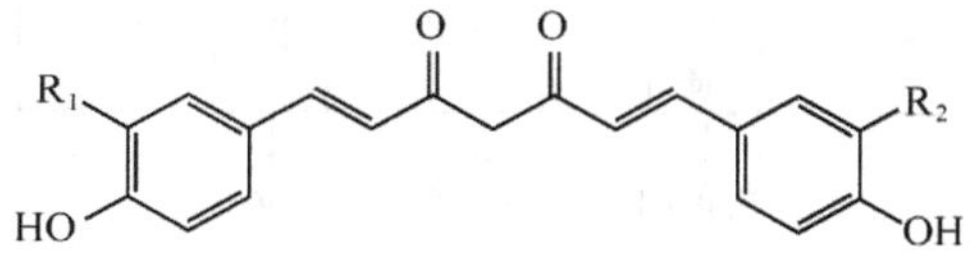

$R_1=R_2=OCH_3$，姜黄素；$R_1=H$，$R_2=OCH_3$，脱甲氧基姜黄素；
$R_1=R_2=H$，双脱甲基姜黄素

图5-7 姜黄色素的结构

姜黄色素为橙黄色黏稠状液体或黄色结晶粉末，熔点179~182℃，具有特殊的芳香气味；姜黄色素为亲脂性物质，易溶于冰乙酸、乙醇、丙酮、甲醇、乙酸乙酯和碱性溶液，可溶于95%乙醇、丙二醇，难溶于冷水和乙醚。姜黄色素在中性或酸性条件的溶解度较低，呈黄色，容易产生沉淀；碱性条件下呈红褐色。姜黄色素稳定性易受光照、温度、酸度、金属离子等多种因素的影响。光和热可促使其氧化分解，失去显色能力。其与金属离子（尤其是铁离子）可以结合成螯合物，导致变色。姜黄色素易被氧化而变色，但耐还原性好。姜黄色素着色力强，尤其对蛋白质着色力强，色泽鲜艳，是国内外普遍认为食用安全性比较高的天然色素，也是目前世界上销量最大的天然食用色素之一。

5.4.3.2 植物资源

姜黄色素是从姜科姜黄属植物的肉质地下根茎提取的黄色素。姜黄（*Curcuma longa*），又名毛姜黄、黄姜（广西），为多年生草本植物，不耐寒，喜冬季温暖、夏季湿润环境，抗旱能力差，生长初期宜半阴，生长旺盛期需要充足的阳光，土壤宜肥沃，保湿力强。姜黄植株高可达1 m，其根茎具有多数圆状或指状分枝特征，形似姜，红黄色，断面鲜黄色。冬季或早春时节挖取根茎，洗净煮或蒸至透心后晒干。

姜黄在亚洲地区分布广泛，印度、中国、孟加拉国、泰国、柬埔寨、马来西亚、印度尼西亚等均有种植。在我国，姜黄主要分布于南方的四川、广东、广西、福建、湖南及台湾等地。

在我国，姜黄是一种药食兼用的药材，姜黄在印度等国家也常被用作植物药，素有"固体黄金"之美誉。姜黄根，味辛、苦性温，无毒，入心、肝、脾经，具有行气破瘀、通经止血、降压、抗菌杀虫及助消化等特性。

5.4.3.3 加工工艺

利用姜黄色素易溶于乙醇等有机溶剂的性质，将姜黄烘干后粉碎，在一定的浸提条件下提取，过滤后浓缩得到姜黄色素浸膏，经石油醚脱脂，即可到姜黄色素粗品，再用酸碱法精制，即可得到较纯的姜黄色素。此法工艺简单，是工业上常用且成熟的方法之一。姜黄及姜黄色素等主要成分提取工艺流程如图5-8所示，主要包括水蒸气蒸馏、抽提、浸提和中和等工序。

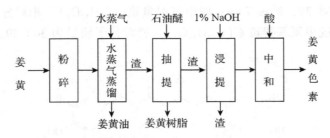

图 5-8　姜黄及姜黄色素等主要成分提取工艺流程

5.4.3.4　应用

姜黄色素着色力强，食用安全，毒性小以及具有多种药理作用，被用于食品添加剂、医药、纺织染色、饲料添加剂等领域。

食品工业中，姜黄色素可应用于糖果、饼干、面包、蛋制品、糕点、调味品等食品的着色，用以改善食品的色、香、味，还可用作烟用香精，具有增香、定香、防霉等效果；提取后的姜黄渣可用作腌菜专用的姜黄粉，也可添加到咖喱、芥末及其他调料中。

医药工业中，姜黄色素可作为防腐剂、美容品、健胃剂、止痛剂、利尿剂、利胆剂等。同时，姜黄色素本身具有抗肿瘤、预防动脉粥样硬化、抗氧化等生理活性，因此，姜黄色素在药物开发方面具有一定的前景。

纺织染色领域中，姜黄色素可用于丝绸、皮革、纤维、棉以及羊毛织物等的染色。姜黄色素为天然色素，绿色无污染，对人体无害，且具有一定抗菌性、生物可降解性和良好的环境相容性，还具有一定的保健效果，染色后的织物具有自然的色泽和香味。

饲料添加剂领域，姜黄色素用于饲料添加剂，可提高肉鸡的生产性能和免疫机能，增强机体抗氧化作用，同时可以起到改善脂类代谢、提高鸡肉品质等作用；姜黄色素在促进鱼类生长，提高鱼类消化酶活性和抗氧化力，增强免疫功能及改善鱼体色泽等方面也具有一定作用。

5.4.4　高粱红色素

高粱红色素是从黑紫色或红棕色高粱种子的外粉果皮（壳）中经萃取、中和、浓缩、精制、干燥等工序而得的一种天然黄酮类色素。

5.4.4.1　主要成分及理化性质

高粱红色素由多种黄酮类化合物组成，已分离出来的主要成分有：芹菜素(5,7,4′-三羟基黄酮及半乳糖苷)，槲皮黄苷(2,5,3′,4′-四羟基黄酮-7-葡萄糖苷)，5,4′-二羟基-6,8-二甲氧基黄酮-7-O-半乳糖苷；5,4′-二羟基黄酮-7-O-半乳糖苷等，其结构如图 5-9 所示。

高粱红色素外观为砖红色无定形粉末，也有液体、糊状或块状，略有特殊气味。溶于水、乙醇、含水量 40% 以上的丙二醇、甲醇、盐酸和冰醋酸溶液，不溶于油脂、乙醚、正己烷、三氯甲烷、乙酸乙酯等非极性溶剂。水溶液呈透明红棕色，其色调柔和、自然、无毒、无特殊气味。1% 的高粱红水溶液的 pH 值 7.0~7.5，酸性色浅，碱性色深，对光、热较稳定，与金属离子可形成络盐，对蛋白质染色力强。

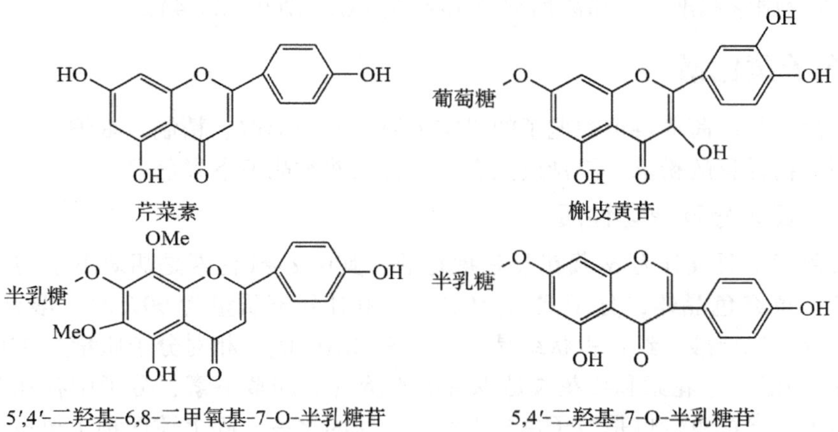

芹菜素
槲皮黄苷
葡萄糖
半乳糖
5′,4′-二羟基-6,8-二甲氧基-7-O-半乳糖苷
5,4′-二羟基-7-O-半乳糖苷

图 5-9 高粱红色素主要成分的结构

5.4.4.2 植物资源

高粱红色素主要来源于禾本科植物高粱(*Sorghum bicolor*)的种子，也可用高粱的废弃物高粱壳作原料制取。高粱为一年生草本植物，分布于热带、亚热带和温带地区。高粱米是中国、俄罗斯、朝鲜等国家粮食作物。我国红高粱种植面积广，南北各省份均有栽培，每年出产红高粱壳近 3×10^4 t，用于提取高粱红的果壳类资源丰富，每吨红高粱壳可提取50 kg 高粱红色素。利用果壳提取高粱红色素具有节约粮食、实现资源利用最大化等优势。

5.4.4.3 加工工艺

工业上主要以高粱副产物高粱壳为原料制取高粱红色素，其工艺如图 5-10 所示，主要包括酸处理、提取、蒸馏和结晶等工序。无机酸预处理原料时，可以利用质量浓度0.5%~5%稀盐酸浸泡或煮沸。浸泡时间和温度应与酸的浓度对应。提取溶剂可以选择乙醇，提取过程中的温度可以选择室温至溶剂沸点以下进行，温度越高提取的速率和产品提取率越高。蒸馏得到的有机溶剂经精馏提纯后可以循环使用。

无机酸
溶剂
高粱壳
粉碎
酸处理
提取
蒸馏
结晶
高粱红色素
溶剂
水

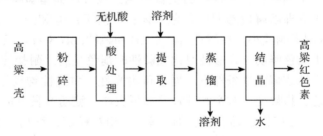

图 5-10 高粱壳为原料制取高粱红色素工艺流程

5.4.4.4 应用

高粱红色素着色均匀，色度稳定，色调真实，无异味，无副作用，且安全系数高。高粱红色素作为食品添加剂在食品工业中可用于肉制品、果子冻、糕点，最大使用量 0.4 g/kg。还可用于面包、饮料、水产加工品、农产加工品等，用量 0.5%~2.0%，具体用量和方法

参见《食品安全国家标准 食品添加剂使用标准》（GB 2760—2014）。

5.4.5 栀子黄色素

栀子黄色素是以茜草科植物栀子的果实为原料，经提取、精制、浓缩、干燥等工序而制成的可用糊精稀释的粉末、浸膏或液态的一种天然类胡萝卜素色素。

5.4.5.1 主要成分及理化性质

栀子黄色素主要成分为 α-藏花素和藏花酸，其中 α-藏花素是胡萝卜素与右旋龙胆二糖形成的苷，黄红色晶体，分子式 $C_{44}H_{64}O_{24}$，相对分子质量为 997.21，熔点为 186 ℃。藏花酸是胡萝卜二羧酸，红色板状结晶，分子式 $C_{20}H_{24}O_4$，相对分子质量为 328.39，结构式如图 5-11 所示。藏花素和藏花酸是少有的水溶性类胡萝卜素，分子中存在多个共轭双键，赋予栀子色素黄色，也是栀子色素不稳定的原因之一。除上述两种主要成分外，还含有环烯醚萜苷类成分，包括栀子苷（又称京尼平苷）、羟异栀子苷、山栀苷、栀子酮苷、栀子苷酸、京尼平龙胆二糖苷、乙酰基京尼平苷、去乙酰基车前草酸苷甲酯、鸡矢藤次苷甲酯等 9 种环烯醚萜苷物质，其中栀子苷占上述 9 种成分总量的 70%~80%。

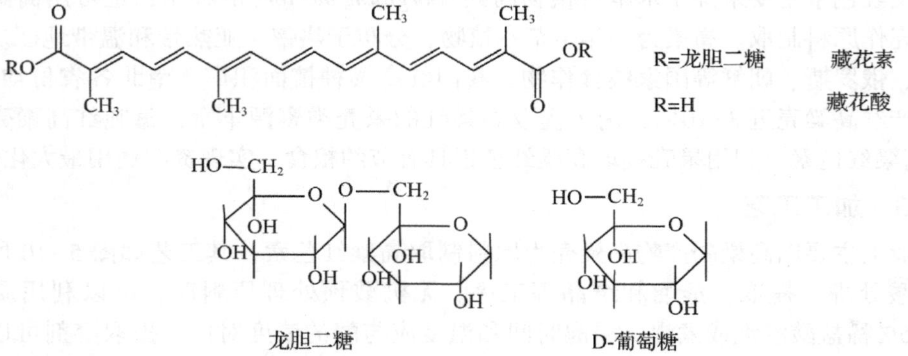

图 5-11 α-藏花素和藏花酸的化学结构

栀子黄呈橙黄色至橘红色，浸膏产品呈黄褐色，液态产品呈黄褐色至橘红色，微臭。其易溶于水，在水中立即溶解成透明的黄色液体；可溶于乙醇和丙二醇中，不溶于油脂。pH 值对栀子黄的色调影响较小。在酸性（pH 4~6）和碱性（pH 8~11）条件下较 β-胡萝卜素呈色稳定，在碱性中黄色鲜明，在酸性时比在碱性时褪色显著。耐盐性、耐还原性、耐微生物性均较好。在中性或偏碱性条件下，栀子黄耐光性、耐热性均较好，而在低 pH 值时耐热性、耐光性较差，易褐变。对亲水性食品如蛋白质、淀粉有良好的着色力，在水溶液中不稳定。对金属离子（如铝、钙、铅、铜、锡等）相对稳定，铁离子有使栀子黄变黑的趋势。

5.4.5.2 植物资源

栀子（*Gardenia jasminoides*），又名黄栀子、山枝子、大红栀（江苏）、白蝉（广东），茜草科植物，常绿灌木，高 0.5~2 m。典型的酸性花卉，性喜温暖湿润气候，好阳光但不能经受强光照射，常生于海拔 10~1 500 m 处的旷野、丘陵、山谷、山坡、溪边的灌丛或林中。宜生长于疏松、肥沃、排水良好、轻黏性酸性土壤中，抗有害气体能力强，萌芽力强，耐修剪。栀子的果实长 2~4.5 cm，直径 0.8~2 cm，果皮薄，内表面鲜黄色，种子扁长圆形，聚成球状团块，表面红棕色，有细点突起，味微酸苦。秋季采收成熟果实，晾干或烘干可用。

栀子主产于湖南、江西、福建、浙江、四川、湖北等。国外主要分布于日本、朝鲜、越南、老挝、柬埔寨、印度、尼泊尔、巴基斯坦、太平洋岛屿和美洲北部等地。栀子属食药两用资源，作为传统中药具有护肝、利胆、降压、镇静、止血、消肿等作用。

5.4.5.3 加工工艺

将成熟的栀子果实粉碎，加入 $CaCO_3$，用 20%乙醇溶液于 75 ℃的温度下浸提 4 h，中间换两次浸提液，过滤，滤液流经多孔性吸附树脂，以不同浓度乙醇水溶液淋洗树脂并收集该淋洗液，减压浓缩洗液或者真空薄膜蒸发浓缩，喷雾干燥，干燥得成品色素，工艺流程如图 5-12 所示。

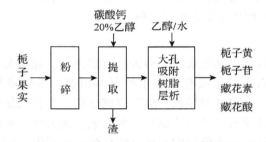

图 5-12 栀子黄色素提取分离工艺流程

5.4.5.4 应用

栀子黄色素主要作为食品添加剂用于面制品的着色，由于其对蛋白质和淀粉具有良好的染着性，使其在糖果、蜜饯、冰激凌、饼干、蛋卷、橘汁、汽水及冷饮等食品着色中广泛应用，着色后的食品色彩鲜艳，耐热性强，稀溶液高温煮沸亦不变色。具体用量和方法参见《食品安全国家标准 食品添加剂使用标准》(GB 2760—2014)。

5.4.6 辣椒红色素

辣椒红色素，又名辣椒红，是以茄科辣椒属植物辣椒(*Capsicum annuum*)果皮及其制品为原料，经萃取、过滤、浓缩、脱辣椒素等工艺制成的一种天然类胡萝卜素色素。

5.4.6.1 主要成分及理化性质

辣椒红色素是存在于辣椒中的类胡萝卜素类色素，占辣椒果皮的 0.2%~0.5%。目前，从辣椒中已分离出 50 多种类胡萝卜素，其中已鉴别出 30 多种类胡萝卜素，主要成分为辣椒红素、辣椒玉红素。一般来说，辣椒红色素（色价 10 000 单位）具有以下平均指标：脂肪酸 80%~85%，主要由亚油酸、油酸、棕榈酸、硬脂酸、肉豆蔻酸组成；维生素 E 0.6%~1.0%；维生素 C 0.2%~1.1%；蛋白质（总氮）140~170 mg/100 g 样品；类胡萝卜素 11.2%~15.5%，主要由辣椒红素、辣椒玉红素、β-胡萝卜素、黄体素、玉米黄素、隐黄质等组成，其中辣椒红素和辣椒玉红素占总量的 50%~60%，其结构式如图 5-13 所示。

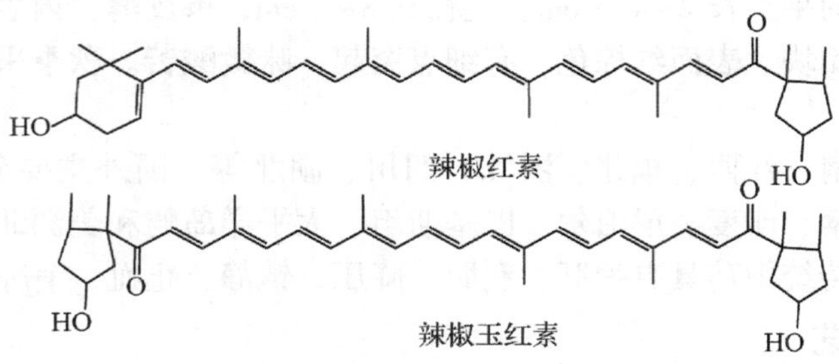

图 5-13 辣椒红素和辣椒玉红素的结构

纯辣椒红色素为深红色针状晶体，易溶于极性较大的有机溶剂，与浓的无机酸作用显蓝色。部分溶于乙醇、正己烷、丙酮、植物油、油脂等有机溶剂，不溶于甘油和水。对可见光较稳定，而对紫外光不稳定，波长 210～440 nm，特别是 285 nm 的紫外光可促使其褪色。对热较稳定，160 ℃加热 2 h 几乎不褪色。

5.4.6.2 植物资源

辣椒红色素是从辣椒中提炼出来的一种天然植物色素。辣椒又名牛角椒、长辣椒、菜椒等，为木兰纲茄科辣椒属一年或有限多年生草本植物。果梗较粗壮，俯垂；果实长指状，顶端渐尖且常弯曲，未成熟时绿色，成熟后成红色、橙色或紫红色，味辣。种子扁肾形，淡黄色。可用于制备辣椒红色素的原料有甜红椒、朝天椒、生椒和小米辣等。

以甜红椒为例。甜红椒是指低辣度的具有鲜亮色泽的辣椒，它包括若干变种和栽培品种。甜红椒在南半球收获期为 6 月，北半球的墨西哥、美国收获期为 6～7 月，欧洲则为 9～11 月，中国、印度为 10～11 月。中国的甜红椒主要产于山东半岛等地，东北地区种植面积也在不断扩大，品种以'益都红'和'兖州红'为主。目前，相关产品除供国内市场外，主要出口韩国、日本、印度等国家。

辣椒品种和成熟度的差异会导致辣椒红色素含量及占比存在一定的差异，常用成熟红辣椒果实来提取辣椒红色素。

5.4.6.3 加工工艺

辣椒红色素易溶于有机溶剂，因此常用溶剂提取法制备辣椒红色素。工艺流程主要包括：将成熟的干辣椒打成粉末，之后与有机溶剂如乙醇、丙酮等物质混合，制备成辣椒油树脂，通过蒸馏、分离等一系列的工序获得辣椒红色素。溶剂提取法的优点是成本低，不需要昂贵的设备即可进行生产；缺点是提取的辣椒红色素纯度较低，易产生有机试剂残留等问题。具体方法如下。

(1) 乙酸乙酯和正己烷的提取工艺

在辣椒粉(去除籽和梗)中加入有机溶剂回流 3 h，油状物加入等量 30%氢氧化钠，用盐酸调节 pH 值，加入 0.5 倍量的氢氧化钙，离心分离得固体，干燥得粗品。加入 5 倍量有机溶剂进行提取，回收有机溶剂，沉淀物用乙醇脱水干燥得产品。

(2) 乙醇-盐析法的提取工艺

在辣椒粉(去除籽和梗)中加入 1.5～2 倍量的 95%乙醇回流 3 h，油状物加精盐盐析 3 h，盐析物加入 2 倍量的 95%乙醇搅拌提取 1 h，回收乙醇，沉淀物用无水乙醇洗涤，干燥得精品。

(3) **丙酮-石油醚提取工艺**

以干辣椒为原料,在索氏提取器中用石油醚和丙酮的混合溶剂提取,温度控制在70 ℃左右,提取3~4 h,得到辣椒树脂粗产品,经重结晶得到产品。

采用以上溶剂提取法从辣椒中提取辣椒红色素,在相同条件下,丙酮提取率最高,乙酸乙酯次之,乙醇最低;用乙酸乙酯作提取剂,回流温度宜控制在80 ℃,而用正己烷作提取剂,回流温度宜控制在70 ℃左右,回流时间一般在3 h,辣椒红色素的产率为6%~7%。

5.4.6.4 应用

辣椒红色素不仅色泽鲜艳、色价高、着色力强、保色效果好,能有效延长食品的货架期,而且具有一定的营养和生理功效,被誉为"最安全的A类色素",广泛应用于水产品、肉类、糕点、色拉、罐头、饮料等各类食品的着色,也可用于医药和化妆品等领域。

(1) **食品工业中的应用**

辣椒红色素性状稳定、着色效果好,而且不存在毒副作用,能够补充人体的类胡萝卜素类化合物。因此食品工业生产中对辣椒红色素有着较强的依赖性。调味品、油脂产品、饮品、糕饼、肉制品等食品加工生产过程中都用到了辣椒红色素。辣椒红色素也可用在仿真食品中,辣椒红色素色泽鲜亮,易上色,安全无毒,且成本较低,因此在仿真食品(如仿真面包、仿真水果、仿真蔬菜等)中的应用普遍,使仿真食品的货架期延长,改善了食品的着色效果及贮藏过程中的特性,解决了仿真食品加工过程中的褪色问题。

(2) **医药工业中的应用**

辣椒红色素具有稳定的着色效果和一定的干燥作用,常被应用于药物的糖衣、胶囊颗粒中。尤其是儿童用药,鲜艳的辣椒红色素能够降低幼儿对药物的恐惧,提高儿童的服用兴趣。另外,近年来发现辣椒红色素中的类胡萝卜素具有治疗动脉硬化等药理活性,也促进了辣椒红色素在医药学领域的应用价值。

(3) **动物饲料工业中的应用**

辣椒红色素属于纯天然的色素,安全且着色稳定,是动物自身无法合成的色素,因此饲料成为它们补充色素的必要途径。辣椒红色素能够提高家畜、鱼类、虾类的皮肤着色等,使动物更加健康。

5.4.7 紫草红色素

紫草红色素是从紫草科紫草属植物的根中经乙醇萃取、浓缩和精制工序而制得的一类天然醌类色素。

5.4.7.1 主要成分及理化性质

紫草红是多种成分的混合物,由紫草宁及其各种衍生物构成,主要包括紫草宁、乙酰紫草宁、β,β-二甲基丙烯酰紫草宁、异丁酰紫草宁、β-羟基异戊酰紫草宁和2,3-二甲基戊烯酰紫草宁。此外,新疆紫草根还含有去氧紫草宁、去水异紫草宁,化学结构如图5-14所示和表5-4所列。

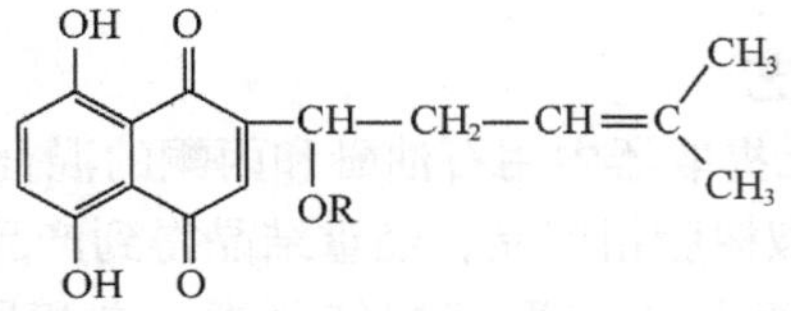

紫草宁

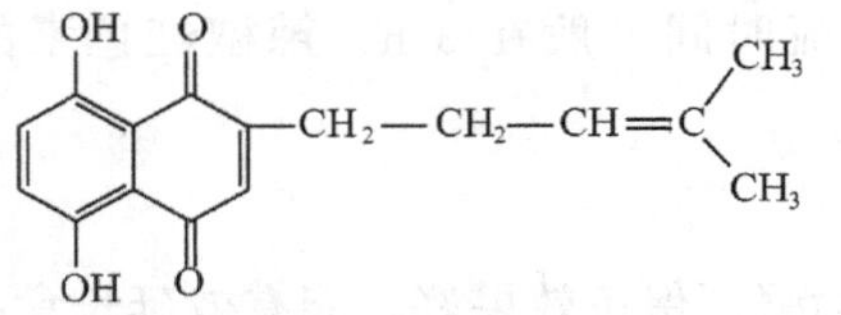

去氧紫草宁 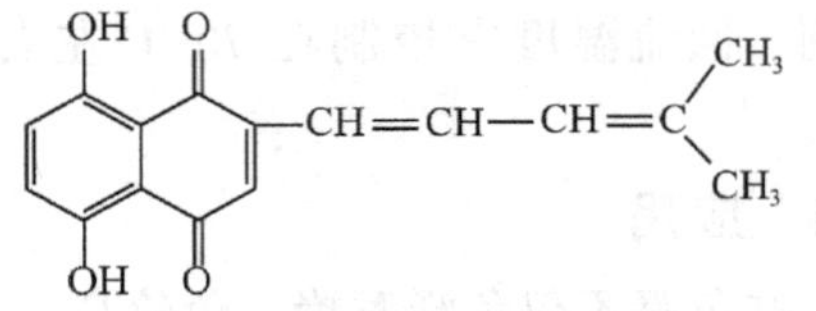　　　　　　　　　　　　　去水紫草宁

图 5-14　紫草宁及衍生物化学结构

表 5-4　紫草宁及衍生物化学结构与性状

名　称	R	性　状	熔点/℃
紫草宁	—H	深紫色针状晶体	147~147.5
乙酰紫草宁	—CO—CH$_3$	红紫色针状晶体	107~108
β,β-二甲基丙烯酰紫草宁	—CO—CH=C(CH$_3$)$_2$	红紫色板状晶体	113.5~114
异丁酰紫草宁	—CO—CH—(CH$_3$)$_2$	红紫色针状晶体	89~90
β-羟基异戊酰紫草宁	—CO—CH$_2$—C(CH$_3$)$_2$OH	红紫色针状晶体	90~91
异戊酰基紫草宁	—CO—CH$_2$—CH(CH$_3$)$_2$	深紫色油	—
2,3-二甲戊烯酰紫草宁	—COCH$_2$C(CH$_3$)=C(CH$_3$)$_2$	—	—

　　紫草红色素外观为紫红色黏稠状浸膏或紫褐色针状结晶，熔点 147 ℃，旋光度 $[\alpha]_D^{20}$ +135°（苯），不溶于水，溶于苯、乙醚、丙酮、氯仿、甲醇、乙醇、甘油、动植物油脂及碱性水溶液，在植物油中呈鲜红色，在有机溶剂中溶解性能由高到低为：乙酸乙酯>石油醚>95%乙醇。紫草红色素对 pH 和金属离子敏感，在不同 pH 值下呈现的颜色各异；当加入 Fe^{3+} 时，颜色由紫红变为棕色，加入 Fe^{2+} 溶液逐渐变为棕红色，Al^{3+} 和 Zn^{2+} 可使紫草红色素变成鲜艳的玫瑰色，而加入 Mg^{2+} 后溶液颜色变深并有沉淀生成。

5.4.7.2　植物资源

　　紫草红色素是以紫草的根为提取原料的。紫草（*Lithospermum erythrorhizon*）为紫草科植物。国外主要分布于巴基斯坦、阿富汗及中亚地区。国内则主要分布于东北、华北、西北、西南各省份。其中新疆紫草又名软紫草，主要产地为新疆、西藏。每年 4~5 月或 9~10 月挖去根部，除去残茎及泥土（勿用水洗，以防褪色），晒干或微火烘干。紫草根中紫草红色素的含量为 1%~5%，不同地区原料紫草红色素的成分有所不同，其中以新疆紫草为最佳。

5.4.7.3　加工工艺

　　紫草红色素传统的提取工艺为：将紫草粉碎，加入无水乙醇，密封浸渍振荡提取 12~18 h，过滤，回收滤液；滤渣再继续浸渍振荡提取 12~18 h，再过滤，反复提取至原料几乎没有颜色为止，合并滤液，浓缩、干燥，得到固形物即紫草红色素。工艺流程如

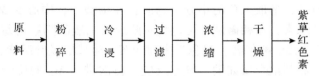

图 5-15 紫草红色素生产工艺流程

图 5-15 所示，主要包括冷浸、过滤、浓缩和干燥等工序。

5.4.7.4 应用

紫草红色素在食品工业中可用于辣味肉禽类罐头等的着色，还可用于果酒、饮料、点心等的着色，还具有清热消毒、消炎抗菌、防病抗癌的功效。

紫草红色素鲜艳明亮的红色是化妆品理想的着色剂，将紫草红色素直接用于功能性化妆品中，对烧伤、冻伤、水疱等有特效，其对皮肤的柔和性、渗透性良好，无刺激性，并具有良好的美容效果，如可防治雀斑、老年斑、皮肤粗糙、皮癣、粉刺和青春痘，具有消炎止痒、吸收紫外线等功效。

5.4.8 叶绿素

叶绿素是以植物的叶为原料，经萃取、浓缩和干燥等工艺而制得的一类四吡咯类天然色素。

5.4.8.1 主要成分及理化性质

叶绿素在植物体中有大量分布，并广泛参与植物体的生理活动，是光合作用的必需物质。叶绿素分子像一蝌蚪，头部为卟啉环，Mg 原子偏向于带正电荷，而其他有关的 N 原子则偏向于带负电荷，因而有极性，能吸引水分子，具有亲水性；尾部是叶绿醇，可以与脂类化合物结合，具有亲脂性，结构如图 5-16 所示。粗制的叶绿素产品为脂溶性色素，具有水溶性的叶绿素色素产品大多为其铜钠盐。它的 4 个吡咯环与 Mg 原子形成的络合物，主要包括叶绿素 a、b、c、d 等 10 种，所有绿色植物都含叶绿素 a，高等植物、绿藻类含叶绿素 a 和 b，硅藻、褐藻含叶绿素 c，红藻含叶绿素 d。

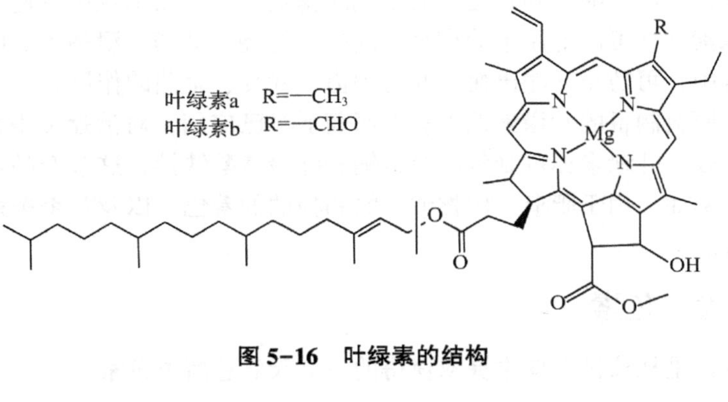

图 5-16 叶绿素的结构

叶绿素为深绿或墨绿色糊状液体，略带异臭味，不溶于水，溶于乙醇、丙酮、乙醚等脂肪溶剂。叶绿素本身对光、热、酸、碱、酶等理化因素极不稳定，在光照下发生光敏氧化作用，使吡咯环打开，形成无色的小分子物质；在稀酸中，中心的 Mg 原子被氢取代而形成深褐色的脱镁叶绿素；在稀碱液中可皂化水解成叶绿酸（盐）、叶绿醇及甲醇。叶绿素中的 Mg 原子很容易被其他酸代替，绿色消失而变黄，生成脱镁叶绿素，加热时反应加速。脱镁叶绿素又能很快和其他金属如铜、锌起反应，再次进入 Mg 的位置而又呈现绿色，衍生物对光、热、酸的稳定性提高，性质更加稳定。另外，叶绿素分子可和碱发生皂化反应，生成叶绿酸盐，能溶于水，并仍保持绿色。

5.4.8.2 植物资源

生产叶绿素的原料很多，最早使用的是蚕粪，每 100 kg 蚕茧，约产生 600 kg 干蚕沙（蚕粪与桑渣的混合物），蚕沙中蚕粪占 30% 以上。我国是古老的丝绸之国，养蚕业很发达，每年有蚕粪 4.8×10^5 t，蚕粪含叶绿素约 1%，非常适合作为叶绿素的生产原料。叶绿素也可以三叶草、紫花苜蓿、荨麻、菠菜、竹叶、杨树等植物的绿叶为原料，经萃取、浓缩、干燥而制得。叶绿素的含量因植物品种、季节、成熟度不同而差异很大。

5.4.8.3 加工工艺

（1）原料预处理

筛除蚕粪中的残桑、枝梗，晒干，控制含水率在 8% 以下，贮存 1～2 年，过长的贮存时间会影响产品质量。晒干的蚕粪加水软化，使蚕粪膨润，有利于有机溶剂的渗入，提高叶绿素的浸提效果。加水量宜控制在原料质量的 30%～40%。

（2）浸提

浸提所用有机溶剂为丙酮，丙酮的浓度宜控制在 85%～90%，当丙酮浓度低于 80% 时，叶绿素难以浸出，而脂肪、蜡等脂溶性物质则被大量浸出。一般浸提 4 h 即可完成。

（3）蒸发

叶绿素浸提液过滤后，计量进入蒸发器，通过夹套或管外蒸汽加热，丙酮受热蒸发至冷凝器冷凝，回收再用。浸提液浓缩到一定程度后，趁热放料，待冷却至常温时，叶绿素呈糊状浮于表面，此时将下层黑褐色的下脚水放出，即可得成品，得率一般可达 5%。

5.4.8.4 应用

叶绿素因其在中性、酸性和碱性溶液中色泽稳定，在食品工业中普遍用于罐头、酒类等的着色。叶绿素软膏可广泛用于治疗水田皮炎、灼烧、烫伤、溃疡等。叶绿素还可制成除臭剂加入牙膏中，可防止牙龈出血，并有护齿、除臭、杀菌的作用。

以叶绿素为原料制备的叶绿素铜钠盐在医药上早已应用，对治疗传染性、慢性、迁延性肝炎有一定疗效。叶绿素亦可制备叶绿素铜和叶绿素酸铁钠，这些产品可以用于着色以及除臭等领域。例如，用于肥皂、矿物油、蜡和精油的着色，以及与杀菌剂洁尔灭等并用做祛臭化妆品等。

5.4.9 核桃青皮色素

核桃青皮色素是从核桃青皮中提取获得的一类天然蒽醌类色素。

5.4.9.1 主要成分及理化性质

核桃青皮色素的主要成分为 5-羟基-1,4-萘醌，即胡桃醌，又名天然棕 7，是一种天然

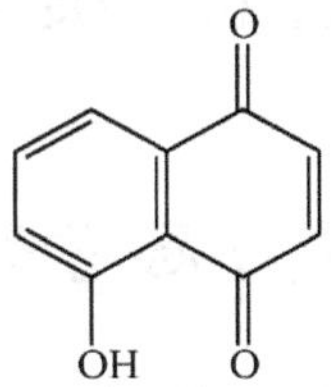

图 5-17 胡桃醌的化学结构

的羟基萘醌类色素，其结构如图 5-17 所示。其他成分还包括双胡桃醌、萘醌、核桃醌等。

核桃青皮色素是水溶性色素，易溶于水、稀碱和含水乙醇溶液。核桃青皮色素具有良好的热稳定性、耐光性以及耐还原性，但 pH 值和金属离子类型对其具有较大影响。不同 pH 值溶液中，核桃青皮色素呈现的颜色不同。其中，酸性条件下溶液呈黄色，中性条件下溶液呈棕色，碱性条件下溶液呈红棕色。Mg^{2+}、Na^+、Ca^{2+} 对核桃青皮色素的显色无明显影响，而 Fe^{3+}、Zn^{2+} 存在时其溶液颜色加深。蔗糖作用下其颜色部分褪去。

5.4.9.2 植物资源

制取核桃青皮色素的主要植物资源为核桃青皮。核桃（*Juglans regia*），又名胡桃、羌桃，为胡桃科胡桃属的多年生落叶乔木，其根、树皮、叶及果实、青皮均可入药。核桃原产欧洲东南部和亚洲西部。目前，世界范围内的 50 多个国家和地区均有自然分布或栽培，主要种植区有美国、中国、伊朗以及阿根廷等国家。我国是世界上第二大核桃生产国，也是重要的种质资源国之一，主要分布在长白山、新疆、四川、山东、安徽、河北、陕西等地。

核桃青皮是核桃完全成熟前外部的一层绿色厚果皮，成熟后变为深褐色，是核桃的主要副产物之一。核桃青皮又名青龙衣，因含有单宁、黄酮类、醌类、挥发油等成分而可入中药，具有镇痛消炎、抑菌等功效。据统计，2017 年我国核桃栽培面积逾 53 000 km^2，而副产物核桃青皮产量高达 3×10^6 t，但仅有少量用于中药或作为家畜的青储饲料或肥料，绝大部分核桃青皮资源被焚烧或直接丢弃，造成资源的巨大浪费。合理开发和利用丰富的核桃青皮资源势在必行。

5.4.9.3 加工工艺

核桃青皮色素为萘醌类色素，常用的提取方法包括传统的渗滤法、浸渍法、煎煮法，也有超声波辅助外场强化提取技术等。核桃青皮色素是水溶性色素，提取溶剂宜选择含水乙醇或蒸馏水，而稀氢氧化钠溶液提取时对色素的理化性质影响较大。

核桃青皮色素的提取工艺较为简单，以水或稀乙醇溶液为萃取剂，在固液质量比为 1:5，提取温度为 60 ℃ 的条件下，即可对核桃青皮中褐色素进行提取，得到褐色素浸膏，再利用盐酸沉淀法或乙醇沉淀法，得到较纯的核桃青皮色素。

5.4.9.4 应用

核桃青皮色素是一种天然的水溶性的植物色素，具有着色能力较强、原料来源丰富、安全无毒、理化性质稳定以及一定的抗氧化等生理活性，在化妆品、纺织等领域具有重要的应用价值。核桃青皮色素在化妆品领域中主要用于毛发的染色，在纺织领域可以用于棉织物、丝绸以及绵羊毛的染色等。目前，核桃青皮色素主要还处于研究阶段，商业化的产品还较少，但开发潜力巨大。

复习思考题

1. 简述植物色素的定义、分类及其主要性质。
2. 简述植物色素的发色机理。
3. 简述植物色素与合成色素的区别及优势。
4. 提高植物色素的稳定性的途径有哪些？
5. 查阅资料，选择某类植物色素，根据所选择的植物色素的理化特点，设计合适的提取分离工艺，并简述其设计思路。

推荐阅读书目

1. 马自超，陈文田，李海霞，2015. 天然食用色素化学[M]. 北京：中国轻工业出版社.
2. 李春英，赵建春，2012. 植物色素概论[M]. 哈尔滨：黑龙江科学技术出版社.

第 6 章

林区食用植物加工利用

6.1 概述

林区食用植物资源是指那些可以被人类食用,具有维持和延续生命、调节改善生理机能及增进健康功能的林区植物的总称。其种类繁多,资源丰富,具有很高的经济价值,在林区振兴中发挥着重要作用。

6.1.1 我国食用植物资源的分类

植物资源是指能提供物质原料以满足人们生产、生活需要的植物。植物资源从广义上说,也可包括农林栽培的植物,但通常所指的是野生的原料植物。植物资源的分类方法有很多种,按用途分类,大致可划分为食用、药用、工业用、保护和改造环境及种质资源用等 5 类。食用植物资源包括直接食用植物资源和间接食用植物资源。间接食用植物资源是指饲料、饵料和蜜源等植物资源。最重要的食用植物包括芳香植物、油脂植物、甜味植物、色素植物、野菜植物、淀粉植物、饮品植物和保健品植物等 8 类植物。

6.1.1.1 芳香植物资源

芳香植物全世界有 60 多科,1 500 余种。我国芳香植物有 300 余种,分属于 60 多科 170 余属,其中重要的有 20 多科,如樟科(Lauraceae)、莎草科(Cyperaceae)、桃金娘科(Myrtaceae)、伞形科(Umbelliferae)、禾本科(Poaceae)、蔷薇科(Rosaceae)、牻牛儿苗科(Geraniaceae)、松科(Pinaceae)、柏科(Cupressaceae)、木樨科(Oleaceae)、龙脑香科(Dipterocarpaceae)、檀香科(Santalaceae)、橄榄科(Burseraceae)、葡萄科(Vitaceae)、金缕梅科(Hamamelidaceae)、金粟兰科(Chlovarthaceae)、毛茛科(Ranunculaceae)、堇菜科(Violaceae)等。

6.1.1.2 油脂植物资源

世界上有万种以上的油脂植物,我国已发现的油脂植物有近千种,分别属于 100 多个科。其中，以菊科（Compositae）、豆科、樟科、山茶科（Theaceae）、十字花科（Cruciferae）、大戟科（Euphorbiaceae）、芸香科（Rutaceae）、卫矛科（Celastraceae）和蔷薇科等植物最为常见。

6.1.1.3 甜味植物资源

我国约有 50 种甜味植物，分属 10 余科：豆科、棕榈科（Palmae）、菊科、葫芦科（Cucurbitaceae）、白花菜科（Capparidaceae）等。

6.1.1.4 色素植物资源

我国约有 130 种色素植物：葡萄科、杜鹃花科（Ericaceae）、菊科、忍冬科（Caprifoliaceae）、茜草科（Rubiaceae）、锦葵科（Malvaceae）、紫草科（Boraginaceae）等。

6.1.1.5 野菜植物资源

我国约有 300 种野菜植物，分属 35 科：蓼科（Polygonaceae）、堇菜科、菊科、桔梗科（Campanulaceae）、马齿苋科（Portulacaceae）、藜科（Chenopodiaceae）、伞形科、百合科（Liliaceae）、商陆科（Phytolaccaceae）、苋科（Amaranthaceae）、十字花科、蔷薇科等。

6.1.1.6 淀粉植物资源

我国有 400 余种淀粉植物，分属 50 余科：壳斗科（Fagaceae）、鼠李科（Rhamnaceae）、柿树科（Ebenaceae）、禾本科、蓼科、百合科、天南星科（Araceae）、旋花科（Convolvulaceae）、豆科、防己科（Menispermaceae）、睡莲科（Nymphaeaceae）、桔梗科、菱科（Trapaceae）、银杏科（Ginkgoaceae）、檀香科等。

6.1.1.7 饮品植物资源

全世界饮品植物总计 60 科，分布在我国的就有 51 科 293 种：蔷薇科、鼠李科、猕猴桃科（Actinidiaceae）、胡颓子科（Elaegnaceae）、棕榈科、杜鹃花科、木兰科（Magnoliaceae）等。

6.1.1.8 保健品植物资源

我国约有 400 种保健品植物，分属 50 余科：五加科（Araliaceae）、豆科、松科、蔷薇科、胡颓子科、桔梗科、列当科（Orobanchaceae）、百合科、木耳科（Auriculariales）、多孔菌科（Polyporaceae）、茄科（Solanaceae）、齿菌科（Hydnaceae）、白蘑科（Tricholomataceae）、薯蓣科（Dioscoreaceae）、木兰科、景天科（Grassulaceae）等。

6.1.2 我国食用植物资源系统的特点

食用植物资源是社会生活不可缺少的基本资源，不了解其特点，就无法进行有效的科学研究，更难以对其进行合理、有效的开发利用。

食用植物资源的共同特点是：①资源分布地域的不均衡性和规律性；②现实资源的有限性与开发潜力的无限性；③资源的多用性与多样性；④资源的整体性；⑤资源的时效性；⑥资源的可替代性。

6.1.3 食用植物资源学的研究内容

食用植物资源学主要包括以下内容：①食用植物资源分类系统的建立；②食用植物资

源产品的开发；③食用植物中生物活性因子的研究；④食用植物中营养物质提取、纯化工艺的研究；⑤营养成分的分子结构及其功能机理的研究；⑥食用植物产品精加工、深加工工艺的研究；⑦食用植物资源生态系统和经济系统的建立。

6.2 浆果

6.2.1 林区食用浆果的种类

浆果植物的抗寒能力强，营养保健功能十分突出，可防止脑神经衰老、高血脂、高血压、增强心功能、明目及抗癌，是具有较高经济价值的第三代果树。它们分布在北欧、北美、俄罗斯、中国等高纬度国家和地区，被联合国粮农组织列为人类五大健康食品之一，如茶藨子属植物(Ribes)、越橘、树莓(Rubus idaeus)、草莓(Fragaria × ananassa)、忍冬属植物(Lonicera)等。其中，黑加仑(茶藨子属植物)世界产量达到 5.826×10^5 t，主产于波兰、英国、北欧和俄罗斯。越橘的全世界栽培总面积达 22 900 hm^2，总产量达到 2×10^5 t。美国是树莓生产和消费大国，生产总量达到 1.5×10^4 t。我国浆果资源种类繁多，分布广泛。如沙棘，在陕西、山西、甘肃等 20 个省(自治区、直辖市)均有分布。全世界沙棘属植物有 7 种 9 个亚种，在我国有 5 个亚种，即中国沙棘(Hippophae rhamnoides subsp. sinensis)、云南沙棘(Hippophae rhamnoides subsp. yunnanensis)、中亚沙棘(Hippophae rhamnoides subsp. turkestanica)、蒙古沙棘(Hippophae rhamnoides subsp. mongolica)和江孜沙棘(Hippophae gyantsensis)。我国常见的沙棘品种有：柳叶沙棘、肋果沙棘、西藏沙棘等。

大兴安岭是我国最北部的寒温带针叶林区，地理位置独特。凉爽的气候条件使该区域的野生浆果资源在种类组成上较为单纯，只有 30 余种，且多属欧洲——西伯利亚及北极高山分布种，如越橘、兴安悬钩子(Rubus chamaemorus)、黑果天栌(Arctous alpinus)、毛蒿豆(Vaccinium microcarpum)、笃斯越橘(Vaccinium uliginosum)、东北岩高兰(Empetrum nigrum var. japonicum)、大叶蔷薇(Rosa macrophylla)、北悬钩子(Rubus arcticus)等；由红松阔叶林区延伸而来的仅有如绿叶悬钩子(Rubus komarovii)、东方草莓(Fragaria orientalis)、五味子(Schizandra chinensis)等少数几种。与国内其他地区相比，大兴安岭林区野生浆果资源在种类组成上是极为独特的。

野生浆果不仅味道鲜美、天然色素含量高、营养丰富，而且有的兼有医药疗效和防癌、抗癌的保健功效，是具有巨大经济潜力的天然宝库。充分有效地开发这些资源，使其转化为经济优势，是社会发展的需要和消费者的渴望，其市场前景无限。

6.2.2 林区食用浆果采收与贮藏

野生浆果的果皮极薄，果肉多汁，新鲜果实含水量一般在 80%~95%，并且组织柔软，抗震性能较差，导致其不耐运输和难以保鲜。如草莓采摘后在室温下放置 2~3 d 就会失水变软、变色、变味，甚至霉烂变质，在采后贮藏、运输和销售过程中易受损伤而降低商品价值。因此，在保持野生浆果品质的前提下，延长其贮藏保鲜期并提高运输性能将对浆果的种植和销售具有积极作用。

6.2.2.1 采收

(1) 采收要求

①采摘时用塑料膜铺在地上,以防果实与土壤接触;②采收前可适当喷洒0.1%~0.5%的氯化钙溶液,以抑制果实软化;③采收前对采收场所、所有包装物、运输工具进行消毒处理;④用于贮藏的果实不能过熟,一般选择七八成熟度的果实进行采收,此时生长过程和物质积累基本完成,组织坚硬,抗病性强,适于贮藏;⑤由于果实成熟期不一致,应根据成熟度分期采收;⑥采摘时连同花萼自果柄处摘下,避免手指触及果实;⑦采收时间应选在晴天气温较低的早晨或傍晚,避免在气温较高的中午采收,早晨采收应在露水干后进行,并且采收前几天不要灌水,以增强其耐贮性;⑧注意剔除伤、残、病、劣果及过熟果实;⑨轻拿轻放,以减少翻动所造成的机械损伤,严格避免挤、压、榨、碰、震动;⑩边采摘边分级,将果实轻轻放入特制的浅果盘中或带孔的小箱内,以减少翻动造成的机械损伤。

(2) 采后品质变化

①硬度和色泽 果皮色泽是果实品质的重要指标之一。其色泽的形成是叶绿素、类胡萝卜素、类黄酮和花青苷等色素类物质综合作用的结果。果实的色泽变化是一个复杂的过程,伴随着果实的成熟,果皮色泽变化必然是多种物质共同作用的结果。

②糖酸量也影响着果实的品质 在发育初期,糖分在果肉组织细胞内转化为淀粉贮存,有机酸含量相对较高,因而口感偏酸。在随后的成熟过程中,淀粉转化为糖,使可溶性糖含量上升,同时由于呼吸作用加强,有机酸优先作为呼吸底物被消耗掉而含量下降,因此糖酸比上升,口感变甜,形成良好风味。维生素C在青果时含量较高,而在着色时最低,成熟时升高,采后则随贮期延长而直线下降。

③挥发性成分对果实品质的影响 以蓝莓为例,高丛蓝莓挥发物的含量为50~75 mg/g,醇和酯均占挥发物总量的30%以上,萜占总量的20%~30%,含量较多的挥发物有乙醇、苯酚、乙酸甲酯、沉香醇等。低丛蓝莓中,不同品种果实挥发物的种类和含量不同,一般酯占挥发物总量的15%~50%,醇占25%~40%,萜占5%~15%。兔眼蓝莓成熟过程中,低相对分子质量的挥发物降低,而高相对分子质量的挥发物升高。蓝莓果实从绿色到中熟直至完全成熟过程中,反式-2-己烯醇、反式-2-己烯、顺式-3-己烯醇、α-萜品醇和β-石竹烯等挥发物含量降低。

6.2.2.2 贮藏

(1) 影响贮藏品质的因素

①温度 温度可以在很大程度上影响浆果果实的腐烂发病率。在低温下,微生物的活动受阻,内部的生物化学变化速度减慢,果实的新陈代谢延缓从而营养损失降低,果实不易发生霉变腐败等情况。因此,采摘后的预冷和贮运中的低温处理可较好地保持其品质。

②湿度 新鲜浆果的含水量一般高达90%以上,如果失水,便会影响果实的正常呼吸作用,促进体内酶的活力,使代谢过程趋向水解,加速果实的衰老过程。因此,保持贮藏环境的高湿度,是保鲜浆果果实的重要条件之一。通常要求贮藏环境的相对湿度在90%~95%。

③环境气体成分　果实在采摘后仍然具有很强的呼吸作用。可以通过降低贮藏环境的 O_2 浓度，提高 CO_2 浓度，来降低果实的呼吸强度，从而阻碍脱落酸和乙烯的生成、抑制纤维素酶活力和延缓花青素的分解，使果实的贮藏寿命得以延长。

(2) 贮藏方法

贮藏保鲜主要是保持浆果果实的硬度和色泽，并抑制微生物(主要是真菌)的生长。目前，国内外主要采用的保鲜方法有低温冷藏法、化学贮藏法、气调贮藏法、辐射贮藏法和涂膜贮藏法等。

①低温贮藏法　对于采收后仍保持个体完整的新鲜浆果而言，采收后仍具有和生长时期相似的生命状态，仍维持一定的新陈代谢，只是不能再得到正常的养分供给。环境温度对浆果贮藏保鲜有极大的影响，低温可以抑制浆果的呼吸作用，从而减少浆果营养成分的散失。就整体而言，此时的代谢活动主要向分解的方向进行，植物个体仍具有一定的天然"免疫功能"，对外界微生物的侵害有抗御能力，因而具有一定的耐贮存性。

②化学保藏法　化学保藏就是在食品生产和储运过程中使用化学制品(如添加剂等)提高食品的耐藏性和达到某种加工目的的一种保藏方法。这种保藏法一方面是应用抗氧化剂处理，以延缓果实采后细胞膜质的过氧化作用而导致的果实衰老褐变；另一方面是应用食品防腐剂，以保持食品品质和延长食品保藏期。化学保藏法的优点在于，向食品中添加少量的化学制品，能在室温条件下延缓食品腐败。与其他保藏方法相比，化学保藏法具有简便而又经济的特点。不过它只能在有限的时间内保持食品原有的品质状态，属于一种暂时性的或辅助性的保藏方法。

化学保藏法的应用受到许多方面的限制。首先，在食品中使用化学制品时需要考虑其安全性，必须符合食品添加剂法规，并严格按照食品卫生标准规定控制其用量和使用范围。因为人工合成的化合物或多或少对人体存在着一定的副作用，也就是说在使用时要考虑到其毒理性质，而且这些化合物大多对食品品质本身也有影响，过多添加时可能会引起食品风味的改变；其次，化学保藏法只能在一定时期内防止食品变质，这是因为添加到食品中的化学制品仅仅能起到延缓微生物的生长或食品内部的化学变化的作用。此外，化学制品的使用并不能改善低质量食品的品质，一旦食品发生腐败变质，绝不能把腐败变质的食品改变成优质的食品。因此，化学保藏剂添加的时机需要掌握，时机不当就起不到预期的效果。

③气调贮藏法　气调贮藏是目前国内市场比较主流的果蔬贮藏保鲜方法，保鲜的综合效果也比较好。气调贮藏顾名思义是通过调节贮藏空间的气体成分从而创造一个可以延长果蔬贮藏保鲜期的环境，达到果蔬贮藏保鲜的目的。气调贮藏包括人工气调贮藏和自发的气调贮藏。气调贮藏的优势比较明显：第一，气调贮藏比较环保，不存在化学试剂的使用，且方法简单；第二，气调贮藏的贮藏时间比普通冷藏时间长；第三，气调贮藏的保鲜效果很好，货架期长。

④辐射贮藏法　辐射贮藏法就是利用射线照射果实，延迟其某些生理过程的发展，或进行杀虫、消毒、杀菌、防霉等处理，达到延长保藏时间的操作过程。辐射贮藏法与传统方法相比，有其优越性。辐射处理过程果实温度升高很小，有"冷杀菌"之称，而且可以在常温或低温下进行，因此，可以节约能源；而且辐射处理后，果实不会留下任何残留物。

起初,辐射贮藏由于食用安全性的问题而使应用受到了一定限制。然而联合国粮农组织、国际原子能机构和世界卫生组织在经过长期的多代动物试验和药理病理分析之后,得出结论:辐射处理是一种物理加工过程,而不是化学添加剂;只要证明食品安全无毒害以后,与其营养构成类似的食品,也可以推断它是安全的;同一食品高剂量辐射是安全的,可以推断低剂量辐射也是安全的。因此,在良好生产实践条件下,辐射对人体无害。

⑤涂膜贮藏法 涂膜贮藏法是一项新技术,主要应用于果蔬的贮藏保鲜中。该方法主要通过在果蔬表面涂一层无毒、无味的薄膜,这层薄膜能够隔绝空气、减缓水分散失、降低果蔬的呼吸强度、延长果蔬的保鲜期、降低果蔬的腐烂率。现在应用比较广泛的涂膜剂有蜡膜、油脂膜、蛋白膜等。涂膜的方式有喷淋涂膜、浸泡涂膜等。

6.2.3 浆果加工

浆果是水分含量高、果肉呈浆状的水果的统称,具有独特的风味及营养价值。市面上常见的浆果有蓝莓、桑葚、蔓越莓等。浆果中普遍富含花色苷、多酚、黄酮、维生素、矿物质等天然活性物质,不仅具有清除自由基、调节代谢、延缓衰老、提高免疫力等功效,而且在预防和治疗疾病、促进机体健康等方面也有着重要的作用。

根据品种、生长环境的不同,浆果中的糖、酸及微量元素的量均有不同。通常而言,含糖量较高的浆果适宜鲜食,含酸量较高的适宜做加工原料。浆果的含水量高,常被用于果汁的生产。

6.2.3.1 浆果加工的主要形式

(1)速冻加工

速冻是将浆果放入低温环境中,使其在极短的时间内迅速冻结,促使浆果组织中形成的小冰晶在细胞间隙中均匀分布,该过程细胞不受损伤或破坏,保持完整,并能抑制黏在浆果表面的细菌、霉菌和浆果内部酶的活动。

(2)果汁加工

果汁是以新鲜浆果为原料,经过破碎、压榨或浸提等方法制成的汁液,果汁保留了浆果中绝大部分的糖分、氨基酸、维生素、矿物质等营养成分,属于生理碱性食品。果汁是浆果加工最主要的一种形式。按照加工工艺的不同可以分为澄清汁、浑浊汁和浓缩汁。

(3)干制

浆果水分含量多数在90%以上,其干物质中主要成分为碳水化合物、蛋白质和维生素。其中,碳水化合物包括单糖、低聚糖、淀粉、果胶、纤维素、半纤维素等成分。该处理可提高上述物质的浓度,破坏微生物的生存条件,也可抑制浆果中所含酶的活性,从而延长保存期。干制可以采用自然晾晒、人工烘干、榨汁后干制等方法,有的产品采用一种干燥方式就能达到要求,有的产品需要几种干燥方式和干燥设备联合使用。

(4)功能成分提取

浆果经过榨汁后剩下的皮渣,含有大量的可食用天然色素和果胶;浆果的籽粒中,很多还含有丰富的油脂;提取油脂后的籽粒废渣,还含有丰富的蛋白质。功能成分的提取不仅可以提高原料的利用率,还可拓宽浆果的市场范围。例如山葡萄籽油主要成分为亚油酸,含量在85%以上,是人体必需的脂肪酸,具有防止血栓形成、软化血管、调节脂肪代谢的作用。蓝莓鲜果中花色苷的含量为256 mg/100 g，因其花色苷含量高，被联合国粮农组织列为五大健康食品之一，其具有优异的抗氧化、改善记忆力和视力的功效。

6.2.3.2 浆果加工的主要产品

(1) 果酒

果酒就是以各种人工种植的或野生的果实为原料，经过破碎、发酵或者浸泡等工艺精心调配和酿制而成的低度饮料酒。葡萄酒就属于果酒，并且是果酒中最大宗的品种，是国际性饮料酒。

市面销售的果酒主要包括沙棘酒、猕猴桃酒、山葡萄酒、五味子酒、越橘酒、蓝靛果酒等，但从规模化生产来看，只有山葡萄酒真正进入了产业化生产。山葡萄酒虽然氨基酸总量较人工栽培葡萄酒低，但含有人工栽培葡萄酒没有的酪氨酸和组氨酸，使得山葡萄酒更具有营养，口味更好，香气更浓。

(2) 果汁

浆果的含水量比其他种类水果要高很多，最高可达95%以上，非常适宜进行果汁加工。野生浆果进行果汁加工具有很大的优势，其含酸量高，例如每百毫升山葡萄汁的可滴定酸度平均为2.44 g，远远超过人工栽培葡萄。饮料生产尤其是果汁饮料生产，需要优质的原料，酸度是重要因素之一，酸度小，生产出来的果汁饮料风味差，即使人工添加酸味剂，口感也达不到预期效果。一些酸度较高的浆果，其果汁可直接进行加糖调配，无需再额外添加酸味剂。

(3) 果干和果酱

果干和果酱属于果汁加工的副产物。为了提高综合利用程度，丰富产品品种，通常将经过挤压榨汁或破碎榨汁的浆果进一步加工，通过添加甜味剂、酸味剂、增稠剂等食品添加剂，制成酸甜适口、食用方便的休闲食品或佐餐食品。

(4) 果粉

果粉是浆果经过脱水后粉碎制成，有全果粉，即以整个果实经干燥后粉碎，如草莓粉、蓝莓粉；也有籽粒粉，如葡萄籽粉等。相对其他产品，果粉很少单独以产品的形式进行销售，多数是作为食品的填料或辅料，制成的产品以具有一定保健功能的保健品、化妆品或药品为主。

(5) 功能性油脂

浆果中的油脂主要集中在籽粒中，相对于粮食作物，浆果的籽粒较小，使得油脂的提取需要大量的浆果资源。油脂的提取首先需要对浆果进行破皮、榨汁、脱籽处理，对于技术和设备有一定的要求。目前商业化产品较少，有待进一步开发。

6.2.4 浆果加工中副产物的综合利用

浆果类果品加工副产物包括加工后剩余的皮、渣、核、种子、叶、茎、根等。浆果类果品的加工过程会产生多种多样、数量庞大的副产物。近年来，科研工作者利用浆果类果品副产物开发出了油脂、膳食纤维、饲料等一系列产品，丰富了浆果类果品加工副产物综合利用的产业链。浆果类果品加工副产物的直接利用方式非常广泛，如制作食物、肥料、饲料等。

目前，我国的浆果类果品加工产业，不仅积极探索各种副产品的综合利用途径，还积极探索其资源化多层次利用方式。例如，含有多种营养物质的柑橘皮，可先用来提取香精油，随后再用来提取果胶及黄酮类等功能性成分，剩余的一些成分，还可作为杀虫剂和抗菌剂。功能物质提取结束之后，还可把其皮渣进行发酵，生产燃料乙醇等；果酱、果茶、果脯等的制作也会用到柑橘皮。

6.3 山野菜

6.3.1 山野菜概述

山野菜是指在自然环境下生长的蔬菜，其营养价值高，含有丰富的人体必需元素和微量元素。山野菜为可食性植物资源，从狭义上看主要是指野菜，从广义上来看，主要是指山林蔬菜或者森林蔬菜，其范围非常广，主要包括植物的根、茎、叶、花、果和菌类。

自古以来，中国就有采摘山野菜吃的习惯，人们在长期的实践中，发现有数百种可食用的野菜，常见的也有100多种，这些野菜不仅种类多，而且风味不同。例如，刺五加，其嫩芽和幼叶均可食用，食用方法更是有很多种，可焯洗后直接食用，也可素炒、做粥等，由刺五加皮制成的刺五加皮酒具有祛风湿、壮筋骨、填精补髓的功效，久服延年益寿。随着人们物质生活水平的提高、饮食结构和饮食习惯的变化以及健康饮食和营养饮食意识的增强，使人们对山野菜的市场需求日益增加。由于山野菜属特色蔬菜，迎合了消费者追求猎奇的心理，蕨菜、薇菜、莼菜等干菜在国外很受欢迎。

山野菜是自然、绿色、纯净、无污染的产物，而且野生蔬菜资源多样、数量大、可再生，是一直寻找的"自然之宝"。我国一直都有"药食同源"的理论，"功能食品"和"保健食品"便起源于"食疗"。由于山野菜生长在森林环境中，没有现代工业污染，没有农药和化肥残留，营养丰富，具有一定的疾病预防和治疗效果，是人类理想的绿色蔬菜。

6.3.2 我国山野菜的特点

山野菜与我们日常食用的蔬菜相比，有一股与众不同的"野味"和独特而清新的香气，而且做法多样，可直接鲜食或熟食、做馅、做汤等，味道鲜美，别具一格。

6.3.2.1 种类数量繁多，分布广泛且蕴藏量巨大

我国地域广阔，地形复杂，气候多样，跨越几个气候带，因此，山野菜分布广泛、蕴藏量大，从东北、西北、华北到西南云贵高原、长江中下游直至华南均有山野菜的分布。据不完全统计，全国性分布的常见山野菜有200种以上，总趋势是南多北少，与植物资源的丰富程度相一致。蒲公英约70种，南北各地多有分布，西北及华北地区分布最多；苣荬菜主要分布于东北、西北、华北等地；升麻则是全国性分布的种类。据中国科学院植物研究所统计，全国可食用的山野菜约213科1 822种，其中草本植物约占57.3%，木本植物约占36.5%，藤本植物约占6.2%。在我国，经常被采摘食用的山野菜达100多种，有

很高的开发利用价值。

如果我们可以科学合理地开发利用山野菜资源，则可以增加餐桌上蔬菜食品的花色品种，而且对增加营养来源、调整国民膳食结构、适应市场需求都会发挥一定的作用。

6.3.2.2 天然无公害

随着人们生活水平的提高，膳食结构和消费观念也发生了巨大的变化，这种营养价值高、具有保健功能的绿色食品越来越受到人们的欢迎。山野菜多生长在林边、树丛、山野、岸边等处，不受农药、化肥以及城市污水、工业废水等的污染，是无公害"绿色食品"。

6.3.2.3 营养价值丰富

山野菜是在自然环境下生长的，比日常的栽培蔬菜具有更多的营养。山野菜富含人体所必需的各种矿物质元素、维生素、蛋白质、氨基酸、碳水化合物及食用纤维等多种营养成分。

据《中国野菜图谱》记载，研究测定的234种野菜中，每100 g鲜物质胡萝卜素含量高于5 mg的有88种；维生素B_2含量高于5 mg的有87种；维生素C含量高于50 mg的有67种，高于100 mg的有80种，尤以腊肠树的维生素C含量最高，其嫩叶为1 228 mg、花为2 352 mg；钙含量在200 mg以上的有43种。一些野菜还含有一般植物所没有的维生素D、维生素E、维生素B_6、维生素B_{12}及维生素K等营养成分，可见大部分野生蔬菜中维生素含量都比一般栽培蔬菜高。野生蔬菜中矿物质含量也很高，如100 g鲜苦菜含钙120 mg，铁53 mg，还有17种氨基酸；100 g鲜荠菜含钙420 mg、铁6.3 mg。此外，还含有钾、镁、铁、锰、锌等多种人体必需的矿物质元素。

6.3.2.4 具有一定的医疗功效

大部分山野菜可入药，且对一些疾病具有疗效。如马齿苋对大肠杆菌和痢疾杆菌有较强的抑制作用，被称为"天然抗生素"；蒲公英具有清血、催乳、利胆等功效。因此，根据山野菜不同的特点，可加工成不同的功能性食品。

6.3.2.5 野生蔬菜开发利用率较低

野生蔬菜大都生长在深山、沟壑、田埂等交通不便的地带，且十分分散，人工采挖费时费力，部分品种具有苦、涩、腥等不良风味，尽管供需矛盾突出、货源紧缺、市场潜力巨大、经济价值较高，但规模化开发、生产及利用率较低。以生产山野菜较多的黑龙江省为例，蕨菜、薇菜、刺嫩芽、猴腿、黄花菜等10余种山野菜的蕴藏量5 000 t以上；五常的黄花菜、薇菜等近10种山野菜蕴藏量达1 200 t，其采收率仅为9%，且采摘只限于交通方便的浅山区，其他地区还处于自生自灭的状态。

6.3.3 山野菜的加工

6.3.3.1 山野菜干的加工

山野菜的加工方法中，干制技术作为农村野生资源增值利用的有效途径之一，适宜在山区和农村实施，便于因地制宜地加工生产，产品质量易于保证，对促进山区经济的发展和增加农民收入具有积极的作用。

干制设备可简可繁,且干制技术容易掌握,适合于野菜产区的应用。野菜干水分少、质量轻、易包装、携带方便、容易贮藏、食用方便,是我们国家出口的主要野菜品种之一,在国际市场上广受欢迎,如薇菜干在国际市场上被称为"中国薇菜干",每千克售价在300元以上,销路良好。除了薇菜干以外,蕨菜、龙须菜、折耳根、桔梗等,均适合加工成山野菜干。

林区山野菜干制方法种类较多,依据目前农村利用的热能来源和处理方法进行分类,主要包括自然干制和人工干制两大类。

自然干制利用太阳能辐射热和干燥空气作为干燥途径,使森林山野菜干燥。其中,直接经过日光暴晒加工原料的方法称为晒干;在通风良好的室内或阴棚下对原料进行干燥的方法称为晾干。该方法可以充分利用自然条件,操作方法比较简单,成本比较低。

人工干制是利用各种能源提供的热能,在人工控制的条件下形成人为的气流流动环境,从而促进物料水分蒸发,实现干燥的目的,主要包括热风干制、微波干制、远红外干制和真空冷冻干制等不同方式。该方法不受气候条件的影响,干燥速度快且山野菜干的品质高、色泽鲜艳,但存在设备投资大、成本高等缺点。

森林山野菜干制工艺流程如图6-1所示。

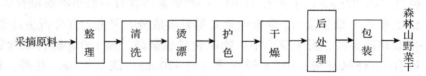

图6-1 森林山野菜干的生产工艺流程

(1) 采摘

山野菜生长很快,萌芽数量多,随时可以采摘。采摘应在上午进行,避免露水或蛇。

(2) 整理

山野菜采摘后应及时挑选,除去皮、核、壳、根、老叶等杂质,挑出不合格产品,包括霉变、病虫害、畸形、严重机械损伤等的产品,同时进行分级,以粗细、大小分为级别。按要求对体积较大的原料进行切分。为了利于脱水干燥,应去掉嫩茎及鳞茎的叶子和根部。

(3) 清洗

清洗以软水为宜,目的是去除黏附在表面的泥沙、尘土以及其他的杂质。其中,最常用的是手工清洗,即原料放入盛水的槽中经过浸泡、淘洗、刷洗、淋洗或用高压水冲洗即可。也可用机械清洗,如翻浪式清洗机、空气式柔软清洗机、振动喷淋清洗机等。翻浪式清洗机一般适用于粗大、质地较硬和表面不怕受机械损伤的原料;振动喷淋清洗机和空气式柔软清洗机一般适用于细嫩、柔软、多汁、表面光滑的原料。

(4) 烫漂与护色

烫漂处理的目的是减少褐变、保持原料色泽以及改善口感,可以和护色同步完成。产业化加工主要采用螺旋式烫漂机和链条式烫漂机进行机械烫漂,这两种烫漂机均可以控制温度和速度。首先将烫漂液温度调至97℃,加入事先溶解好的护色剂,然后加入清洗晾干后的原料,使其与烫漂液的比例控制在1∶3,烫漂1~2 min即可。随着护色液使用次数的增多,其有效成分的浓度呈降低趋势,最好在再次投入新料之前,按比例适当增补部分护色液,以保证护色效果。烫漂与护色作为森林山野菜整个加工过程中最为关键的步骤,与产品的质量关系密切。

（5）干燥

干燥处理主要采用热风干制机对原料进行脱水干燥。

（6）后处理

原料经过加工干燥后,包装时有的在冷却后直接进行,有的需要经过回软、挑选和压块等后处理后才可进行。

（7）包装

产品包装一般采用在瓦楞纸箱内套衬防潮铝箔袋和塑料袋密封的方法进行包装。如果是易氧化褐变的产品,则选择复合塑料袋加铝箔进行包装。为利于防虫防潮和保存,产品宜密闭包装。

6.3.3.2 速冻山野菜加工

速冻是近十几年来多用的保鲜方法,速冻的工艺流程如图6-2所示。

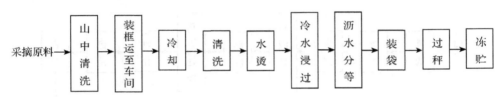

图6-2 速冻山野菜生产工艺流程

原料生产中,应少施钙和镁肥,适当追施氮肥,保证正常的生长期灌溉,不喷洒促进成熟类的激素,这样可防止产品纤维化。原料生产出来后还需进行采收成熟度的选择,要在鲜嫩状态时采摘。

前处理控制点主要是烫漂。烫漂温度85~95 ℃,时间4~7 min,以烫至过氧化物酶失活为度,从而预防制品变色。烫漂程度可通过愈创木酚进行检验,即将菜从中心一撕(切)两半,放入质量分数为0.1%的愈创木酚液中浸泡片刻取出,在断面中心滴上体积分数为0.3%的过氧化氢溶液,若变红则表明烫漂不足,不变色则表示酶已失活。同时,需注意的是烫漂也不能过度。

速冻工序在速冻机或急冻间进行,温度-35~-32 ℃,时间30 min,使其快速通过最大冰晶生成带,而后转入-18 ℃以下冷库中。

冷库温度最好在-20 ℃以下,温度波动应在±1 ℃,尽量保持恒温,产品应包装严密,装满库,可防止干耗及氧化降质。

产品在出库流通过程中,保持最高温度在-12 ℃以下,且时间不宜太长,食用前无需解冻,直接烹调或用沸水、微波解冻后凉拌食用。

速冻山野菜生产中的微生物主要有细菌、酵母菌及霉菌,来源于原料、设备、空气、工作人员及加工过程中的污染。为避免产品污染,应定期对库房工具和设备消毒杀菌;定期对冷库进行除臭和除霉。

超低温制冷剂冷冻山野菜，制冷温度可达到-73 ℃，使山野菜迅速冻结，目前采用的超低温制冷剂是无毒且沸点较低的液化气体，主要有沸点为-79 ℃的液态二氧化碳和沸点为-195.8 ℃的液态氮。液态二氧化碳和液态氮喷淋冷冻设备较为简单，容易操作，冻结速度比平板冷冻法高出 5~6 倍，山野菜冷冻无干耗，不易发生氧化变化，适合冷冻小型山野菜。

速冻菜保持了鲜菜的色香味和营养成分，是山野菜加工的发展方向。缺点是生产和运输的成本高，投资大。

6.3.3.3 山野菜罐头加工

我国野生蔬菜罐头加工技术研究开发较早。将野生蔬菜加工成软罐头形式能最大限度地保留其天然色泽、脆度及风味口感，有效延长货架期，且食用方便，可以满足人们对野生蔬菜的市场需求。

山野菜罐头具有保存期长，能较好地保持山野菜的风味和营养价值，可直接食用，便于携带等特点。软包装罐头是主要加工方式之一。

软包装罐头工艺流程如图 6-3 所示。

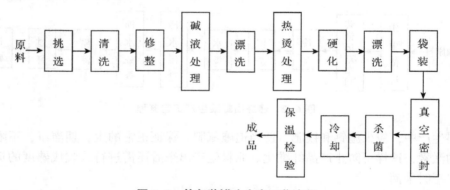

图 6-3 软包装罐头生产工艺流程

(1) 原料选择与处理

采集鲜嫩的山野菜，要求无老熟花苔、无枯萎茎叶，株形基本整齐一致；剔除病叶，切除老根；然后用流动水冲洗，洗去泥沙等杂质，经修整后沥干水分备用。

(2) 碱液处理

将整理好的山野菜浸泡于 1% 的 Na_2CO_3 溶液中，并适当搅拌，处理 8~10 min 捞出。目的是处理菜叶表层的蜡质成分，有助于下一步硬化时的 Ca^{2+} 和护绿时的 Zn^{2+} 的渗透。然后用清水冲洗，以除去残留的碱液。

(3) 热烫处理

将上述处理的山野菜迅速捞入热烫液中进行热烫处理。它一是为杀灭活性酶，减少原料的氧化褐变；二是为增加了原料组织的细胞渗透性，有利于 Ca^{2+} 和 Zn^{2+} 的渗入；三是使山野菜中含有的苦涩味降低或消失。但热烫处理应控制时间和温度，不可过度，否则营养成分损失严重，使山野菜的脆度降低。

(4) 硬化处理

$CaCl_2$ 溶液作为硬化剂,浸泡山野菜 30 min 后捞出,用清水漂洗干净,沥干水分备用。

(5) 装袋

装袋前应检查塑料袋的质量,把不合格的袋子挑拣出来,将上述处理的蔬菜理顺后装入袋内,每袋固形物净重 250 g,然后注入 60 g 的汤汁。汤汁配方(kg):食盐 2、白糖 1、香辛料 0.05、水 100。将香辛料在锅中煮沸 30 min,然后加入盐、糖,溶解后过滤除渣,即得汤汁液。

(6) 抽真空密封

装袋后立即用半自动真空封口机封口,封口机工作真空度应大于 0.07 MPa。封口后立即检查,不符合要求的应重新装袋,再进行封口处理。

(7) 杀菌、冷却、检验

封口后立即进入杀菌工序,停留时间越短越好,杀菌完成后立即冷却,置于 37 ℃ 保温库内贮存 7 d,检验合格后即可得到成品。

加工山野菜罐头必须经过杀菌才能长期贮存。例如,近年来深受欧洲人喜爱的鸦葱罐头,其肉质根含有菊糖、碳水化合物、蛋白质、钙、钾、磷、铁等矿物质,味甘、无毒,助消化,常食有利于健身减肥,将其加工成罐头有利于保鲜、存放以及长途运输。

6.3.3.4 冻干山野菜加工

真空冷冻干燥技术被认为是生产高品质脱水食品的最好加工方法。其原理是在真空状态下,使预先冻结的物料中的水分不经过冰的融化,直接以冰态升华为水蒸气而被除去,从而使物料干燥,称为真空冷冻干燥,简称冻干。

冻干山野菜的工艺流程如图 6-4 所示。

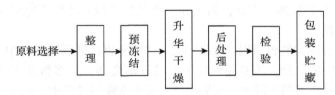

图 6-4 冻干山野菜生产工艺流程

原料预处理和常规的山野菜干燥及山野菜速冻制品相同,需进行挑选、清洗、去皮、切分、烫漂、冷却等工序。在进行山野菜汁冻干时,则先用较低廉的加工方法,预先将其浓缩,而后在预冻结时将产品变成粒状。

预冻结是把经前期处理后的原料进行处理。预冻结的好坏,将直接影响冻干山野菜的质量。冷冻过程中重点考虑的是被冻结物料的冻结率对其质量和干燥时间的影响。速冻与慢冻的差别主要为速冻产生的冰晶较小而慢冻产生的冰晶较大。大的冰晶有利于升华,小的冰晶不利于升华。小的冰晶对细胞的影响较小,冰晶越小,干燥后越能反映出产品原来的组织结构和性能。但冻结速率高,所需的能耗也高。预冻结前应综合考虑,选择一个最优的冻结速率,在保证冻干食品质量的同时,使所需的冷冻能耗最低。

冷冻干燥是冻干食品生产过程中的核心工艺，要控制好工艺条件：

(1) 装载量

干燥时，冻干机的湿重装载量即单位面积干燥板上被干燥的质量，是决定干燥时间的重要因素。被干燥食品的厚度也是影响干燥时间的因素。冷冻干燥时，物料的干燥是由外层向内层推进的。因此，被干燥物料较厚时，需要较长的干燥时间。在实际干燥时，被干燥物料均被切成 15~30 mm 的均一厚度。单位面积干燥板所应装载的物料量，应根据加热方式及干燥食品的种类而定。在采用工业化大规模装置进行干燥时，若干燥周期为 6~8 h，则干燥板物料装载量为 5~15 kg/m^2。

(2) 干燥温度

冷冻干燥时，为缩短时间，必须有效地供给冰晶升华所需要的热量。因此，设计出各种实用的加热方式。干燥温度必须是控制在以不引起被干燥物料中的冰晶融解，已干燥部分不会因过热而引起热变性的范围内。因此，在单一加热方式中，干燥板的温度在干燥初期应控制在 70~80 ℃，干燥中期在 60 ℃，干燥后期在 40~50 ℃。

(3) 干燥终点的判断

干燥终点可用下列指征来判定：一是物料温度与加热板温度基本趋于一致，并保持一段时间；二是泵组（或冷阱）真空计与干燥室真空计趋于一致，并保持一段时间；三是干燥室真空计冷阱温度，基本上回复到设备空载时的指标并保持一段时间；四是对有大蝶阀的冻干机，可关闭大蝶阀，真空机基本不下降或下降很少。以上 4 个判定依据，既可单独使用，也可组合或联合使用。

(4) 后处理

后处理包括卸料、半成品选择、包装等工序。冻干结束后，往干燥室内注入氮气或干燥空气以破除真空，然后立即将物料移至一个相对湿度 50% 以下、温度 22~25 ℃、尘埃少的密闭环境中，并在相同的环境中进行半成品的选择及包装。因为冻干后的物料具有庞大的表面积，吸湿性非常强，因此，需要在一个较为干燥的环境下完成这些工序的操作。

(5) 包装与贮存

食品冻干后具有庞大的表面积，食品中的一些成分直接裸露到空气中，易接触到空气中的氧气和吸附空气中的水分，从而导致冻干食品逐渐变质。大多数冻干食品均具有天然色泽，这些天然色素易在光照下降解。在氧化作用及色素降解过程中，温度也是一个影响此类化学反应的重要因素。因此，冻干食品的包装主要考虑如何防止或减轻这些因素的影响。

6.4 食用菌

6.4.1 食用菌概述

近年来，我国食用菌产业发展迅速，已成为继粮食、果品、蔬菜之后的第四大农业产业。我国是世界第一大食用菌生产国，年产量占世界食用菌产量的 75%。目前，食用菌产业已成为许多农村地区重点发展的支柱产业。食用菌统称蘑菇，是一类能够形成大型肉质或胶质的子实体或菌核组织，是能满足人们食用或药用的真菌，包括香菇、平菇、金针菇、银耳、黑木耳、猴头菇、姬松茸、羊肚菌、灵芝、天麻、茯苓、冬虫夏草等。食用菌营养丰富、风味独特，与大宗蔬菜相比，具有高蛋白质含量与高矿物质含量的优点；与肉类相比，食用菌具有高膳食纤维与高生物活性物质、低脂肪的特点。食用菌能够充分利用荒地、盐碱地、废旧厂房、房前屋后空闲地进行栽培，不与农田争地，是一种高产、优质、高效、生态、安全的绿色循环经济产业。

6.4.2 食用菌的营养价值

食用菌不仅味道鲜美、质地脆嫩，而且营养丰富。其营养特点是高蛋白、氨基酸种类多，低脂肪、低糖、低热量，并且富含多种维生素、矿物质和高膳食纤维。食用菌的营养成分与品种、环境条件和培养基质有关，鲜菇的水分含量通常占总质量的 85%~95%，其干物质成分主要为碳水化合物、蛋白质、脂肪、矿物质、维生素等。其中，碳水化合物是食用菌中含量最高的组成部分，一般占干物质总量的 60%；食用菌中蛋白质占干物质总量的 20%~40%，享有"植物肉"的美誉。食用菌所含氨基酸的种类很多，一般多达 17~18种，含有人体所需的 8 种必需氨基酸，尤其是赖氨酸含量很高；在常见食用菌中，脂肪一般为干质量的 1.1%~8.3%，其脂肪酸组成中 75% 以上是不饱和脂肪酸，而且主要是亚油酸等人体必需脂肪酸，另外还含有卵磷脂、脑磷脂、神经磷脂和多种甾醇类物质；食用菌是一类良好的矿物质来源食物，富含钾、钙、镁元素，是老年人补充钙质的重要来源；食用菌富含 B 族维生素、烟酸、麦角甾醇，其含量比植物性食品都高，此外多数食用菌都含有生物素、胡萝卜素、维生素 C 和维生素 E 等。如香菇含有蛋白质、氨基酸、脂肪、粗纤维、维生素 B_1、维生素 B_2、维生素 C、烟酸、钙、磷、铁，还含有香菇素、胆碱、亚油酸、香菇多糖及 30 多种酶等成分。

6.4.3 食用菌的保健价值及药用价值

食用菌不仅营养价值很高，而且药用价值与保健价值也很高。食用菌中的生物活性物质成分主要有多糖、氨基酸、蛋白质、维生素、苷类、生物碱、甾醇类、蒽醌类、黄酮类、微量元素及抗生素等，具有增强机体免疫、抗肿瘤、抗病毒、降血糖、降血压、抗辐射、抗衰老等功效。

食用菌中多糖是一种理想的活性成分，它能刺激抗体的形成，提高人体防御能力，同时能抑制一些诱发肿瘤发生的物质；食用菌中的多糖能够保护并修复胰岛素细胞，将葡萄糖转变为其他物质，从而减少人体对葡萄糖的吸收量，维持体内血糖平衡，有助于糖尿病人降低血糖浓度。

食用菌中的抗肿瘤物质主要为多糖与糖蛋白，如猪苓、侧耳、云芝、银耳、茯苓、冬虫夏草、姬松茸等中的多糖对某些肿瘤有防治作用。它们主要是通过增强机体的免疫功能而发挥抗肿瘤活性，尤其是香菇、金针菇、灵芝、猴头菇等食用菌是一种很好的天然免疫力增强剂，其免疫效果非常显著；黑木耳、银耳等食用菌具有养血和活血作用，可辅助治疗营养不良性贫血；香菇、银耳、灵芝、金针菇、平菇、草菇等食用菌具有降血脂、降胆固醇、降血压等作用；灵芝等食用菌具有抗凝血、抗血栓的功能；此外，有些食用菌还可辅助治疗白细胞减少症及糖尿病。香菇与灵芝中含有多酚、皂苷和黄酮类物质，对降低人体内的胆固醇有明显作用。此外，香菇还能够减少人体对脂类物质的吸收，并能减少其在体内的沉淀累积，有助于肥胖人群降脂减肥。

6.4.4 食用菌发展概况

我国的食用菌产地主要集中在福建、河南、山东、江苏、云南、浙江、重庆、河北、江西、湖北和黑龙江等省份，人工可以栽培的食用菌已达60多种，具有一定生产规模的人工栽培品种有30种之多，包括香菇、杏鲍菇、平菇、草菇、金针菇、银耳、黑木耳、鸡腿菇、茶树菇、猴头菇、姬松茸、灵芝、天麻、茯苓、松茸、羊肚菌等。野生食用菌以云南分布居多。

近年来，山西省食用菌发展形成了以政府财政投入为引导、社会力量积极参与的多元化投资模式。因此，食用菌产业得到了迅猛发展，已成为促进产业转型、深化产业结构调整、促进农民增收的新型支柱性产业。山西省逐步形成了"北有广灵、南有泽州"的食用菌产业布局，还形成了因地制宜、季节性自然栽培、大棚栽培、日光温室和林下栽培等多种模式。栽培种类也由香菇、平菇、黑木耳等少数几个种类增加到了20多个种类，包括双孢菇、金针菇、杏孢菇、鸡腿菇、茶树菇、台蘑等。可见，食用菌在乡村振兴战略中发挥着重要作用。

6.4.5 食用菌的开发利用

初加工后食用菌产值是原料菌产值的3~4倍，而经过深加工的食用菌产值是原料菌产值的10倍以上。当前，我国食用菌加工仍以简单的细切、除杂等初加工为主，包装后直接进入市场，其中有一部分是在初加工基础上经过糖浸、膨化等处理后制成低糖度的蘑菇罐头、休闲食品或即时食品等。食用菌深加工的产品是将经过处理的食用菌原料，经过特定的加工工艺，提取其有效功能性成分，加工成健康类、美容类食用菌产品，其产值可以增加10~20倍。

食用菌多糖对小鼠艾氏腹水癌等多种移植性肿瘤具有抑制作用，如裂褶菌多糖、香菇多糖、云芝菌丝体抽提的蛋白多糖体云芝素、茯苓菌核提取的茯苓多糖、猪苓产生的猪苓多糖、灵芝多糖等；金针菇、猴头菇、平菇、银耳、木耳等菇类的提取物具有抑制肿瘤、提高免疫能力等作用。食用菌中生物活性物质还具有止血活血、消炎祛痛、祛风湿、降血压、利心、利尿渗湿、止咳化痰、健胃、安神、清热解毒等功效。随着食用菌生产技术的不断进步，以及生产机械化的大量应用，食用菌的产量逐年增大，利用食用菌加工制成的健康及药用产品势必会给消费者带来福音，与此同时也对食用菌产品品质提出了更高的要求。食用菌系列保健食品是21世纪十大健康保健食品之一。利用食用菌进行深加工生产的香菇多糖片、猴头菌片、蜜环片、健肝片及菌类饮料，得到很多消费者的青睐，市场消费潜力极大。

食用菌食品的加工一般分为以下几种：直接利用子实体部分经过煮制、烘干或油炸，制成食用菌方便小食品，如香菇松、金针菇干；将子实体部分烘干磨细成粉，或者将食用菌菌丝体与米、面、调味品一起制成食用菌米、面食品和食用菌调味料，如茯苓糕、香菇营养挂面、蘑菇汤料；将子实体部分煮汁，或深层培养的菌丝体、培养液和其他原辅料一起制成糖果、菇(耳)膏、调味品、饮料等，如银耳软糖、猴头灵芝膏、平菇酱油、金针菇保健饮料；将子实体部分或深层培养的菌丝体、培养液和其他原辅料一起，接种微生物进行发酵，生产食用菌保健调味品、饮料等，如平菇芝麻酱、银耳饮料、猴头酒；用白酒浸提子实体，制成食用菌保健酒，如银耳补酒、茯苓酒。

(1) 食用菌调味品

由于多数食用菌中含有独特的挥发性芳香物质，并且其中的醛类还可以与其他物质重叠产生较强的风味效应，因此当前以食用菌为原料制成的醋、酱油及味精等调味品日益增多。例如，香菇酱油的制作，取鲜香菇 1 份切成薄片，加水 3 份，或用干香菇 1 份，捣成粉末，加水 10 份，放入锅中加热，于 70~80 ℃维持 1 h 浸提，然后用 4 层纱布过滤，即得滤液。在 100 kg 普通酱油中加入 6 kg 香菇滤液，在锅中加热，于 90 ℃维持 1 h，即得香菇酱油。又如，蘑菇抽提物经外加酶作用或自溶，可将其中有效成分提取出来，经过滤、浓缩后制成产品，具有调味增香的作用，尤其适用于做新型保健食品的调味料，具有广阔的市场前景。

(2) 食用菌饮料

将食用菌加工成口感较好的保健饮料，是食用菌开发利用的重要方面之一。日本于 1991 年开始实行特定保健食品制度，随后，食用菌作为主要原料之一，被迅速而广泛地应用于保健饮料行业，研发出了金针菇豆奶饮料、香菇多糖口服液、保健茶饮料以及金针菇、猴头菇复合饮料等系列产品。近年来，日本以灵芝作为主要原料生产的灵芝保健饮料在其国内及欧美市场广受欢迎。近年来国内食用菌饮料的研发与加工也取得了一些突破。

以"药、食用菌工程发酵茶研究"项目为例，该项目将经过驯化的灵芝、茯苓、冬虫夏草以及猴头等多种适合在茶叶生长基质中生长的食用菌，接种在中低档乌龙茶原料中，添加适量天然可食用辅料，经过固体发酵工艺培养形成菌类发酵茶。这一项目有效结合了茶叶资源优势与食用菌的营养价值优势，显著提升了食用菌的产品附加值。此外，食用菌也以多种形式在酿酒方面得到广泛应用。人们既可以通过酒精或酒将食用菌中的有效成分浸提出来，间接配制成香菇灵芝酒、猴头灵芝酒等不同类型的保健酒；还可以以食用菌为主要原料，添加相应辅料，直接发酵酿制成分独特的保健酒。

(3) 食用菌药品

在中国，食用菌作为传统中药原料已有两千多年的历史。例如，作为中国传统医学四大经典著作之一的《神农本草经》，就记载有灵芝、冬虫夏草、银耳、茯苓等多种食用菌作为药物使用。在国外，自 1969 年香菇多糖的抗癌活性被日本报道之后，国际学术界开始注重研究如何从真菌中提炼抗癌药物。目前，已证实百余种真菌具有显著的抑癌活性并开始用于临床治疗，例如：猴头菌中多糖类物质和多肽应用于溃疡、胃炎、消化系统癌变等疾病的治疗；使用灵芝孢子粉治疗癌症；香菇多糖制剂用于治疗恶性胸腔积液；源自树舌芝中的萜烯化合物用于对肿瘤疾病的治疗等。可以预见，随着对食用菌药理作用研究的深入，食用菌在药理和临床保健上的应用将会越来越广。

(4) 食用菌化妆品

食用菌的护肤美容作用早在古代就为人们所认知，如银耳能够有效改善肌肤组织功能，有助于促进机体新陈代谢，使人肌肤润泽。现代医学使用新技术方法，对食用菌的抗衰老及美容功能进行了更加深入细致的研究，结果表明，多种食用菌含有的多糖类、多肽氨基酸类、三萜类、多酚类和核苷类等主要成分，具有显著的美白、抑菌、抗皱、抗炎、保湿以及抗衰老等功效。例如：灵芝中不仅含有大量抑制黑色素的成分，而且有其他多种对皮肤有益的微量元素，这些元素能够有效促进细胞再生、减少人体自由基、增加胶原质及皮肤厚度，并改善人体微循环，进而达到丰润皮肤、消除皱纹与细纹的良好效果。此外，灵芝中含有的多糖成分还使其能够有效防止细菌对皮肤的损害，并调节皮肤水分状态，使皮肤水嫩光滑并富有弹性。在护肤品研发领域，灵芝被配制成抗皱乳液。其他食用菌的美容功能也被逐步开发。例如，牛肝菌类因其显著的抗氧化活性，已成为市场上广泛使用的抗皱抗衰老美容产品的重要原料；平菇多糖的保湿效果甚至优于甘油；银耳被配置成美容乳液；以及茯苓用于制作润肤霜等。

复习思考题

1. 简述我国食用植物资源系统有哪些特点。
2. 浆果在贮藏过程中有哪些因素会对其品质产生影响？
3. 浆果有哪些加工方法？
4. 简述山野菜罐头的加工工艺流程及其操作要点。
5. 简述食用菌有哪些加工方式及每种加工方式应用的品种。

推荐阅读书目

1. 丁敏，倪荣新，宋艳冬，2019. 森林蔬菜（山野菜）鉴别与加工[M]. 北京：中国农业出版社.
2. 王振宇，王承南，2018. 野生植物资源开发与利用[M]. 北京：中国林业出版社.
3. 董玉琛，刘旭，2020. 中国作物及其野生近缘植物：菌类作物卷[M]. 北京：中国农业出版社.

第 7 章

化妆品用植物加工利用

7.1 概述

7.1.1 植物源化妆品发展历史

我国古代人民就有使用植物(包括中草药、天然药物)作为美容、护肤用的化妆品的经验,据《中华古今注》考证:"燕脂,起自纣,以红兰花汁凝作之,调脂饰女面,产于燕处,故曰燕脂。"明代李时珍《本草纲目》中记录了利用中草药除皱、清斑、抗衰老、治脱发、增白等美颜养肤护发的方法。中国历代古书提及利用植物美容的文献远不止上述,诸如《黄帝内经》《肘后方》《本草拾遗》《海药本草》《太平圣惠方》《圣济总录》等都有关于美容保健、美容治疗方面的文字记载。

在国外,利用植物美容护肤健身也有较早的历史。古希腊人很早就会在身上涂橄榄油,以使肌肤洁净、驱邪,并使人聪颖机智、健康娇美。古埃及金字塔中发现的《耶比鲁斯·巴比路斯》一书是已知历史上最早记载利用芦荟的史册。据印度古书记载,西德哈医药系统中记录了许多对头发、皮肤有护理作用的植物,如狸红爪(*Coccinea indica*)、旱莲草(*Herba ecliptate*)、积雪草(*Centella asiatica*)等对于减少脱发、生发健脑及头皮护理有良好效果。

随着国民经济迅速发展,人民生活水平不断提高,化妆品工业如雨后春笋般蓬勃发展,化妆品行业的体制也从轻工业系统向其他系统延伸,化妆品在人们观念中经历了奢侈品到必需品的历程。在经历过快速发展阶段后,我国化妆品市场呈现了百花齐放的局面,为了更好地满足消费者的需求,国家制定了相关法律法规,使化妆品行业走上了规范化发展之路。根据 1989 年卫生部发布的《化妆品卫生监督条例》,化妆品是指"以涂擦、喷洒或者其他类似的方法,散布于人体表面任何部位(皮肤、毛发、指甲、口唇等),以达到清洁、消除不良气味、护肤、美容和修饰目的的日用化学工业产品"。化妆品品种繁多,就其生产所使用原料来源可将化妆品分为两大类:一类是天然化妆品,即添加天然原料生产的化妆品；另一类是非天然化妆品，即用合成原料生产的化妆品。在化妆品用植物加工过程中，植物原料的种类与化妆品的品质有着密切的关系。

我国疆域辽阔，河流纵横，湖泊众多，气候多样，自然地理条件复杂，为生物及其生态系统的形成与发展提供了优越的自然条件，形成了丰富的野生动植物区系，是世界上野生植物资源最多、生物多样性最为丰富的国家之一。我国有高等植物 3 万多种，居世界前三位。木本植物有 8 000 余种，其中乔木 2 000 多种。人参、银杉、珙桐、银杏、皂角、无患子、黄芩等，均为中国特有的珍稀野生植物种类。然而，并非所有的植物资源都能用于化妆品当中。为进一步规范化妆品原料管理，依据《化妆品监督管理条例》相关规定，国家药品监督管理局组织对《已使用化妆品原料目录名称(2015 版)》进行修订，形成了《已使用化妆品原料目录(2021 年版)》，共计 8 972 种已使用化妆品原料，其中植物原料有 2 000 多种。从数据来看，植物原料在已使用化妆品原料中占比较高，但已使用于化妆品的植物原料相对于总量来说还是偏少，我国的丰富植物资源有待进一步开发利用。

植物源化妆品使用的植物原料与化妆品的品质有密切关系，选用的植物要有正确的植物名称，要了解这种植物产地在哪里，资源情况怎样，能否人工栽培等。为保证植物源化妆品生理作用，必须从植物中提取出具有生物活性的成分。为了控制植物源化妆品的质量，须对植物源化妆品中的有效生物活性成分的含量进行检测，同时也对植物源化妆品生产提出了较高的要求，即良好的植物源化妆品必须是应用新的科研成果和采用高新技术的产品。

7.1.2 植物源化妆品的作用途径

植物源化妆品通过涂抹、喷洒散布于身体表面部位(头发、头皮、颜面、体肤等)或通过呼吸吸入(化妆品中挥发成分)体内，散布全身而发挥其功能效应。具体实现途径如下：

①植物有效成分通过皮肤黏膜吸收，角质层转运(包括细胞内扩散、细胞间质扩散)和表皮深层转运而吸收。另外角质层经水合作用，使有效成分经一种或多种途径进入血液循环。

②有效成分对皮肤局部刺激，促使局部血管扩张，促进血液循环，改善周围组织营养，形成良好的皮肤"微生态环境"。最近国外在开发一种草莓化妆品——草莓护肤霜，因含皮肤可吸收的有效成分，研究人员提出"皮肤食品"(skin food)的概念。

③通过有效成分作用于局部而引起神经反射，激发机体自身调节功能。

④植物中某些成分含抗菌、抗病毒成分，可改善皮肤菌落结构，保持良好的皮肤微生态环境。

⑤通过呼吸系统嗅入有效成分参与机体代谢。

⑥植物有效成分通过其他物理或化学方式(如按摩等)接触体表或进入体内，达到一定的功效。

7.1.3 化妆品植物原料研究概况及发展趋势

天然植物(包括中草药)提取液和生物多种制剂的采用，拓宽了化妆品的使用范围，增加了化妆品的功能和疗效，使美容、护肤等产品不断向系统化、专用化、个性化发展。我国传统中医学理论结合现代医学及美容概念是我们开发和利用天然资源的理论基础,而我国丰富的植物资源是我们开发和利用植物的物质基础,相信随着现代生物工程技术、现代仪器分析技术、现代绿色生产工艺技术的不断发展,植物资源在化妆品领域的应用将会有更广阔的市场。

在我国,开发化妆品植物资源占有天时地利的优势,概括起来有3点:第一,天然化妆品有着巨大的国际、国内市场需求;第二,我国医学宝库中积累了丰富的临床经验,对植物的应用范围、用量、药效、配伍、副作用和安全性等方面都有很多验证,这些珍贵的数据有利于开发功效好的植物资源;第三,我国地跨热带、亚热带和温带,土壤、气候等自然条件适宜于多种类型的植物生长,丰富的植物资源为天然化妆品的开发提供了优越的自然资源条件。因此根据我国的国情,重视植物资源在化妆品中的应用开发工作,既有丰富的植物资源和数千年的利用历史可供借鉴,又有巨大的国内外市场,其发展前景十分广阔。开发出有特色的天然化妆品,将植物资源优势转化为天然化妆品的商品优势和经济优势,毫无疑问,植物提取物在化妆品中的广泛应用将会带来巨大的社会效益和经济效益。

7.1.4 化妆品植物新资源的开发

我国拥有丰富的药用植物资源,是利用药用植物资源历史悠久的国家,拥有积累了几千年的实践经验。通过普查已鉴定的药用植物种数已有10 000多种,其中很大一部分都有可能在化妆品中应用。通常情况下,一般使用化妆品植物某一物种的某一部分,开发新资源时可以尝试将同一物种不同组织器官应用在化妆品中;由于次生代谢产物近似,开发新资源时可以在近缘类群中扩大和寻找;在效果明显的前提下,可以合成、半合成及修饰活性成分结构;利用生物技术研究开发新资源;副产品和废渣中也可回收可利用资源;可以利用不同地域、不同自然条件下的植物资源;海洋植物也是有价值的新资源。

7.2 功能分类及化学组成

7.2.1 植物大分子类活性物质

7.2.1.1 植物多糖及其衍生物

多糖是重要的生物活性大分子,是人体皮肤真皮层的重要组成成分,许多多糖在皮肤新陈代谢过程中具有突出的调节作用。生物活性多糖作为功能性化妆品添加剂在化妆品中应用,是生物美容一个重要方向,可产生保湿、延缓衰老、促进上皮纤维的细胞增殖和美化肤色等多种功能,为功能性化妆品开发注入新的活力。

(1)植物多糖

植物多糖是由许多相同或不同的单糖以糖苷键所组成的化合物,是一类具有广泛生物活性的生物大分子物质,主要分为低等植物多糖(藻类为主)和高等植物多糖。植物多糖普遍存在于自然界植物体中,包括淀粉、纤维素、多聚糖、果胶等,不同种的植物多糖的分子构成及分子质量各不相同。

植物多糖的生物大分子结构比蛋白质更为复杂,其结构有4级概念:一级结构包括糖基的组成、排列顺序、相邻糖基的连接方式、异头物构型及糖链有无分支、分支位置与长短；二级结构包括多糖骨架链间以氧键结合所形成的各种聚合体；三级结构包括多糖一级结构的重复顺序，由于糖单元的羟基、羧基、氨基以及硫酸基之间的非共价键相互作用，导致有序的二级结构在空间上形成规则而粗大的构象；四级结构包括多聚链间非共价键结合形成的聚集体。

（2）植物多糖的生物活性

多糖是皮肤中的重要组成部分。多糖广泛参与细胞的各种生命活动而产生多种生物学功能，如增强免疫特性、抗肿瘤、抗病毒、抗凝血、抗辐射和延缓衰老等功能。另外，大量亲水性羟基的存在使得许多多糖表现出一些优良的理化性质，如强吸水性、乳化性、高黏度和良好的成膜性。多糖的生物学活性和理化性质为其在化妆品中的应用提供了依据，将各种多糖应用于化妆品中，能产生保湿、稳定、改善肤色、抗衰老和抗菌等效果，且高分子多糖无毒副作用，与常用化妆品成分配伍性好，因此，植物多糖作为功效型化妆品添加剂将有着广阔的前景。

①保湿作用　多糖分子中的羟基、羧基和其他极性基团可与水分子形成氢键而结合大量的水分，同时多糖分子链还相互交织成网状，加之与水的氢键结合，起到很强的保水作用。此外，在胞外基质中，多糖与皮肤中的其他多糖组分及纤维状蛋白质共同组成含大量水分的胞外胶状基质，为皮肤提供水分；多糖具有良好的成膜性能，可在皮肤表面形成一层均匀的薄膜，减少皮肤表面的水分蒸发，使得水分从基底组织弥散到角质层，诱导角质层进一步水化，保存皮肤自身的水分而完成润肤作用。

②延缓衰老作用　研究发现，多糖衍生物中随着取代度的增加，即糖环上游离羟基数目减少，多糖衍生物捕获或淬灭自由基的能力降低，这表明多糖结构中的还原性羟基可捕捉脂质过氧化链式反应中产生的活性氧，减少脂质过氧化反应链长度，因此，可阻断或减缓脂质过氧化的进行，起到了抗氧化的作用。此外，某些多糖可通过提高超氧化物歧化酶、过氧化氢酶、谷胱甘肽过氧化物酶等抗氧化酶的活性，从而发挥抗氧化的作用。

③血管美容作用　多糖中以肝素为代表的一类硫酸酯多糖衍生物具有突出的抗凝血和溶血栓作用，这与多糖中带负电荷的基团与血液中的凝血因子特异性相互作用，从而抑制凝血酶的活性有关。添加到化妆品中的抗凝血多糖经过皮肤吸收，进入皮下微血管，与微血管中的凝血因子结合，降低血管中纤维蛋白水平，畅通血管，加速营养物质随着微循环进入肌肤，从而改善皮肤新陈代谢。

④抗粉刺作用　多糖的抑菌作用机制在于增强溶菌酶的抗菌性能，多糖具有良好的表面活性，能溶解细菌外膜从而促进溶菌酶对细菌（尤其是革兰氏阴性细菌）的破坏。因此，多糖的抑菌作用是广谱性的，能同时抑制革兰氏阳性细菌和革兰氏阴性细菌。

⑤修复皮肤组织　在体外细胞培养中添加岩藻多糖能促进纤维细胞的增殖；岩藻多糖有助于产生各类细胞生长因子，表明多糖能通过激活细胞生长因子而修复皮肤组织。

⑥美白作用　多糖对皮肤美白的作用机理表现在以下两个方面：其一，抑制5,6-二羟基吲哚-2-羧酸氧化酶的氧化反应，这与多糖的抗氧化机制有关。此外，某些多糖还能防止人体内不饱和脂肪酸的过氧化作用，减少不饱和脂肪酸过氧化产物——脂褐素的产生，而

脂褐素含量增多会引起色素沉积，形成色斑。其二，多糖的美白作用与其吸收紫外线的特性有关，例如，中草药牛膝多糖能吸收多个波段的紫外线辐射，因此，可以用作防晒化妆品的添加剂。

7.2.1.2 植物蛋白及多肽

市场上化妆品的品牌层出不穷，各品牌也更趋向采用天然成分。同时大部分消费者相信并认同这一观点：来源于天然的成分更能有效地帮助其达到目的，而在产品中添加植物蛋白的研发思路已被更多的品牌采用。

(1) 植物蛋白

皮肤作为人体整个机体的组成部分，它和人体一样存在着一些基础的代谢活动，如糖、脂肪、水、电解质和蛋白质的代谢。蛋白质作为皮肤的主要成分，其代谢活动是皮肤衰老的关键因素。下面以几种植物蛋白及其衍生物为例，简要介绍一下加有植物蛋白的化妆品作用机理。

① 大麦蛋白 大麦蛋白占带皮大麦总重量的 8%~13%，主要成分为醇溶性蛋白和谷蛋白，其中醇溶性蛋白占总蛋白质的 35%~45%，谷蛋白占总蛋白质含量的 35%~43%。大麦蛋白对于细胞组成的修复和再生相当重要，能迅速被吸收进入血液，并可支持细胞正常运作。当大麦加入化妆品中，可以起到保湿、滋润皮肤的作用。将水解大麦蛋白加入睫毛膏中可以使睫毛更为柔软、强韧。在护发方面，大麦蛋白更可强化并顺滑头发，为秀发带来丝般柔软。

② 玉米蛋白 玉米中主要的蛋白质是玉米胶蛋白和谷蛋白，并含有少量的玉米球蛋白和白蛋白。就氨基酸组成而言，玉米蛋白的氨基酸构成很不平衡，严重缺乏赖氨酸，同时色氨酸和蛋氨酸也较少，而亮氨酸含量极高，支链氨基酸和中性氨基酸含量均相对较高，是植物蛋白中颇少见的特色组成。玉米胶蛋白，与其他的醇溶性蛋白最大的区别在于它极易溶于 90%~93% 的乙醇中，也称玉米醇溶蛋白。玉米醇溶蛋白具有良好的成膜性、保湿性（即持水性）及抗氧化性，是一种理想的天然保湿剂。玉米醇溶蛋白酶解后生成的多肽物质具有抗氧化性，以玉米醇溶蛋白制成的保湿面膜能清除自由基，保持皮肤的水分，促进细胞更新，有利于去除老化角质，使暗沉肤色明亮富有弹性，并增强肌肤对于保养品的吸收力。

③ 小麦蛋白 小麦蛋白是小麦淀粉生产的副产物，其蛋白质含量高达 72%~85%。小麦蛋白可再分为麦胶蛋白和麦谷蛋白，前者含谷氨酸 40% 以上，不溶于水、无水乙醇及其他中性溶剂，而溶于 60%~80% 的乙醇水溶液，经热也不凝结；后者含有赖氨酸，不溶于水及中性溶剂，而溶于稀酸或稀碱中。小麦蛋白在化妆品中的功效主要有以下几方面：吸附于头发受损部分，修复受损发质；显著增强头发纤维的拉力和弹性；平滑头发，增加头发光泽；提高泡沫稳定性，改善泡沫结构；对皮肤有强的亲和性，能在皮肤上形成一层光亮、柔滑的保护膜；增强皮肤对化学物品和外界环境侵扰的抵抗力；降低表面活性剂对皮肤的刺激；降低油性配方中的油腻感觉。

④ 大豆蛋白 大豆蛋白是存在于大豆种子中的所有蛋白质的总称，其在大豆中含量约

为40%。大豆蛋白基本上属于结合蛋白，水解后产物为氨基酸和配糖体。大豆蛋白典型的功能有凝胶性、起泡性、乳化性及表面活性，这些特性是日用化妆品行业非常重要的性质。

(2) 植物多肽

现代科学技术的飞速发展和广泛应用，给美容化妆品行业都带来了全新的发展机遇。护肤品已经从化学美容、植物美容向生物美容与基因美容发展。生物护肤品的主要成分——生物活性多肽，大部分是细胞生长因子，它们在体内含量极微，但生物活性极高，对多种细胞生理功能和代谢活动发挥生物调节作用，影响多种类型细胞的生长、分裂、分化、增殖和迁移，在美容护肤、整形外科、烧伤溃疡以及各种皮肤病的伤口修复与愈合中有重要作用。

① 大豆肽　大豆肽是由大豆蛋白经酶解获得的通常由 3~6 个氨基酸组成的低肽混合物，相对分子质量分布在 300~700 的范围内。大豆肽有很强的吸湿性和保湿性。这种特性使大豆肽可用作毛发、皮肤的保湿剂。大豆肽中含有丰富的氨基酸，可与毛发中的二硫键作用，因而对毛发有保护作用，可改善发质，有助于毛发损伤的修复。另外，大豆中谷氨酸含量丰富，占氨基酸总量的 18% 左右，谷氨酸富集的肽(相对分子质量在 150~1 000)可加速细胞生长，应用于洗发剂中可加速毛囊和头发的生长。

② 燕麦肽　燕麦肽是由燕麦蛋白经酶解获得的低肽混合物，燕麦多肽具有优异的成膜特性，可以在较低浓度下成膜，起到包埋或隔离小分子物质的作用，能穿透皮肤和干燥枯发，在皮肤和头发上形成一层薄保护膜。燕麦多肽中的小分子——生物活性肽，与细胞因子(如 EGF)非常相似，可加快细胞增殖，促进皮肤新陈代谢，活化肌肤，减少皮肤粗糙度，抵抗自由基；同时，燕麦肽具有高效保湿功能，赋予肌肤滋润、光滑的触感。

7.2.2　植物次生代谢物质

糖、蛋白质、脂类、核酸等这些对植物有机体生命活动来说是不可缺少的物质，称为初生代谢产物。植物除了含有上述初生代谢产物外，还含有丰富的小分子有机化合物，这些化合物有自己独特的代谢途径，通常是由初生代谢派生而来的。1891 年，Kossel 明确提出了植物次生代谢产物的概念。与初生代谢产物相比，植物次生代谢产物是指植物体中一大类，其产生和分布通常有种属、器官、组织和生长发育期的特异性。植物次生代谢产物种类繁多，结构迥异，本节主要介绍植物多酚、植物甾醇、植物类黄酮、植物有机酸和植物皂苷等植物次生代谢产物。

(1) 植物多酚

① 植物多酚的化学结构　植物多酚是一大类广泛存在于植物体内的复杂多元酚类化合物。狭义地看，可以认为植物多酚指的是单宁或鞣质，其相对分子质量在 500~3 000。Freudenberg 按单宁的化学结构特征将其分为水解单宁和缩合单宁两大类。水解单宁主要是聚棓酸酯类多酚，即棓酸及其衍生物与多元醇以酯键连接而成，可细分为棓酸单宁(水解后产生棓酸)和鞣花单宁(水解后产生鞣花酸及其与六羟基联苯二酸有关的物质)两类；缩合单宁主要是聚黄烷醇类多酚或原花色素，即羟基黄烷醇类单体的组合物，单体间以 C—C 键相连(图 7-1)。

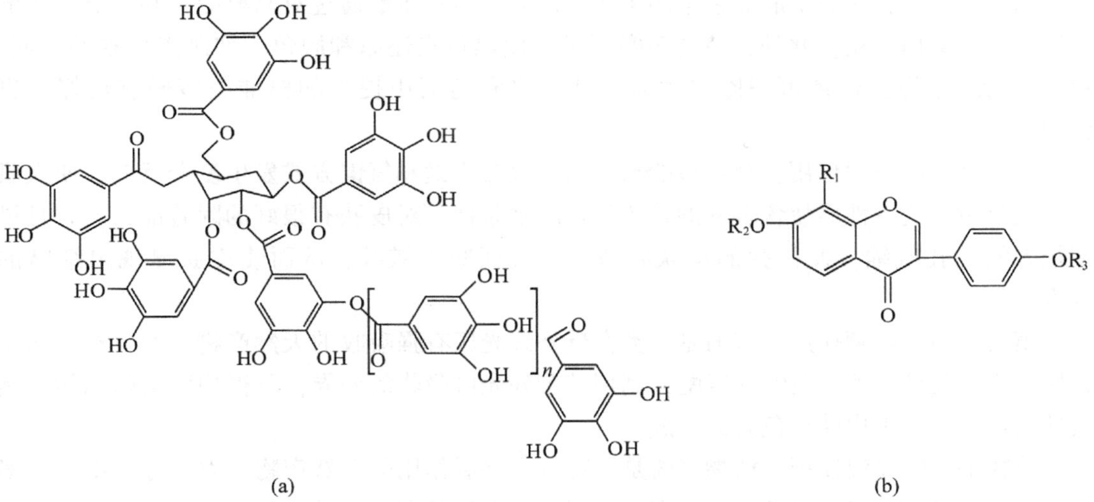

图 7-1　植物多酚化学结构示意图
(a)酸酯类；(b)黄烷醇类

②植物多酚的开发　植物多酚在国际上非常热门，已开发出许多产品，成效显著。

茶多酚：绿茶多酚是儿茶酸的黄烷醇的低分子多酚，绿茶中儿茶酸的比例为10%~20%，包括儿茶酸、表儿茶酸等6种。绿茶多酚主要功能有消臭、抗龋齿、抗菌、抗氧化、抑制胆固醇、消除活性氧、抑制癌症发生等作用。乌龙茶多酚是原料中的儿茶酸经多酚氧化酶作用聚合而成，有阻碍变形链球菌表面及菌体相互附着的作用，能阻碍葡聚糖合成酶的活性。甜茶多酚的主要成分为鞣花酸的缩合单宁，有研究发现，甜菜多酚有抗过敏作用，能有效改善花粉症等鼻过敏症状。

柑橘多酚：柑橘类特别是柑橘外皮中含大量多酚橙皮苷，日本研究开发易溶于水的酶处理橙皮苷，有防止色素褪色，溶化黄酮类物质，阻止酪氨酸酶生成黑色素，改善末梢血液循环等作用，经口摄取可使橙皮苷发挥其作用。

桉叶多酚：桉叶多酚为没食子酸、鞣花酶等，具有SOD活性(抗衰老)、阻碍酪氨酸活性(防色斑褐斑、黑色素生成)、透明质酸酶阻碍活性(抗过敏)、α-淀粉酶阻碍活性(减肥等)，还有防止色素褪色、消臭、抗菌等作用。日本开发有含0.5%桉多酚的LA桉多酚产品，应用于美白保湿效果的化妆品，还可作驱蚊剂混合在香水等化妆品中。

竹叶多酚：竹叶多酚是从竹叶中提取的功能物质，主成分包括黄酮、黄酮糖苷、C-糖苷、竹叶碳苷黄酮、异红草苷、牡荆苷、异牡荆苷，有优良的抗自由基能力与SOD活性，降低血清低密度脂蛋白胆固醇，抗衰老、抗疲劳、抗应激作用。浙江开发面世的竹叶黄酮获国家级新产品证书，其衍生的保健食品、竹叶啤酒、竹叶饮料相继上市。在啤酒中加入竹叶多酚后能抑制双乙酰回升，提高贮藏稳定性。

③植物多酚在化妆品中的应用　植物多酚具有独特的化学和生理活性，在化妆品中可起到多重作用。

植物多酚的美白作用：吸收紫外线是多酚的美白途径之一。通过复配可有效吸收整个区域内的紫外光，减少皮肤黑色素的生成。同时，植物多酚通过对酪氨酸酶和过氧化酶的抑制，达到美白作用。此外，植物多酚还可以使黑色素还原和脱色，抑制黑色素的生成。植物多酚还作为氢供体可消除自由基，从丹皮和芍药中提取的棓酸类多酚有良好祛斑作用。

植物多酚的收敛作用：植物多酚与蛋白质以疏水键和氢键方式发生复合反应，使人肌肤产生收敛。这一性质使含多酚的化妆品在防水条件下对皮肤有很好的附着能力，并且可使粗大的毛孔收缩，使松弛的皮肤收敛、绷紧而减少皱纹，从而使皮肤显现出细腻的外观。

植物多酚的防晒作用：多酚是一类在紫外线光区有强吸收的天然产物，而且对人体无毒性。通过几种多酚及黄酮的复配，利用其紫外光区吸收的差异，可得到广谱防晒的天然紫外吸收剂，减少皮肤黑色素的形成。

植物多酚的保湿作用：植物多酚是一种具有保湿作用的天然产物，因其分子中含有多元醇结构，可在空气中吸潮。植物多酚的保湿还在于具有透明质酸酶的抑制活性，从而达到护肤品中真正生理上的深层保湿作用。

植物多酚的抗皱作用：多酚对胶原酶和弹性蛋白酶有抑制作用，可阻止弹性蛋白的含量下降或变性，维持皮肤弹性。

(2) 植物甾醇

植物甾醇是一种类似于环状醇结构的物质，主要存在于植物油的不皂化物中，不同植物油中所含的植物甾醇是不一样的。植物甾醇及其衍生物由于其特有的生物学特性和物理化学性质被广泛应用于化妆品、医药和食品等行业。

①植物甾醇的结构和来源　植物甾醇是以环戊烷全氢菲（又称甾核）为骨架的一类甾体化合物，如图 7-2 所示。随着 C_{17} 位上侧链 R 的长短及 R 所含双键数目的多少和位置的差异，该分子结构代表了不同种类的植物甾醇。现在已经确认的植物甾醇都属于 4-脱甲基甾醇，它们具有相同的手性结构。它们在结构上唯一不同之处是侧链，但是正是这些侧链的微小差异导致了它们生理功能的极大不同。植物油中甾醇结构和种类见 3.2.3.2。

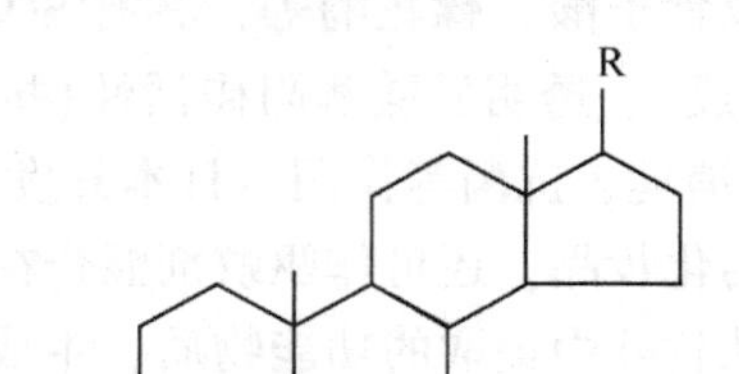

图 7-2　植物甾醇的分子结构

大部分高等植物所含的甾醇是 Δ5 键的，其中典型的是 β-谷甾醇；一些高等植物，例如葫芦科和茶科属植物，其甾醇含有一个 Δ 键，例如菠菜甾醇。不同的植物种类，其甾醇含量不同，见表 7-1。

表 7-1 常见植物中甾醇含量　　　　　　　　　　　　　　mg/100 g

名　称	植物甾醇	名　称	植物甾醇	名　称	植物甾醇
马铃薯	5	梨	8	杏仁果	143
番茄	7	苹果	12	腰果	158
莴苣	10	香蕉	16	大豆	163
胡萝卜	12	无花果	31	玉米	178
洋葱	15	小麦	69	花生	220
菜豆	127	核桃	108	芝麻	714

植物甾醇的组成取决于植物的生长条件,植物果实的成熟、收获和存放条件。因此,在开发用于工业化生产回收植物甾醇的农作物时必须注意这些条件,以获得质量相对稳定的产品。

②植物甾醇在化妆品中的应用　植物甾醇是一种W/O型乳化剂,其乳化性能好而且稳定,能保持皮肤表面的水分,防止皮肤老化,因此,植物甾醇可作为皮肤营养剂。植物甾醇在洗发护发剂中可起到调节剂的作用,能使头发变强劲,不易断裂,并能减少静电效应,保护头皮。在化妆品工业中,植物甾醇常用作皮肤细胞促进剂、抗炎剂、伤口愈合剂和非离子乳化剂,它们也常以衍生物的形式(乙氧基化合物、多糖和硫酸盐)作为乳化剂和调节剂。长链脂肪酸甾醇酯和甾烷醇酯具有持水性,被广泛用作化妆品和洗涤剂配料,可用于生产面膜、保湿霜、浴液、洗发液、指甲油、头发保湿剂等护肤和美容产品中。

(3)植物类黄酮

黄酮类化合物(简称类黄酮)广泛分布于植物界。植物类黄酮种类繁多,现已分离鉴定出 6 000 多种天然黄酮类化合物,它们多数以苷的形式存在,少数以游离态存在。

①植物类黄酮的结构性质　黄酮是黄酮类化合物,也是黄碱素一类植物化学物质的简称,又称生物黄酮或植物黄酮。黄酮类化合物是一类低分子的天然植物成分,广泛存在于植物界,大多数具有颜色,在植物界主要分布在双子叶植物中,如豆科、芸香科、唇形科、菊科等,在裸子植物中也有较多分布,如银杏科,而在菌类、藻类、地衣类等低等植物中少见。黄酮类化合物在植物体中的分布尤以花、果、叶部位为多,且大多与糖结合成糖苷形式存在。黄酮类化合物具有如下的 C_6-C_3-C_6 基本构型(图 7-3):

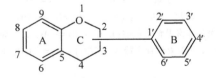

图 7-3　C_6-C_3-C_6 基本构型

依据分子结构中 C 环 2、3 位双键,3 位羟基,4 位酮基及 B 环在 2′或 3′位的定位情况,植物黄酮可分为 6 大类:黄酮、二氢黄酮、黄酮醇、黄烷醇、花青素和异黄酮(表 7-2)。黄酮、三羟黄酮普遍存在于各种植物中,如芹菜、苹果等;黄酮醇类如槲皮素为中药材槲皮的功效成分;黄烷醇类如儿茶素(图 7-4)为茶多酚的主要成分;二氢黄酮如柚皮素多存在于橘类水果中；花青素类如花青素(图 7-5)主要存在于各种浆果中；异黄酮类如三羟异黄酮(图 7-6)存在于豆类植物中。

表 7-2 黄酮类化合物主要苷元的结构类型

类型	基本结构	类型	基本结构
黄酮 flavone	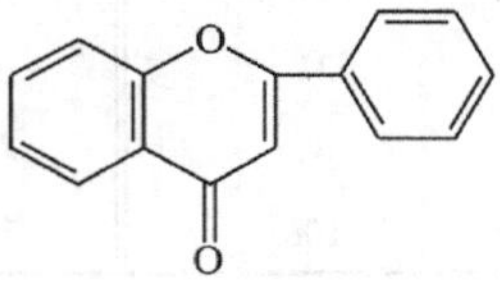	异黄酮 isoflavone	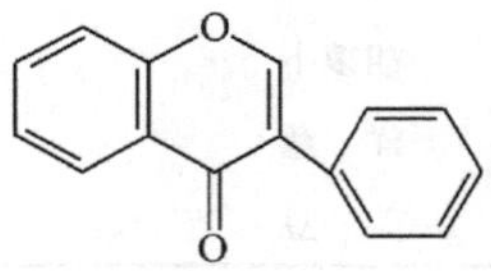
黄酮醇 flavonol	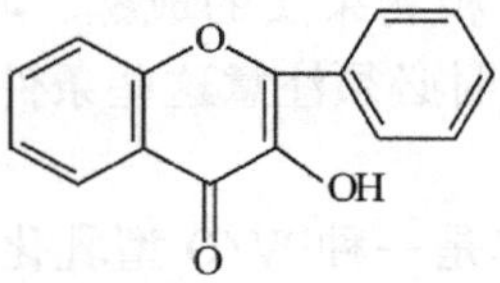	花青素 anthocyanidins	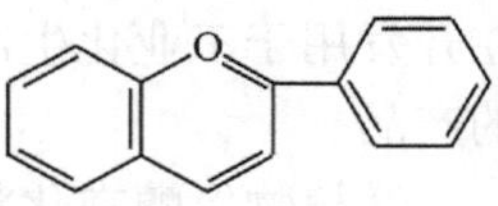
二氢黄酮 flavonone	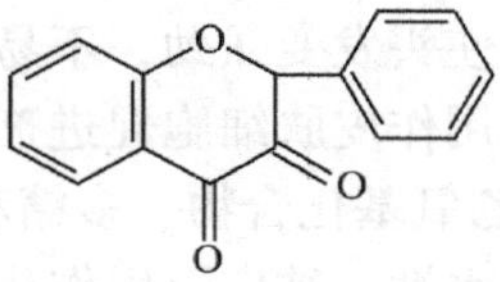	黄烷-3-醇 flavan-3-ol	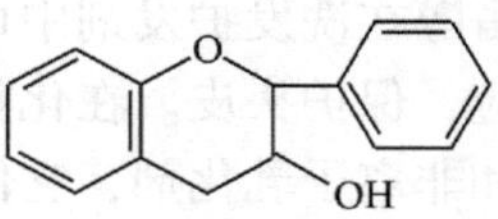
二氢黄酮醇 flavanonol	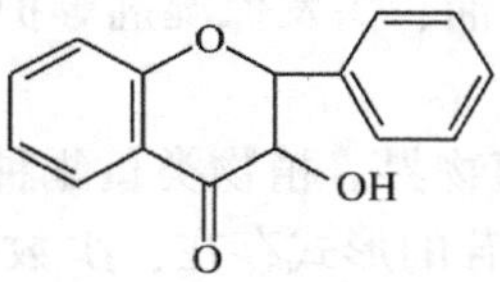	查尔酮 chalcone	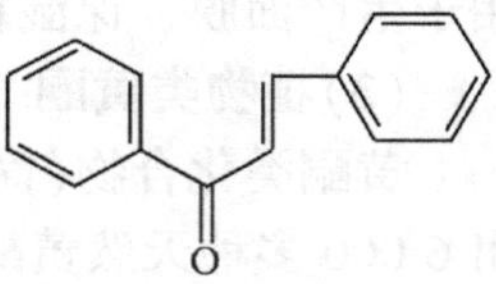

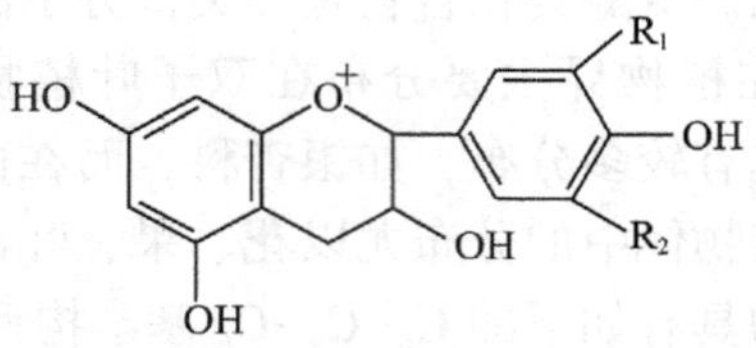

表儿茶素(EC)：R_1=—OH，R_2=—H
表没食子儿茶素(EGC)：R_1=R_2=—OH
表儿茶素没食子羧酸(ECG)：R_1=—H，R_2=W
表没食子儿茶素没食子羧酸(EGCG)：R_1=—OH，R_2=W

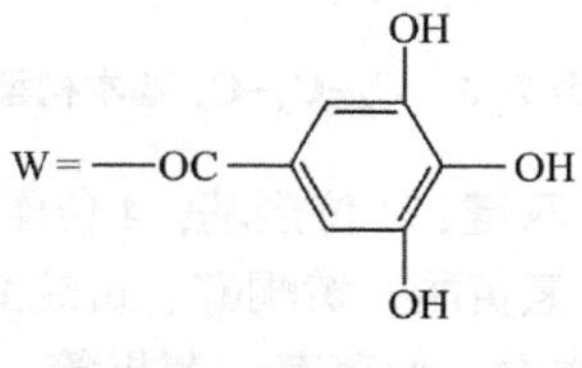

W=—OC—

图 7-4 常见的几种儿茶素类化合物结构

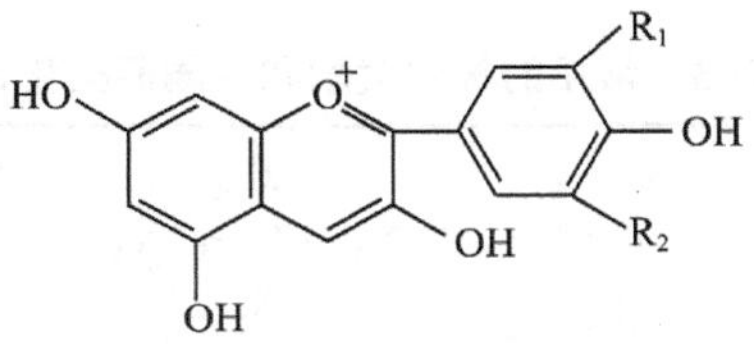

矢车菊素，R_1 =—OH，R_2 =—H
飞燕草素，$R_1 = R_2$ =—OH
天竺葵素，$R_1 = R_2$ =—H

图 7-5　常见的几种花青素的结构

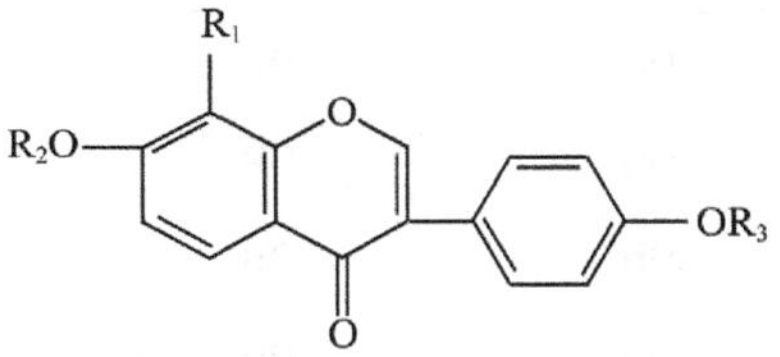

大豆素，$R_1 = R_2 = R_3$ =—H
大豆苷，$R_1 = R_3$ =—H，R_2 =葡萄糖基
葛根素，$R_2 = R_3$ =—H，R_1 =葡萄糖基
大豆素-7,4'-二葡萄糖苷，R_1 =—H，$R_2 = R_3$ =葡萄糖基
7'-木糖-葛根素，R_1 =葡萄糖基，R_2 =木糖基，R_3 =—H

图 7-6　常见的几种异黄酮类化合物结构

　　黄酮类化合物具有多个苯环和酚羟基结构，苯环为疏水基团，而酚羟基为亲水基团。采用分子轨道近似方法 MNDO 进行量子化学计算，结果表明，黄酮类物质在水溶液中最佳构象是苯并吡喃环（A 环、C 环）位于一个平面上，而另一个苯酚环（B 环）与这一平面垂直。其中 A 环多为间苯三酚型结构，构成直键型聚合物，单元间连接键较不稳定而易于断裂。A 环的 C_6、C_8 为亲核反应中心，8 位的亲核活性高于 6 位。B 环常含有邻位酚羟基结构，酚羟基是活泼的 H 供体。C 环为吡喃环，杂环上 C_2、C_3 原子是手性碳原子，可形成 4 个立体异构体。黄酮及黄酮醇类 C_4 位上有一个羰基，羰基可强烈地减少 A 环的亲核性质。以下为几种常见的黄酮和黄酮醇类化合物（表 7-3）。黄酮类化合物多为结晶性固体，少数为无定形粉末。一般情况下，黄酮、黄酮醇多显灰黄-黄色，查尔酮为黄-橙黄色，而二氢黄酮、二氢黄酮醇不显色，异黄酮类显微黄色，花青素及其苷元的颜色随 pH 不同而改变，一般显红（pH < 7）、紫（pH = 8.5）、蓝（pH > 8.5）。高粱红色素中黄酮类化合物组成结构详见 5.4.4.1。

　　黄酮类化合物的溶解度因结构及存在状态（苷元、单糖苷、双糖苷或三糖苷）不同而有很大差异。一般游离苷元难溶或不溶于水，易溶于甲醇、乙醇、乙酸乙酯、乙醚等有机溶剂及稀碱水溶液中。其中黄酮、黄酮醇、查尔酮更难溶于水；而二氢黄酮及二氢黄酮醇等，较易溶于水；花青素及其苷元均易溶于水。黄酮苷一般易溶于水、甲醇、乙醇等强极性溶剂中。糖链越长，则水溶解度越大。黄酮类化合物因分子中多具有酚羟基，故显酸性，可溶于碱性水溶液、吡啶、甲酰胺及二甲基甲酰胺中。吡喃环上的氧原子，因有未共用电子对，故表现微弱的碱性，可与强无机酸、盐酸等生成盐。

　　②植物类黄酮在化妆品中的应用　黄酮类化合物广泛存在于植物界，其中许多具有清

表 7-3 常见的集中黄酮和黄酮醇类化合物

名称	取代基位置								
	2	5	6	7	8	2'	3'	4'	5'
芹莱素		OH		OH				OH	
木樨草素		OH		OH			OH	OH	
山萘酚	OH	OH		OH				OH	
槲皮素	OH	OH		OH			OH	OH	
高良姜精	OH	OH		OH					
杨梅素	OH	OH		OH			OH	OH	OH
芦丁	芸香糖基	OH		OH			OH	OH	

除皮肤中自由基、促进皮肤新陈代谢、减少色素沉着、润泽肌肤等作用。在国外，含有植物类黄酮具有抗衰老、抗炎、美白或皮肤再生功效的化妆品配方越来越受到人们的青睐；在国内，已产业化开发出许多植物黄酮类提取物，如银杏提取物、竹叶提取物、甘草黄酮、大豆异黄酮等，一些已被应用于化妆品行业。

单花鼠曲草（Lasiocephalus ovatus）叶的乙醇提取物（ECR，主要为黄酮类化合物）的体外抗氧化及体内光防护作用研究结果显示，在 DPPH 实验中，ECR 对 DPPH 的清除作用呈浓度相关。体内实验结果显示，ECR 对 UV-B 所致皮肤红斑的抑制率为 43.5%。该植物的体内外强抗氧化和自由基清除活性与酚类化合物有很大关联。

苦参属（Sophora）的乙醇提取物和二氯甲烷馏分（为 3 种已知的异戊烯基类黄酮；槐属黄烷酮 G、次苦参黄素和苦参黄素）能够迅速有效地抑制酪氨酸酶的活性。这些黄酮类化合物抑制能力的构象研究表明，C_8 位置上薰衣草酯或羟基薰衣草酯的取代，以及 C_5 位置上的含甲氧基或羟基类的取代与它们的抑制活性有关。

黄芩苷对全身性过敏、被动性皮肤过敏亦显示很强的抑制活性，其抗皮肤过敏的机理是具有强烈的抗组胺和乙酰胆碱的作用。此外，Nakatsuka 等首次合成结构独特的黄酮类化合物，这些化合物对迟发型过敏性小鼠模型显示出相当强的抗炎作用。

抑菌槲皮素和 3-O-酰基槲皮素在 100 mg/mL 浓度时就有较广的抗菌谱，能够抑制革兰氏阳性菌（金黄色葡萄球菌、枯草芽孢杆菌等）、革兰氏阴性菌（大肠杆菌、沙门氏菌等）以及一些酵母菌。而且发现槲皮素和 3-O-酰基槲皮素在体外对假丝酵母脂肪酶有较好的抑制效果。另外，3-O-酰基槲皮素的抑制效果和亲脂性比槲皮素好，可以更好地应用到皮肤、黏膜上。

黄酮类化合物与蛋白质以疏水键和氢键方式发生复合反应。这一性质使含黄酮类化合物的化妆品在防水条件下对皮肤有很好的附着能力，并且可使粗大的毛孔收缩，使松弛的皮肤收敛、绷紧，从而使皮肤显现出细腻的外观，如原花青素。

（4）植物有机酸

有机酸是广泛存在于植物中的一种含有羧基的酸性有机化合物，多以盐、脂肪、酯、蜡等结合态形式存在。不同的植物种类其分泌的有机酸种类不同，目前被报道的有机酸包括苹果酸、草酸、柠檬酸、亚麻酸、阿魏酸、曲酸、甘草酸等。

①植物有机酸的结构及性质 有机酸及其衍生物广泛分布于生物体中，化学结构多种多样：有脂肪族羧酸和芳香有机酸，有一元酸和二元酸，也有饱和酸和不饱和酸、取代羧酸等。绝大部分简单有机酸并无明显的生物活性，高碳链脂肪酸或脂是有机体的热量储存物质，或作为皮肤皮脂分泌的组成部分起润滑功能。它们大多结构特殊，有的必须含有多个不饱和键，且都是顺式结构，而且不饱和链的位置也很重要，具有一定的医疗和美容价值。

所有植物酸分子中都有羧基，因而具有羧酸的通性，在中草药中一般以盐的形式存在，故可用水提取。提取液经酸化后如所生成的游离酸在水中溶解度较低，往往会沉淀析出。也可用甲醇或乙醇提取，提取液回收溶剂后，残留物用5%～10%碳酸氢钠溶液溶解，有机酸成盐进入碱液；然后碱液可用与水不互溶的溶剂洗涤，接着加酸酸化，使有机酸转变为游离态析出。植物有机酸的精制常用离子交换法。但有机酸衍生物如内酯、酯、酰胺等不能用酸或碱性溶剂提取，以防水解。

有机酸定性方法有两种，一种是溴酚蓝变色反应，即将有机酸的水溶液滴于滤纸上，喷洒0.1%溴酚蓝的乙醇溶液，立即在蓝色背景上显黄色斑点（溴酚蓝的变色区域为pH 3.0～4.6）；另一种是异羟肟酸铁反应，即有机酸的羧基能与羟胺反应生成异羟肟酸衍生物，遇高铁离子可络合显红至紫色。反应如图7-7所示。

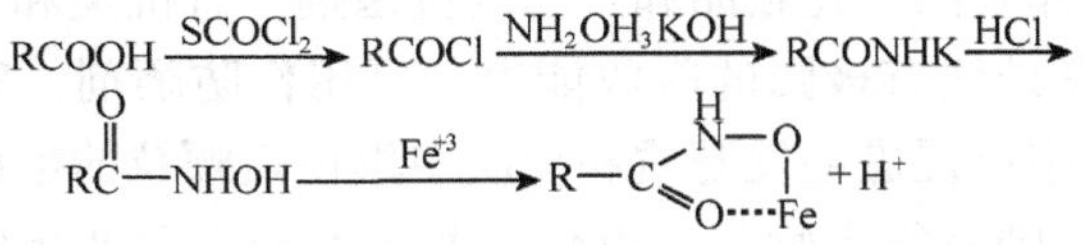

$$RCOOH \xrightarrow{SCOCl_2} RCOCl \xrightarrow{NH_2OH, KOH} RCONHK \xrightarrow{HCl}$$

$$RC(=O)-NHOH \xrightarrow{Fe^{+3}} R-C(=N-O\cdots Fe)-OH + H^+$$

图7-7 异羟肟酸铁反应

除参与植物的新陈代谢外，某些有机酸也具有一定的生物活性。如水杨酸具有解热作用；L-抗坏血酸也是人体不可缺少的营养成分；3,7,11-三甲基十二烷酸可强烈抑制人体内胆甾醇的合成，是一种有发展潜力的抗动脉硬化药物；大分子油中的脂肪酸则是治疗麻风病的有效成分。一些较高级的脂肪酸或芳香酸还是一些中草药的主要有效成分，如甘草中的甘草酸既是皂苷又是有机酸，具有抗炎解毒功能。丙酮酸是生物体系中重要的有机小分子物质，它能加速脂肪消耗，增强耐力和运动能力，是一种很有潜力的高效减肥活性成分。阿魏酸、鞣花酸都属于酚酸类，具有良好的抗氧化性能和清除自由基活性，其中阿魏酸在美容、抗衰老方面有独特的功效；而鞣花酸在抗癌、抗突变方面表现得较为突出。以下具体介绍几种化妆品中常用的植物有机酸。

γ-亚麻酸（图7-8）为（6,9,12）-三烯不饱和酸，在月见草种子油脂中大量存在。γ-亚麻酸可与油脂混溶，不溶于水和乙醇。紫外吸收特征波长是210 nm。γ-亚麻酸也属于维生素 F 样物质，能增进血液流通和细胞的新陈代谢，在洗发水中与烟酸衍生物配合可补充发根毛囊的营养，刺激生发；渗透作用强，与磷脂制成的脂质体，可治疗开放性粉刺（黑头粉刺）和疹子；牙膏中用其防止牙病。

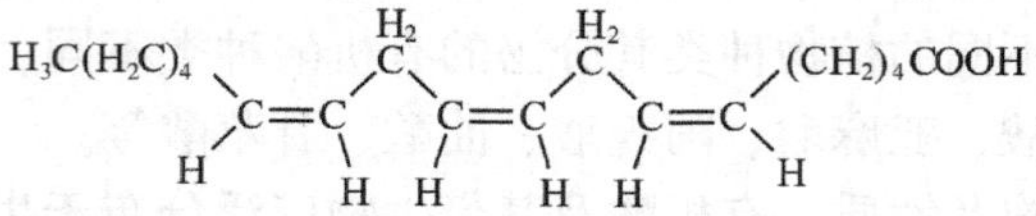

$$H_3C(H_2C)_4-CH=CH-CH_2-CH=CH-CH_2-CH=CH-(CH_2)_4COOH$$

图 7-8　γ-亚麻酸的结构

阿魏酸（图 7-9）存在于阿魏的树脂、单穗升麻、米糠等。阿魏酸有顺反异构体，顺式为黄色油状物，反式为正方棱形结晶，能溶于醇、热水和乙酸乙酯，难溶于苯和石油醚。顺式的紫外吸收特征波长为 322 nm，反式的为 317 nm。在微酸的水溶液中，在光影响下顺反式异构体能互相转化，达到一个平衡。阿魏酸含有高度共轭体系，对紫外线有强吸收，可有效俘获含氧自由基如·OH。因其有众多的共振变构而作用时间长，添加 5.15 mmol/L 能 70.9% 抑制脂质氧化，与超氧过氧化酶有同等活性；阿魏酸可与多羟基化合物生成酯以提高其水溶性，如甘油、环糊精酯等，有刺激生发等作用。

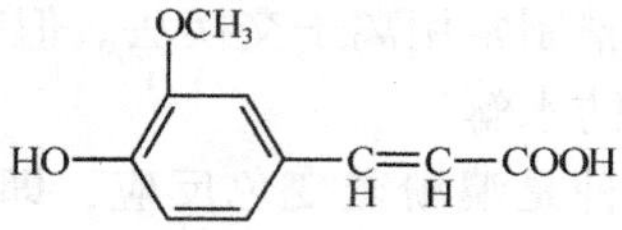

图 7-9　阿魏酸的结构

异阿魏酸是北升麻根茎、梓白皮、田旋花中的主要药效成分，在植物界普遍存在。它有广谱的抗菌性，可用作食品、化妆品和药物的抗菌剂，有抗炎和抗肿瘤活性；对波长在 305~310 nm 范围内的紫外线有极强的吸收能力，可用作防晒剂，对阳光晒黑型皮肤有增白功效；其用于护发素中可促进毛发髓质和皮质中黑色素颗粒的生成，用量为 1%。

曲酸（图 7-10）为吡喃酮衍生物，是由食用曲菌类如米曲产生的物质。工业生产的曲酸以葡萄糖为原料，经曲酸念珠菌发酵制取，经过滤、浓缩、脱色、结晶等一系列步骤，总收率约 30%。曲酸为无色棱柱形结晶，易溶于水、醇和丙酮，微溶于醚、乙酸乙酯、氯仿等，不溶于苯。曲酸有一定的抗菌性，可用作食品和化妆品的防腐剂，有一定的保湿能力，有去屑、抗皱、润湿皮肤的作用。曲酸能强烈吸收紫外线，因此能显著抑制黑色素的生成。

甘草酸和甘草次酸（图 7-11）是甘草根茎部的重要活性组分。甘草酸，分子式为

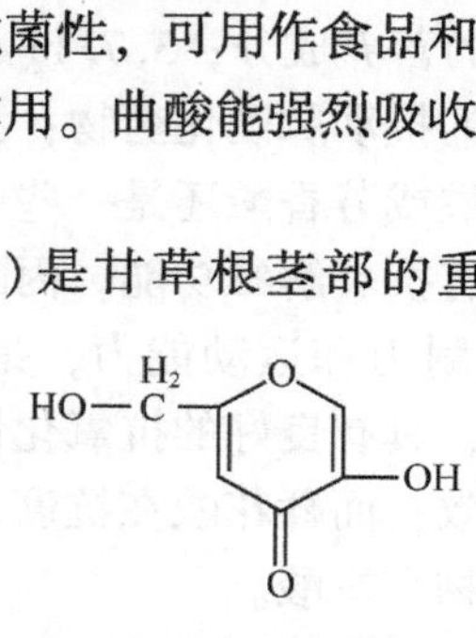

图 7-10　曲酸的结构

$C_{42}H_{62}O_{16}$，相对分子质量为 822.40，由 1 个 18 β-甘草次酸分子和 2 个葡萄糖醛酸分子组成，有 α 和 β 两种异构体。甘草酸为白色结晶性粉末，无臭，有特殊甜味，甜度约为蔗糖的 200 倍，熔点为 212~217 ℃，沸点（常压）为 972 ℃，难溶于冷水，易溶于热水，溶于丙二醇。

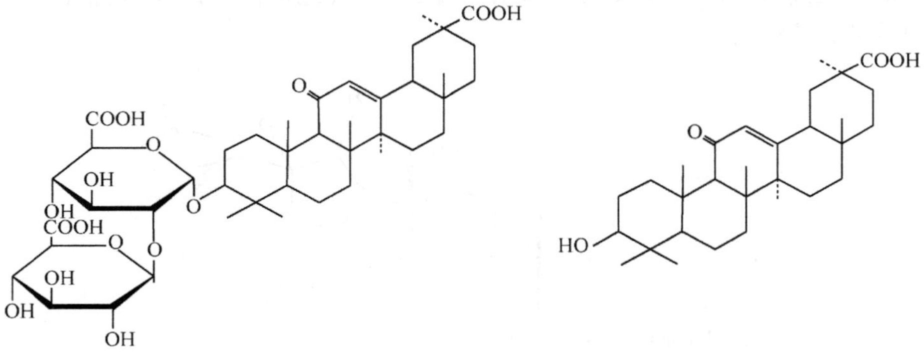

图 7-11　甘草酸和甘草次酸的结构

甘草次酸，即（3β, 20β）-3-羟基-11-氧代-齐墩果-12-烯-29-酸，是由甘草酸水解脱去糖酸链而形成，甜度为蔗糖的 250 倍，熔点为 291~294 ℃，分子式为 $C_{30}H_{46}O_4$，相对分子质量为 470.69。甘草次酸具有对氧自由基的清除作用；甘草次酸还具有抗菌、抗病毒感染的作用，甘草次酸体外能增强小檗碱抑制金黄色葡萄球菌的效力，对致癌性的病毒如肝炎病毒、EB 病毒及艾滋病毒的感染均有抑制作用；甘草次酸具有调节皮肤免疫功能、增强皮肤耐受性、消炎抑菌、预防过敏、清洁皮肤的药理作用；此外它还能通过有效抑制酪氨酸酶活性、阻止皮肤黑色素的生成从而发挥美白淡斑的功效，是一种不可多得的活性护肤成分。

②植物有机酸在化妆品中的应用　目前最具利用价值的是广泛存在于水果中的果酸类、α-羟基酸，即 AHA（Al-phehydroxyacid），如苹果酸、柠檬酸、乳酸、α-醇酸和多水果 BSC 等，现代研究认为，AHA 与人体皮肤细胞呼吸代谢中产生的有机酸有许多共同之处，所以很容易被皮肤吸收，能使皮肤毛细血管扩张，促进皮肤表皮的新陈代谢，使皮肤光滑细腻，达到滋养皮肤、延缓皮肤衰老的目的。应用时，可以将几种不同的果酸混合使用，渗入不同深度的皮肤以去除皮肤外层的死细胞。但无论单独使用或混合使用均有副作用，可能减弱皮肤的正常保护功能。因此，许多果酸护肤品中都不同程度地混入天然营养活性物质如磷脂、蛋白质、亚麻酸等，可充分营养活化皮肤，增加皮肤的弹性。果酸类护肤品也适用于油性皮肤，可清洁皮肤毛孔，去除因毛孔堵塞而造成的面疮，对粉刺有明显的治疗作用。

（5）植物皂苷

植物皂苷是存在于植物界的苷类化合物，其结构复杂且苷元大多是属于甾族化合物或三萜类化合物。由于它们的水溶液振摇时能产生大量的持久性泡沫，故名植物皂素。大多数植物皂苷是天然表面活性剂，具有较强的起泡力、浸透力、分散力、乳化力等性质，同时具有低毒性和较高的生物降解性。近年来，由于合成的表面活性剂会在一定程度上造成环境污染，并对人体健康产生毒害，致使天然表面活性剂用量激增，其中主要用作以食品、化妆品、药品为中心的乳化剂、润湿剂、分散剂及洗净剂等。

按皂苷化学结构可分为甾体皂苷和三萜皂苷。甾体皂苷由 27 个碳原子组成，含 6 个环，其中 A、B、C、D 环具有环戊烷并多氢菲结构的甾体基本母核，C_{22} 是螺原子，E、F 环以螺缩酮形式连接。C_{25} 甲基是 β 构型称异螺旋甾烷（绝对构型为 D 型）。图 7-12 为百合甾体皂苷的分子结构。

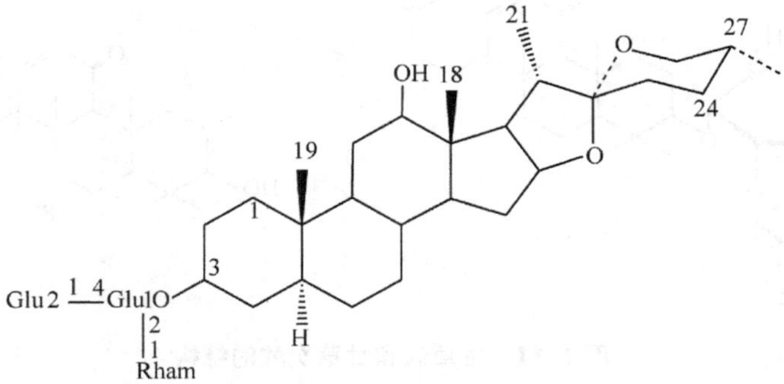

图 7-12　百合甾体皂苷的分子结构

三萜皂苷的皂苷元是三萜类衍生物，其基本骨架由 6 个异戊二烯单位、30 个碳原子组成。三萜皂苷在植物界分布要比甾体皂苷广泛，种类也多，大部分分布于五加科、豆科、桔梗科、远志科等。三萜皂苷经水解除了生成三萜皂元、糖和糖醛酸外，有时可能生成其他合成酸。三萜皂素的苷元上亦常含有羧基。因此，一般所说的酸性皂苷主要是指分子中含有羧基的三萜皂苷。根据皂苷元的结构，三萜皂苷可分为四环三萜皂苷和五环三萜皂苷两大类，以五环三萜皂苷为主，五环三萜皂苷元又包括齐墩果烷型、乌苏烷型、羽扇豆烷型和木榆烷型（图 7-13）。

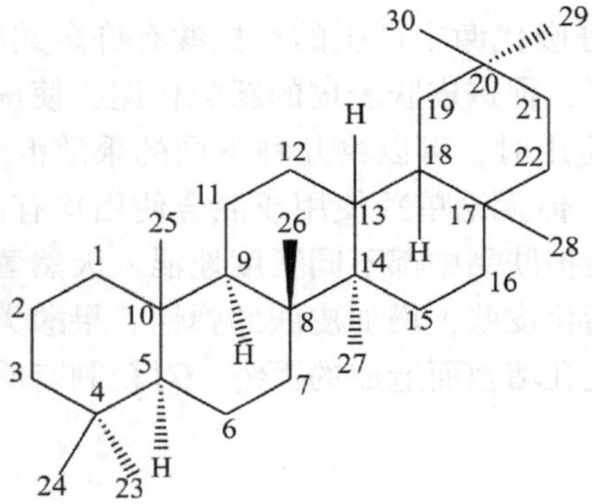

（a）齐墩果烷型 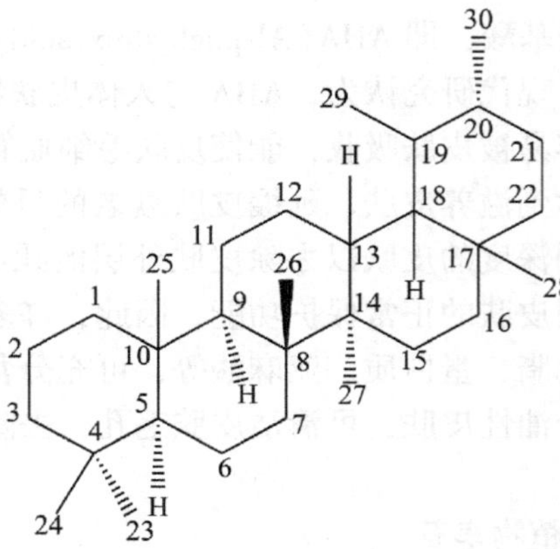　　　　　（b）乌苏烷型

图 7-13　五环三萜皂苷元主要结构

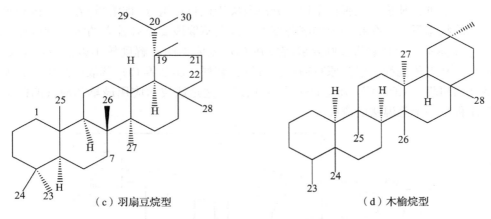

图 7-13 五环三萜皂苷元主要结构（续）

7.3 有效成分强化提取技术

7.3.1 超临界流体萃取技术

7.3.1.1 超临界流体萃取原理

超临界流体萃取技术是一种用超临界流体作溶剂对原料中所含成分进行萃取和分离的新技术。超临界状态是指当物质处于临界温度和压力之上时，密度接近液体，而黏度和扩散系数则接近气体的一种状态。表 7-4 为气体、液体和超临界流体的物理特征比较。由表中可见，超临界流体不同于一般的气体，也有别于一般液体。在此状态下，物质的溶解能力和渗透能力要远远强于常规流体，因此超临界流体可以作为溶剂提取植物原料中的天然成分。超临界流体萃取是利用超临界流体的溶解能力与其密度的关系，即利用压力和温度对超临界流体溶解能力的影响而进行萃取的。

表 7-4 气态、液态和超临界流体物理特征比较

物质状态	密度/(g/cm³)	黏度/[g/(cm·s)]	扩散系数/(cm²/s)
气态	$(0.6\sim2)\times10^{-3}$	$(1\sim3)\times10^{-4}$	$0.1\sim0.4$
液态	$0.6\sim1.6$	$(0.2\sim3)\times10^{-2}$	$(0.2\sim2)\times10^{-5}$
SCF	$0.2\sim0.9$	$(1\sim9)\times10^{-4}$	$(2\sim7)\times10^{-4}$

可作为超临界流体的物质很多，既可以是无机物，也可以是小分子有机物，如 CO_2、N_2O、氨、水、乙烷、丙烷、乙烯、丙烯等。不同的物质其临界点所要求的压力和温度各不相同。其中 CO_2 临界温度（$T_c=31.3\ ℃$）接近室温，临界压力（$P_c=7.37\ MPa$）也不高，且无色、无毒、无味，不易燃，化学惰性，价格便宜，易制成高纯度气体，所以在实践中应用最多。

超临界 CO_2 萃取的工艺流程是根据不同的萃取对象和为完成不同的工作任务而设置

的。从理论上讲,某物质能否被萃取、分离取决于该目标组分(即溶质)在萃取段和解析段两个不同的状态下是否存在一定的溶解度差,即在萃取段要求有较大的溶解度以使溶质溶解于 CO_2 流体中,而在解析段则要求溶质在 CO_2 流体中的溶解度较小以使溶质从 CO_2 中解析出来。其工艺流程一般为原料粉碎、过筛、装料、超临界 CO_2 萃取、减压分离等。

常规的超临界 CO_2 萃取流程如图 7-14 所示,这是该技术应用最早和最普遍的工艺流程,该流程是一个等温法的流程。

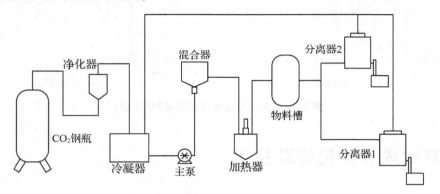

图 7-14 常规超临界 CO_2 萃取工艺流程

加入夹带剂,可从 CO_2 的密度、夹带剂与 CO_2 分子间的相互作用两方面来影响超临界 CO_2 的溶解度和选择性。在加入少量夹带剂的情况下,影响 CO_2 溶解度和选择性的主要因素是夹带剂与溶质分子间的范德华力或夹带剂与溶质间存在的氢键及其他化学作用力。增加目标组分在 CO_2 中的溶解度,如在 CO_2 流体中添加少量夹带剂就可显著增加其溶解度,其作用相当于增加数十兆帕的压力。增加溶质在 CO_2 中的溶解度对温度、压力的敏感性,使溶质在萃取段和解析段间仅小幅度地改变温度、压力即可获得更大的溶解度差,从而降低操作难度和成本。提高溶质的选择性,即加入一些与溶质起特殊作用的夹带剂,可显著提高溶质的选择性,降低操作压力。实际应用中也可将夹带剂由 CO_2 高压泵的入口端(即低压端)泵入。工序中对夹带剂泵的要求较低,操作容易实现,但夹带剂会占去一部分 CO_2 高压泵的输送能力,在夹带剂用量较大时不宜从低压端泵入夹带剂。

7.3.1.2 超临界流体萃取技术的应用

(1)生物碱的提取

传统上对生物碱的提取多采用醇提水沉和水提醇沉等方法,但这些方法存在许多弊端,如过程冗繁,提取率低,有效成分损失较多且易受破坏,需要使用和回收处理大量有毒的有机溶剂,易燃易爆,安全性降低等。超临界流体萃取为生物碱的分离提供了一条新的途径。苦豆子为豆科槐属植物,具有清热解毒、祛风燥湿和止痛杀虫等功能。其有效成分多为生物碱类,如苦参碱、氧化苦参碱、槐定碱、槐果碱、氧化槐果碱和苦豆碱等。科研工作者等运用超临界流体萃取技术从苦豆子中萃取氧化苦参碱并进行定量分析,以 0.1 mL/L 氨水作碱化剂,以 76% 浓度的乙醇作为夹带剂,在萃取温度 45 ℃、萃取压力 42 MPa 条件下萃取 20 h。高效液相色谱法分析结果表明,该方法可靠,精密度高。

(2) 糖及其苷类的提取

天然植物中多糖的提取，传统的方法大多采用不同温度的水、稀碱溶液提取，再经分步沉淀法、盐析法、金属络合法、季盐沉淀法等获得。在枸杞多糖生产工艺及产品的开发研究中，运用超临界 CO_2 萃取技术对枸杞多糖进行提取，结果证明超临界 CO_2 萃取技术提取的枸杞多糖具有脱脂蜡彻底、水溶出率高、脱盐后不易返潮结块等特点。

(3) 黄酮类化合物的提取

沙棘果实中含有多种维生素、有机酸、黄酮、糖类及多种微量元素等，具有止咳祛痰，消食化滞，活血化瘀等功效。用超临界流体萃取去脂沙棘果渣中的总黄酮，萃取压力 8 MPa，夹带剂乙醇浓度 75%，用量 150 mL/h，萃取时间 8 h。实验结果表明，所得的总黄酮的提取率为传统溶剂工艺提取率的 1.2 倍以上。

超临界流体用于有效成分的提取，与传统方法比较，萃取过程几乎不用有机溶剂，萃取物中无溶剂残留，对环境无污染，提取效率高，并且可以通过改变萃取的温度、压力或引入某些夹带剂等，实现对多种有效化学成分的选择性提取。

7.3.2 微波辅助外场强化提取技术

7.3.2.1 微波辅助外场强化提取技术原理

微波辅助外场强化提取法是利用微波辐射能穿透物料到达其内部，物料吸收能量加速运动，向溶剂界面扩散的原理而实现的一种提取方法。微波是波长介于 1 mm～1 m（频率介于 3～3 000 MHz）的电磁波，介于红外线和无线电波之间。在微波电磁场中，高频电磁波穿透萃取介质，到达物料的内部维管束和腺胞系统。一方面，由于吸收微波能，细胞内部温度迅速上升，压力增大，细胞膜发生膨胀乃至破裂，这样细胞内有效成分可以自由流出，在较低的温度条件下被萃取介质捕获并溶解，再通过进一步过滤和分离，即可获得萃取物料；另一方面，微波所产生的电磁场加快了被萃取成分从物料表面向萃取剂界面扩散速率。影响萃取的因素一般有萃取剂、微波功率、萃取时间等，其中萃取剂尤为重要，由于纯非极性溶剂不吸收微波能，因此，应选择极性溶剂作为萃取剂。表 7-5 比较了小规模萃取技术的特点。

表 7-5 各种萃取方法的比较

项 目	索氏提取	超声波	微波	超临界 CO_2 萃取
样品量/g	5.00～10.00	5.00～30.00	0.50～1.00	1.00～10.00
溶剂	根据需要选择	根据需要选择	根据需要选择	二氧化碳
溶剂体积/mL	＞300.00	300.00	10.00～20.00	5.00～25.00
温度/℃	沸 点	室 温	可 控	50～200
时 间	16 h	30 min	30～45 s	30～60 min
压力/kPa	环境压力	环境压力	101～505	15 150～650 650
相对能耗	1.00	0.05	0.05	0.25

微波在传输过程中遇到不同的介质，依介质性质不同，会产生反射、吸收和穿透现象，这取决于材料本身的介电常数、介质损耗系数、比热容、形状和含水量等特性。因

此，在微波辅助外场强化提取技术中，被处理的物料通常是能够不同程度吸收微波能量的介质，整个加热过程是利用离子传导和偶极子转动的机理，因而具有反应灵敏、升温快速均匀、热效率高等优点。

7.3.2.2 微波辅助外场强化提取技术的应用

(1) 萜类物质的提取

甘草酸属三萜类化合物，传统的方法是煎煮和浸泡。王巧娥等研究了微波辅助外场强化提取技术提取甘草中甘草酸的方法，采用正交试验法考察了提取温度、提取时间和微波功率对甘草酸含量和提取总时间的影响，确定了微波萃取甘草中甘草酸的最佳工艺条件，即以0.5%氨水为提取溶剂，微波功率为2 000 W，体系温度升至60 ℃后保温提取40 min。结果表明，微波萃取54 min的甘草酸得率与索氏提取4 h、室温冷浸44.3 h相当，说明微波辅助外场强化提取技术具有快速、高效、节能、选择性好的特点，可用于中草药有效成分的提取，值得推广应用。

(2) 醌类化合物的提取

沈岚等通过对大黄的提取方法的比较，微波辅助外场强化提取技术的提取率最高，是超声的3.5倍，是索氏提取法的1.5倍，是水煎法的1.5倍，且提取速度最快，微波萃取大黄5 min的提取率已超过超声波60 min的提取率，15 min已达到索氏提取法2 h的提取率。

(3) 色素的提取

李安平等对微波萃取橘黄色素工艺中的各种影响因素及萃取的橘黄色素品质进行了研究。试验结果表明，控制橘皮含水量为35%，颗粒大小为60目左右，用橘皮重量40倍的乙醇为溶剂，经10 min的微波萃取作用，所得橘皮色素不仅收率高，而且性能稳定，质量较好。

(4) 黄酮类化合物的提取

陈斌等研究了微波萃取葛根异黄酮的工艺。结果表明，用77%的乙醇作溶剂，固液比为1∶14，在体系温度低于60 ℃的条件下，微波间歇处理3次，葛根异黄酮的浸出率达96%以上。此方法与传统的热浸提法相比，具有产率高、速度快、温度低的特点，低温操作不仅节能而且可保证活性物质不被破坏。

综上所述，与传统提取技术相比较，微波辅助外场强化提取技术具有设备简单、适用范围广、提取效率高、节省溶剂、污染小等特点，而且作为吸收微波最好介质的水也是天然有效成分提取的主要溶剂，因此微波辅助外场强化提取技术有着很好的应用前景。

7.3.3 超声波辅助外场强化提取技术

20~100 kHz的超声波具有能量作用，超声波辅助外场强化提取技术是利用超声波辐射压强产生的强烈空化效应、扰动效应、高加速度、击碎和搅拌作用等多级效应，增大物质分子运动的频率和速度、增加溶剂的穿透力，从而加速目标成分进入溶剂，促进提取进行的方法。超声波具有频率高、波长短、功率大、穿透力强等特点。超声波辅助提取装置

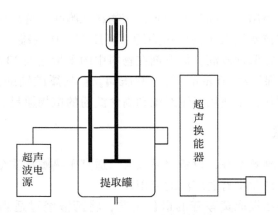

图 7-15　超声波辅助外场强化提取装置示意图

如图 7-15 所示。

超声波辅助外场强化提取技术具有提取效率高，不需要高温，能耗低，提取时间短，以及适应性广等特点。此外，超声波还具有一定的杀菌作用，可以保证提取液不易变质。一般情况下，超声强度达到 0.5 W/cm^2 时就会发生强烈空化作用，超声强度范围 0.5~600 W/cm^2。低强度的超声波可以提高酶的活性，促进酶的催化反应，但不会破坏细胞的完整结构，而高强度的超声波能破碎细胞或使酶失活。超声波辅助外场强化提取技术已应用于生物碱类化合物、皂苷类化合物、蒽醌类化合物、黄酮类化合物、多糖类物质、有机酸类物质的提取。

7.3.4　酶辅助提取技术

酶辅助提取技术是指利用酶的高效催化活性、专一性等特点，选用合适的纤维素酶、蛋白酶、果胶酶等，使细胞壁及细胞间质中的纤维素、半纤维素、果胶等物质降解，破坏细胞壁的致密构造，减少细胞壁、细胞间质等屏障对有效成分从胞内向提取介质扩散的传质阻力，提高有效成分的溶出效率的一项技术手段。

酶辅助提取技术具有反应条件温和、操作简便、成本低，并且能较大幅度提高有效成分的提取率等特点。酶辅助提取技术还能够有选择地改变有效成分的结构性质和生物活性；能够降解体系内的杂质，提高提取液的透明度，提高质量；多种酶的联用有可能进一步提高提取效率。酶辅助提取技术已经应用于多糖等有效成分的提取中。

7.3.5　空气爆破辅助提取技术

空气爆破是利用植物组织中的空气受压缩后突然减压时释放出的强大力量冲破植物细胞壁，撕裂植物组织，使植物组织结构疏松，有利于提取剂渗入植物组织内部，大幅度提高接触面积，同时有利于提取剂在植物颗粒内部的运动和输送。

在空气爆破过程中，可分成两个阶段：首先是具有细胞结构的植物纤维原料在高压、提取介质作用下发生溶解、软化和部分降解，从而削弱了植物组织间的黏结，为爆破过程提供选择性的机械分离。其次是爆破过程，突然减压，提取介质和物料共同完成物理的能量释放。物料内的空气喷出，瞬间急速膨胀，使物料从胞间层解离成单个纤维细胞。

空气爆破辅助提取技术设备主要由压力罐、减压阀、接收罐、空气压缩系统等组成，植物原料在爆破前先用提取剂浸润，提取剂在物料中的含量达到30%~50%，物料在0.2~0.3 MPa压力罐内常温保压约30 min，打开减压阀。空气爆破辅助提取适用于植物的根、茎、叶、皮等多纤维原料，不适用于短纤维和高含淀粉的植物原料。

7.3.6 膜分离技术

膜分离技术具有处理效率高，设备容易放大，适宜于热敏物质分离浓缩等优点。膜分离技术在天然产物分离纯化中有着广泛的应用。

王世岭研究了超滤法提取黄芩苷的最佳工艺，将药液经过适当预处理后，在一定的pH值(酸化时pH = 1.5，碱溶时pH = 7.0)条件下，选用截留值为6 000~20 000的超滤膜进行分离，产率可达6.93%~7.68%，比传统工艺高出近1倍。

麻黄碱是中药麻黄的主要成分，王英等采用超滤装置来提取麻黄，经过1次处理就可得到98.1%麻黄碱，色素除去率达96.7%以上。与传统工艺相比，不仅收率提高，产品质量好，生产安全可靠，生产成本显著降低，而且也避免了对环境的污染。

何昌生等采用超滤法纯化甜菊糖苷，采用超薄型板式过滤器和截留值为10 000的CA膜，工艺流程合理，操作过程简单，脱色性能和除杂效果满意，且较好地解决了生产中所出现的沉淀问题和灌装时的起泡问题。

7.4 主要化妆品植物资源的应用

7.4.1 无患子

无患子，《本草纲目》中称其为木患子，四川称油患子，也被称为油罗树、洗手果、肥皂果树，来源为无患子科植物无患子树的种子。其性味苦、平，有毒，具有清热，祛痰，消积，杀虫的功效。其化学成分主要含无患子皂苷、脂肪油、蛋白质。无患子皂苷含有五环三萜类皂苷、四环三萜类大戟烷型皂苷和达玛烷型皂苷(图7-16)。无患子皂苷中一般只含葡萄糖、阿拉伯糖、鼠李糖。除常用UV、^{1}H-NMR方法鉴别苷元骨架外，更多采用的是^{13}C-NMR及各种2D-NMR技术。

7.4.1.1 无患子的美白作用

无患子的美白作用成分主要是以下几种：①阿魏酸能改善皮肤质量，使其细腻、光泽、富有弹性。②氯原酸对内皮细胞损伤具有不同程度的预防性保护作用，能清热解毒、养颜润肤。③果酸促使真皮层内弹性纤维、胶原蛋白、黏多糖类与玻尿酸增生，帮助肌肤改善青春痘、黑斑、皱纹、皮肤干燥、粗糙等问题肌肤。④槲皮素是一种生物类黄酮，可以促进皮肤保护能力的提高，避免及减少皮肤受到内外毒素、辐射、微生物、病毒以及其他成分的损害。⑤维生素B是构成辅酶的成分，促进细胞内生物氧化的进行，参与糖、蛋白质和脂肪代谢，可促进皮肤、黏膜更新及头发生长和红细胞生成，有助于女性调经养

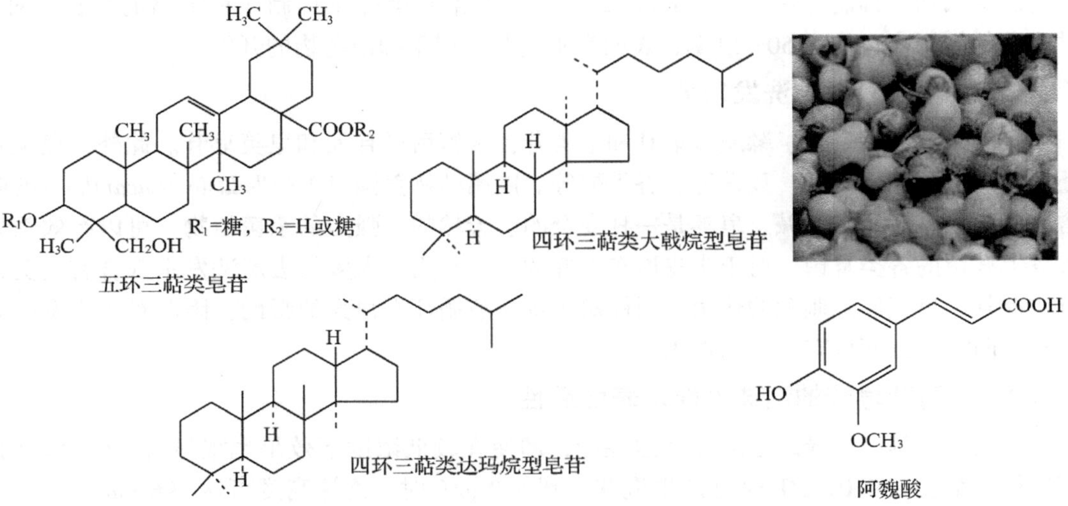

图 7-16 无患子皂苷及阿魏酸

血、嫩肤美容。

7.4.1.2 无患子的清洁作用

无患子是纯天然的界面活性剂，具有水土保持、不伤人体、不污染水源的特性。无患子是清洁能力最好的天然洗涤原料，它的汁液 pH 值为 5~7，呈自然酸性，泡沫丰富，手感细腻，去污力强。作为天然活性物质，可用于天然洗发香波及各种洁肤护肤化妆品中，也可用来治疗脚癣和轮癣。无患子中的茶多酚是水溶性物质，用它洗脸能清除面部的油脂、收敛毛孔，能消毒、灭菌、抗皮肤老化，减少日光中紫外线辐射对皮肤的损伤等。

7.4.2 皂荚

皂荚（*Gleditsia sinensis*），又名皂角，是我国特有的云实科皂荚属树种之一，生长旺盛、雌雄异株，雌树结荚（皂角）能力强。我国皂荚资源主要分布于东北、华北、华东、华南以及四川、贵州等地。皂荚荚果中含有 30% 以上的皂苷，是已发现的皂苷含量最高的木本植物资源。皂苷是一类比较复杂的化合物，它的水溶液振摇时能产生大量持久的蜂窝状泡沫，与肥皂相似，故名皂苷。皂荚皂苷是一种五环三萜类天然表面活性剂，泡沫丰富，易生物降解，对人体无毒无害，具有较好的表面活性和洗涤能力；同时，皂荚皂苷具有消炎抗菌、除湿杀虫的功效。

7.4.2.1 皂荚皂苷的抗菌功效

彭茜等采用超声波辅助外场强化提取技术，得到的皂荚皂苷在质量浓度为 32~64 g/L 和 16~64 g/L 时，分别对大肠杆菌、金黄色葡萄球菌的生长起到一定的抑制作用；对啤酒酵母抑制力相对较强，且抑菌活性与浓度呈正相关，其最低抗菌浓度（MIC）值为 32 g/L。梁静谊等人利用水提皂荚皂苷的工艺实验证明，皂荚皂苷水溶液对大肠杆菌、金黄色葡萄球菌、绿脓杆菌、阴沟肠杆菌、沙门肠杆菌及白色念珠菌、克柔念珠菌、热带念珠菌、近平滑念珠菌均有抑制作用，50 mg/mL 的皂荚皂苷溶液能完全抑制 5 种细菌的生长，对 4 种真菌的抑制率也均在 50%以上，表明皂荚皂苷可用于抑菌药物的开发。

7.4.2.2 皂荚皂苷的洗发功效

皂荚果含三萜皂苷、鞣质、皂苷和皂荚苷，水解后得苷元和皂荚皂苷。此外，皂荚果还含有蜡醇、二十九烷、豆甾醇、谷甾醇等。同属植物美国皂荚(*Gleditsia triacanthos*)的叶含大量生物碱三刺皂荚碱。皂荚是一种安全的、天然的、强力的杀菌植物，可以有效杀灭头皮上残留的各类真菌，对于头皮屑有极好的抑制作用。大多数去屑洗发水都含有皂荚成分。此外，皂荚局部刺激的作用也同样对头皮血液循环有很大的帮助，因此对于头发健康生长、防脱发方面也有一定的作用。

7.4.2.3 皂荚皂苷的泡沫性能及表面活性

皂荚皂苷具有优异的起泡和稳泡性能，即使在较低浓度下效果也很显著。研究表明，当纯组分浓度在 0.01 g/L 时已产生泡沫，到 5.0 g/L 时，泡沫高度可达 296 mm，且泡沫稳定，过 2 h 也只降低 10 mm 左右。皂荚皂苷良好的泡沫性能也得益于其优异的表面活性，25 ℃时纯水中皂荚皂苷的临界胶束浓度为 0.500 g/L。将其与常见的几种具有不同结构特征(阴、阳、非离子型)表面活性剂十二烷基磺酸钠(SDS)、2-乙基己基琥珀酸磺酸钠(AOT)、脂肪醇聚氧乙烯醚硫酸钠(AES)、全氟壬烯氧基苯磺酸钠(OBS)、十六烷基三甲基溴化铵(CTAB)比较发现，不论从降低表面张力的效率还是降低表面张力的能力来看，皂荚皂苷都具有很高的表面活性。

7.4.3 油茶茶粕

油茶(*Camellia oleifera*)是山茶科山茶属植物，主要分布于热带及亚热带地区。茶粕是油茶籽提油后的副产品，又称茶饼、茶麸、茶枯等，呈紫褐色颗粒，其数量相当于茶油的 3 倍。油茶茶粕因其含有多种活性成分如油茶皂素、茶多酚、黄酮类化合物、油酸等具有抗皮肤过氧化与延缓衰老、美白、抗辐射、防晒、抗炎、抗过敏、抑菌等护肤作用，因而越来越受到人们的青睐，被广泛应用于化妆品领域。

7.4.3.1 油茶茶粕洗涤作用

油茶皂素是从油茶茶粕中提取出来的主要天然产物，具有良好的表面活性和生物活性，具有去污性、发泡性、乳化性。油茶皂素的基本结构由皂苷元、糖体和有机酸 3 部分组成(图 7-17)。其苷元系 β-香树素衍生物基本碳架为齐墩果烷，糖体部分主要有阿拉伯糖、木糖、半乳糖以及葡萄糖醛酸等，有机酸包括当归酸、惕格酸、醋酸和肉桂酸等。除了油茶皂素之外，油茶茶粕中的茶多酚对头发、头皮中的角蛋白及附着表面的细胞蛋白有极大亲和性和凝固性，也有着很好的洗涤、去头屑、美发、护发作用。相关产品与化学合成的表面活性剂相比，具有可降解、无污染、无毒害的优点，在日化行业是难得的天然材料。

7.4.3.2 油茶茶粕抗辐射功能

油茶茶粕中提取出的茶多酚又名茶单宁、茶鞣质，是茶叶中所含的一类多羟基酚类化

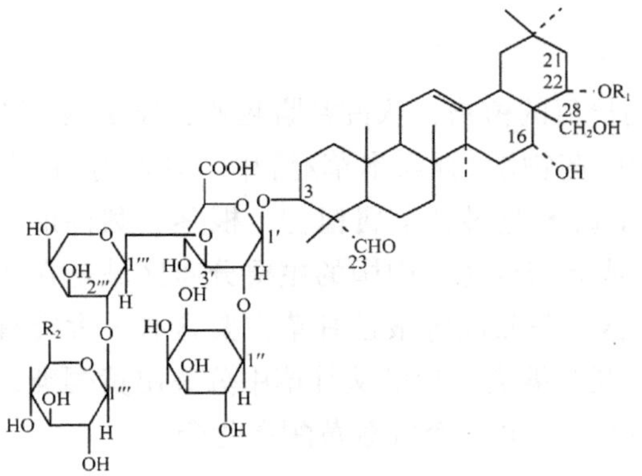

	R_1	R_2
阿萨姆皂苷 A assamsaponin A (1):	Ang	H
山茶皂苷 B_1 camelliasaponin B1 (2):	Ang	CH_2OH
去酰基–阿萨姆皂苷 A desacyl-assamsaponin A (3):	H	H

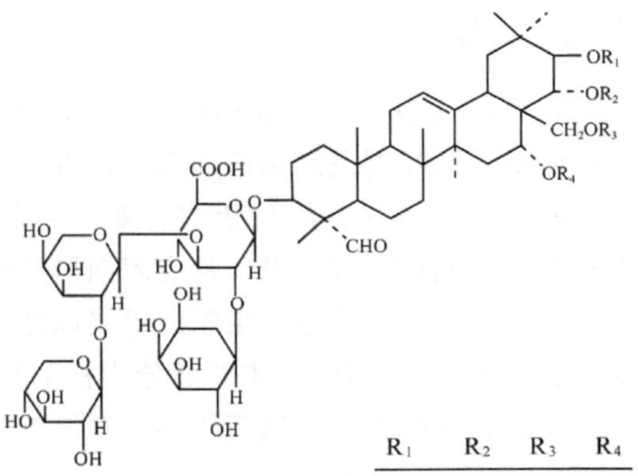

	R_1	R_2	R_3	R_4
阿萨姆皂苷 B assamsaponin B (4):	Ang	Ac	H	Ac
阿萨姆皂苷 B assamsaponin B (5):	Tig	H	Ac	H
茶皂苷 E_1 theasaponin E1 (6):	Ang	Ac	H	H
茶皂苷 E_2 theasaponin E2 (7):	Ang	H	Ac	H
去酰基–茶皂苷 E desacyl–theasaponin E (8):	H	H	H	H

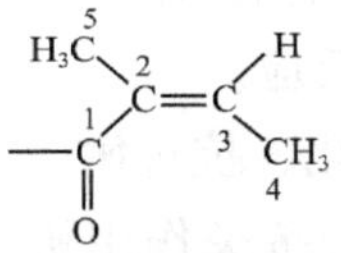

当归酰基
Ang: angeloyl

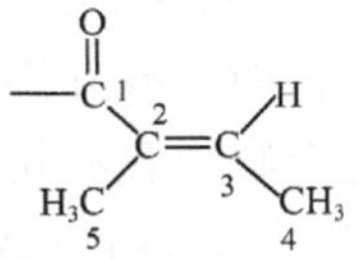

惕格酰基
Tig: tigtoyl

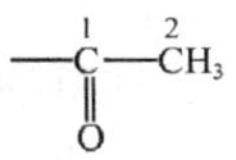

乙酰基
Ac: acetyl

图 7–17　油茶皂素

合物的总称，简称为 TP(Teaupolyphenol)。其中儿茶素类化合物为茶多酚的主体成分，具有优异的抗辐射功能，可吸收放射性物质，能够阻挡紫外线和清除紫外线诱导的自由基，从而保护黑素细胞的正常功能，抑制黑素的形成，同时对脂质氧化产生抑制，减轻色素沉着，可有效地防止黑斑、雀斑的形成和皮肤衰老，被誉为天然的紫外线过滤器。茶黄酮作为茶多酚家族里的另一成员，可以从茶多酚中分离出来，是化妆品的天然保护剂。茶黄酮还可保证化妆品不被氧化，是理想的“多功能”添加剂。目前，茶黄酮主要用来配制一些具有特殊功能的化妆品，如防止皮肤老化、防紫外线辐射及防晒等。

7.4.3.3　油茶茶粕抗菌功能

油茶茶粕中的其他活性成分也被广泛应用于化妆品领域。Gatto 等研究发现槲皮素和 3-O-酰基槲皮素在 100 mg/mL 浓度时就有较广的抗菌谱，能够抑制革兰氏阳性菌(金黄色葡萄球菌、枯草芽孢杆菌等)、革兰氏阴性菌(大肠杆菌、沙门氏菌等)以及一些酵母菌。而且发现槲皮素和 3-O-酰基槲皮素在体外对假丝酵母脂肪酶有较好的抑制效果，其中 3-O-酰基槲皮素的抑制效果和亲脂性比槲皮素好，可以更好地应用到皮肤、黏膜上。此外，一些研究表明茶多酚可以抑制链球菌引起的皮肤感染。儿茶素类化合物中的没食子儿茶素没食子酸酯也有较强的抗炎作用，可以显著地抑制体外 IL-1-β 信号转换，可望用于治疗炎症性皮肤病，如痤疮等。

7.4.4 甘草

甘草（*Glycyrrhiza uralensis*）是一种很有使用价值的植物，从古希腊起就已经使用甘草作为祛痰剂、镇咳剂及甜味添加剂。在古老的中国药物学《神农本草经》中，甘草有"此草最为众药之王，经方少有不用者"之称。甘草属于蝶形花科甘草属植物，根茎呈圆柱形，表面有芽痕，断面中部有髓，外皮表面呈红棕色或者灰棕色。中国的主要分布区域是在齐齐哈尔以南，沈阳、长春、哈尔滨一线以西的地区。赵雅欣等报道甘草主要含有3大类有效成分：黄酮类、三萜类（主要成分为甘草酸）以及多糖类。现已从甘草中分离出黄酮类、黄酮醇类、查尔酮类、双氢黄酮类、双氢查尔酮类等150多个甘草黄酮类化合物。

7.4.4.1 甘草的抗炎活性

甘草中的黄酮类化合物除了有一定的美白作用外，其中的甘草苷还具有抗炎活性。汲晨锋等报道甘草中的异甘草素和甘草素对透明质酸酶的活性和免疫刺激所诱导的肥大细胞的组胺释放都有抑制作用。甘草的抗炎机制主要为降低细胞对前列腺素和非特异性巨噬细胞移动抑制因子等活性因子的反应性，甘草的黄酮类成分明显抑制白细胞和血小板氨基酸代谢物 cAMP 浓度，从而阻止组胺等活性物质释放并抑制脱颗粒反应。

程晓霞等发现甘草酸为五环三萜类化合物，具有抗炎、抗氧化、抗过敏、抗肿瘤、增强免疫功能、诱生干扰素等多种生物活性。多数研究认为，GL 的抗炎作用机制主要是通过选择性地抑制与花生四烯酸发生级联反应的代谢酶磷脂酶 A2 和脂加氧酶的活性完成的，这样使前列腺素、白三烯等炎性介质无法产生，从而显示抗炎效应。水溶性的甘草酸及甘草次酸盐有温和的消炎作用，一般添加在日晒后护理产品中，用来消除强烈日晒后皮肤上的细微炎症，还能抑制毛细血管通透性。

7.4.4.2 甘草的美白作用

甘草的美白机理主要是因为以下几点：①抑制血小板聚集。甘草中的异甘草素具有抗血小板聚集作用，甘草叶中富含的黄酮组分对胶原蛋白诱导的血小板聚集具有较强的抑制作用。②抗菌、抗病毒、抗炎、抗变态反应等作用。苏联学者研究表明，甘草香豆素比磺胺和抗生素的药效要好。③抑制酪氨酸酶活性的作用。研究者发现，甘草中的有效成分甘草黄酮对酪氨酸酶活性具有抑制作用及对 Dopa 色素互变异构酶活性具有抑制作用，从而有效地抑制黑色素的生成，达到美白效果。④抗氧化、清除氧自由基的作用。傅乃武等报道了14种甘草黄酮类化合物和3种三萜类化合物对4种活性氧的清除作用，证实了甘草中含有的黄酮类成分有明显的抗氧化作用，其抗氧化能力与维生素 E 比较接近，具有清除多种自由基和抑制脂褐素生成，促进抗氧化防御系统等多种功能。

7.4.5 人参

人参（*Panax ginseng*）是多年生草本植物，由于根部肥大，形若纺锤，常有分叉，全貌颇似人的头、手、足和躯干，故而称为人参。人参被称为"百草之王"，是驰名中外、老幼皆知的名贵药材。近年来东北三省已广泛栽培，河北、山西、陕西、湖北、广西、四川、

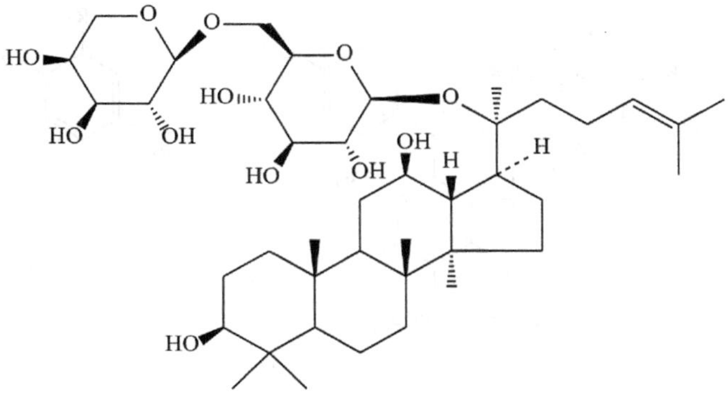

图 7-18 人参皂苷的结构

云南等省份均有引种。人参主要含 10 多种人参皂苷(图 7-18),以及人参炔醇、β-榄香烯、糖类、多种氨基酸和维生素等。

7.4.5.1 人参的美白作用

研究表明,人参中的熊果苷是酪氨酸酶抑制剂,低浓度即可抑制酪氨酸酶的活性,阻断多巴及多巴醌的合成,从而抑制黑色素的生成。宋文刚等通过体外对蘑菇酪氨酸酶活性的检测和细胞增殖率的测定,研究了人参皂苷 Rb1 的作用。实验结果表明,Rb1 在小剂量时对 B16 黑色素细胞增殖有促进作用,大剂量时对 B16 黑色素细胞增殖有抑制作用,对于体外酪氨酸酶活性无影响。程基焱等研究了人参二醇组皂苷、人参皂苷对体外培养的黑色素细胞的影响以及对黑色素合成调节的作用和机制,结果表明,二者对黑色素细胞的生长和增殖均无影响,但对培养黑色素细胞一氧化氮合酶的表达具有抑制作用。

7.4.5.2 抗衰老机理

人参皂苷 Rb 及人参皂苷 Rd 可抑制基质金属蛋白酶 MMP-1 和 MMP-3 的表达。研究发现,在 UVB 诱导的成纤维细胞光老化模型中,人参提取物可同时调节 MAPKs 及 NF-κB 信号通路,抑制因 UVB 照射引起的 MMP-1 与 MMP-3 的异常表达,达到抗光老化的作用。另外,人参提取物还可清除过量自由基,又可促进 I 型胶原蛋白合成。密鹤鸣等定量证实了含有人参皂苷的面霜可增加皮肤中胶原蛋白的含量,使皮肤因脯氨酸含量升高而起到滋养作用。

7.4.6 白及

白及(*Bletilla striata*),兰科白及属,又称小白及、连及草、甘根,千百年来一直作为传统中药使用(图 7-19、表 7-6)。白及具有较强的抗菌作用,对多种皮肤病有良好的疗效。生物学功能试验表明,白及提取物对体外培养的人皮肤成纤维细胞具有明显的促进生长作用;研制的新型白及化妆品配方试用情况表明,白及化妆品在消炎、止痒、消褪色斑、消除痤疮、防止粗糙、抗冻和防裂等诸多方面具有良好的护肤美容作用,适合作为天然化妆品的功能组分。

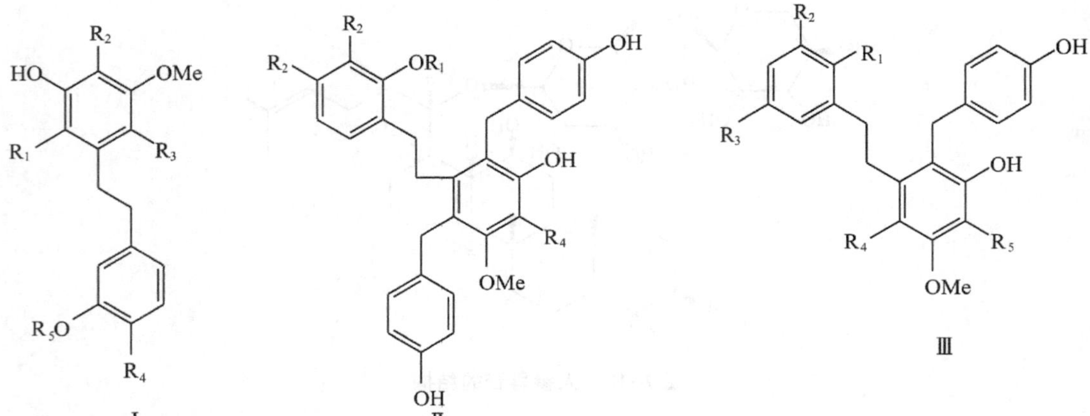

图 7-19 白及中联苄类化合物母核

表 7-6 白及中联苄类化合物

化合物名称	母核	取代基
3,3'-dihydroxy-4-(p-hydroxybenzyl)-5-methoxybibenzyl	I	$R_1=R_3=R_4=R_5=$—H, $R_2=$—CH_2—C_6H_4—OH
3,3'-dihydroxy-2-(p-hydroxybenzyl)-5-methoxybibenzyl	I	$R_2=R_3=R_4=R_5=$—H, $R_1=$—CH_2—C_6H_4—OH
3,3'-dihydroxy-2,6-bis(p-hydroxybenzyl)-5-methoxy-bibenzyl	II	$R_1=R_2=R_3=R_4=$—H
5-dihydroxy-2,6-(p-hydroxybenzyl)-3,3'-dimethoxy-bibenzyl	II	$R_1=$—CH_3,$R_2=R_3=R_4=$—H
2,3-dilydroxy-5-methoxy-2,5,6-tris(p-hydroxybenzyl) bibenzyl (bulbocodin)	III	$R_1=$—OH, $R_3=R_4=$—CH_2—C_4H_6—OH, $R_2=R_5=$—H
3,3-dihydroxy-5-methoxy-2,4-bis(p-hydroxybenzyl) bibenzyl(bulbocodin D)	III	$R_1=R_3=R_4=$—H,$R_2=$—OH, $R_5=$—CH_2—C_4H_6—OH

7.4.6.1 白及的美白功效

联苄类成分是白及属植物的主要特征性成分之一。张建华等对传统美白方"七白膏"进行了酪氨酸酶抑制实验，在熊果苷的阳性对照下，10味中药对酪氨酸酶均有不同程度的抑制作用，其中白及的酪氨酸酶抑制作用最大，与熊果苷相当。

7.4.6.2 白及的保湿功效

白及块茎含有大量的黏稠性葡甘露聚糖类物质，这类物质具有多种活性。①含有大量羟基，能够显示良好的保湿作用。②白及葡甘聚糖可在皮肤表面形成透气性薄膜，防止皮肤、毛发失水和微生物侵染，使皮肤爽滑滋润，是一种性能优良的高分子成膜性天然物质。

7.4.6.3 白及延缓皮肤衰老功能

芮海云等认为，白及中性多糖有明显的清除自由基的能力，随着多糖浓度的升高，其清除作用也逐渐增强，呈现量效关系，相对而言，其清除活性较维生素E高。因化，将白及胶加入抗衰老营养化妆品中,可补充肌肤营养,消除体内过量的自由基,延缓肌肤衰老。

7.4.7 黄芩

黄芩(*Scutellaria baicalensis*),为唇形科黄芩属植物,又名空心草、黄金茶。我国有100种左右黄芩属植物,多为野生,南北均产。其原植物主要产于东北、河北、山西、河南、陕西、内蒙古等地,以山西产量最大,河北承德产的质量最好。主要品种有:黄芩、滇黄芩、黏毛黄芩、甘肃黄芩、丽江黄芩、川黄芩、大黄芩。黄芩的干燥根含有丰富的黄酮类化合物,目前从中提取并鉴定出结构的黄酮类化合物已有几十种,其中主要成分包括黄芩苷、黄芩素(图7-20)、汉黄芩素、千层纸素和千层纸素A苷等。

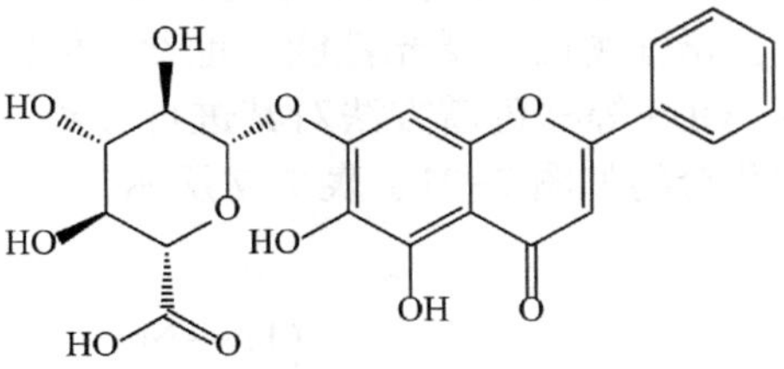

图7-20 黄芩苷及黄芩素的结构

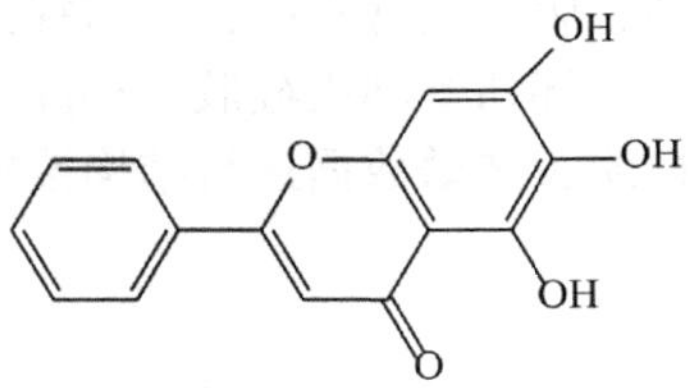

7.4.7.1 黄芩抗菌作用

黄芩具有广谱抗菌性,体外试验证明,其煎剂对多种革兰氏阳性菌如金黄色葡萄球菌、溶血性链球菌、肺炎球菌等有不同程度的抑制作用;对革兰氏阴性菌如大肠杆菌、痢疾杆菌、变形杆菌、淋病双球菌等亦有抑制作用;对多种致病性皮肤真菌如白念珠菌有一定抑制作用。任玲玲将黄芩用乙醇:水=7:3进行提取后,将提取物按极性大小分部位进行抑菌活性的研究。结果表明,乙酸乙酯部位(主要含黄芩素和汉黄芩素)和正丁醇部位(主要含黄芩素和黄芩苷)有较高的活性,且乙酸乙酯部位的活性大于正丁醇部位。王丽丽以生活环境中常见的霉菌为试验菌进行抑菌试验,发现黄芩的抑菌浓度下限为0.25 mg/mL。

7.4.7.2 黄芩的抗炎和抗过敏作用

黄芩的甲醇提取物、黄芩素、黄芩苷和汉黄芩素等均能抑制由醋酸诱导的小鼠血管通透性增加,减少由合成多胺诱导的大鼠急性足跖肿胀;黄芩苷对二甲苯致水肿模型有抑制作用,说明黄芩对急、慢性炎症反应均有抑制作用。抗炎作用机理与其抗组胺释放及抗花生四烯酸代谢有关。黄芩苷可显著抑制白细胞内白三烯B_4和白三烯C_4的生物合成,其IC_{50}值分别为0.48 μmol/L和3.15 μmol/L。实验证实,黄芩苷清除活性氧中间体、黄芩素抵抗配体诱导的Ca^{2+}内流,两者共同抑制Mac-1依赖的白细胞黏附作用,从而达到抗炎活性。透明质酸酶是一种黏多糖裂解酶,它的强抑制剂具有抗过敏作用。Kakegawa则证实了黄芩素抑制透明质酸酶的活性,从而起到抗过敏作用。

7.4.7.3 黄芩的抗辐射作用

黄芩中提取的黄芩诱导体在190~400 nm范围内都有强烈吸收,说明它是一种广谱防晒剂。何西利制备了芦丁-黄芩苷防晒霜,并测定其在320~400 nm范围内有显著紫外吸收性。周润枝利用黄芩提取物对紫外线有很强的吸收能力、吸收范围广的特点，辅以维生素 E 和月见草油等能促进皮肤新陈代谢、防止皮肤干燥，延缓皮肤衰老的成分制备了一种防晒营养霜，具有使色素沉着、黄褐斑消失的功效。

7.4.8 马齿苋

马齿苋（*Portulaca oleracea*）为马齿苋科马齿苋属植物，又名蚂蚱菜、长命菜、马舌菜等。马齿苋为一年生草本，喜温暖湿润气候，适应性较强，能耐旱，遍布全国，盛产于四川。多以其干燥的地上部分入药，性味酸寒，具有清热解毒、凉血止血之功效。马齿苋还含有丰富的不饱和脂肪酸（主要是 SL3 脂肪酸）及维生素 A 样物质，SL3 脂肪酸是形成细胞膜，尤其是脑细胞膜与眼细胞膜所必需的物质。维生素 A 样物质能维持上皮组织如皮肤、角膜及结合膜的正常机能，参与视紫质的合成，增强视网膜感光性能，也参与体内许多氧化过程。丁怀伟等利用硅胶、Sephadex-LH-20、ODS 等柱色谱方法对其进行分离纯化，根据理化性质及波谱数据进行结构鉴定，得到的化合物如图 7-21、表 7-7 所示。

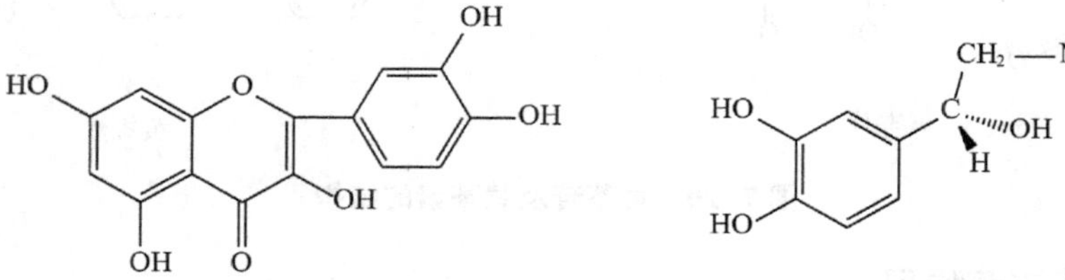

图 7-21 马齿苋槲皮素及 L-去甲基肾上腺素的结构

表 7-7 马齿苋化学成分

成分种类	主要成分
黄酮类	槲皮素、山奈酚、芹菜素、杨梅素、橙皮苷、染料木苷、染料木素、木樨草素、oleracone C、oleracone D、oleracone E
生物碱类	L-去甲基肾上腺素、腺苷、尿嘧啶、腺嘌呤、环二肽、尿囊素、金莲花碱、喹啉羧酸、吲哚-3-羧酸、甜菜红色素、对羟基苯乙胺、N,N-二环己基脲、N-阿魏酰基酪胺、N-阿魏酰基去甲辛弗林 2,5-二羧基吡咯-5-羟基-2-羧基吡啶、3-异丁基-6-甲基哌嗪-2,5-二酮、3-仲基-6-甲基哌嗪-2,5-二酮、6-乙酰-2,2,5-三甲基-2,3-二氢环庚酮[b]吡咯-8(1H)-酮、6-羟基-2-[2-羟基-2-(4-羟苯基)乙基]-4-(4-羟基-3-甲氧基)-7-甲氧基-1H-苯并[F]异吲哚-1,3(2H)-二酮
多糖类	POL1、POL2、POL3
萜类	α-香树酯醇、白桦酸、熊果酸、黄体素、木栓酮、帕克醇、环阿屯醇、甘草次酸、齐墩果酸、羽扇豆醇、β-谷甾醇、胡萝卜苷、表木栓醇、蒲公英萜醇、β-香树脂醇、丁酰鲸鱼醇、马齿苋单萜 A、马齿苋单萜 B、3-乙酰糊粉酸、豆甾-4-烯-3-酮、谷甾-4-烯-3-醇、谷甾-5-烯-3-醇、谷甾醇葡萄糖苷、亚甲基-环阿屯醇、acetyl alenritolic acid、portaraxeroic acid A、portaraxeroic acid B、4α-甲基-3β-羟基-木栓烷、(3S)3-O-(B-D-吡喃葡萄糖)、7-二甲基-辛-1,5-二烯 3,7-二醇、(3S) 3-O-(β-D-吡喃葡萄糖)-3,7-二甲基-辛-1,6-二烯-3-醇
香豆素类	大叶桉亭、东莨菪亭、佛手内酯、伞形花内酯、异茴香内酯、反-对香豆酸、反-对香豆酸、6,7-二羟基香豆素、lonchcarpic acid、lonchcarpen

（续）

成分种类	主要成分
有机酸类	阿魏酸类、草酸、辛酸、烯酸、咖啡酸、香豆酸、水杨酸、琥珀酸、花生酸、富马酸、苯甲酸、香草酸、柠檬酸、亚麻酸、亚油酸、棕榈酸、硬脂酸、原儿茶酸、没食子酸、羰基-壬酸、十八烯酸、十三烷酸、二十八烷酸、二十六烷酸、二十四烷酸、苹果酸甲酯、二十碳三烯酸、二十碳五烯酸、琥珀酸单甲酯、柠檬酸-L-甲酯、5-二甲基柠檬酸、p-羟基安息香酸、L-4-甲基苹果酸酯、苹果酸-L-二甲酯、9,12-十八碳二烯酸、二十二碳六烯酸、2,2′-羟基-4,6′-二甲氧基查尔酮

7.4.8.1 马齿苋的抗炎活性

金英子等采用二甲苯及巴豆油致小鼠耳廓炎症的方法，观察马齿苋提取物对小鼠耳廓肿胀度的影响，发现马齿苋提取物各剂量组小鼠肿胀度与对照组比较均显著减少，表明马齿苋提取物对巴豆油所致的小鼠耳廓肿胀有抑制作用，具有明显的抗炎消肿作用。马齿苋的抗炎作用是因为马齿苋含有 ω-3 脂肪酸，可使血管内皮细胞合成抗炎物前列腺素，该物质可抑制组胺及 5-羟基色胺等炎症介质的生成。

7.4.8.2 马齿苋的杀菌作用

马齿苋乙醇提取物对大肠杆菌、变形杆菌、痢疾杆菌、伤寒杆菌、副伤寒杆菌有高度的抑制作用；对金黄色葡萄球菌、真菌如奥杜益小芽孢癣菌、结核杆菌也有不同程度的抑制作用；对绿脓杆菌有轻度抑制作用。煎剂在 18.75～37.5 mg/mL 浓度时，对志贺、宋内、斯氏及费氏痢疾杆菌均有抑制作用，但与马齿苋多次接触培养后能产生显著的抗药性。

复习思考题

1. 化妆品的定义是什么？化妆品的安全性主要指什么？
2. 化妆品用植物加工的优势是什么？为什么要发展植物源化妆品？
3. 植物有哪些成分可以用作化妆品加工？其功效分别是什么？
4. 超临界流体萃取法的原理是什么？

推荐阅读书目

1. 祝钧，王昌涛，2009. 化妆品植物学 [M]. 北京：中国农业大学出版社.
2. 董银卯，2019. 化妆品植物原料开发与应用 [M]. 北京：化学工业出版社.
3. Prad E R, 2013. Natural product extraction [M]. London：RSC Publishing.

第 8 章

木本药用植物加工利用

8.1 概述

我国的中药药用资源非常丰富。由于木本植物的生活周期比较长，样本的采集不方便且木本药用植物种类远不如草本植物种类多，目前我国在药用植物研究上，对于木本植物的开发与利用要远远低于草本植物。木本药用植物不仅有其珍贵药用价值，还可以作为常用的绿化树种，因此，木本药用植物需要更充分的利用与开发。但由于过度利用和采伐，野生资源逐渐减少，植被遭到破坏，造成了药用资源的严重浪费。所以，加强对木本药用植物保护与利用对我国中医中药研究有着非常重要的意义。

8.1.1 常见木本药用植物种类

我国常见的木本药用植物有 190 余种，涵盖约 69 个科。其中，裸子植物有 7 个科，分别为苏铁科、银杏科、松科、柏科、罗汉松科、三尖杉科和红豆杉科；被子植物中的双子叶植物涵盖近 61 科约 178 种植物；单子叶木本植物中最常见的是棕榈科，主要是槟榔和棕榈。

8.1.1.1 裸子植物

在木本药用植物中，裸子植物种类所占比重不大。我国比较常见的有苏铁科的苏铁；银杏科的银杏；松科的华山松、马尾松、油松、云南松、金钱松；柏科的侧柏；罗汉松科的罗汉松；三尖杉科的三尖杉和中国粗榧；还有红豆杉科的红豆杉、东北红豆杉、榧树等。

每种植物分布和生长特点均不相同。例如：苏铁原产于东亚，目前世界各地均有栽培，在我国主要分布于福建、广东、广西等南方地区，多栽培于庭园，喜光耐旱，生长缓慢，根、叶、花、种可入药；银杏在我国分布很广，基本上在全国各地都有栽培，对自然条件的适应性比较强，是一种优良的造林树种。裸子植物是植物界中比蕨类植物更进化的类群，植物体发达，乔木占大多数，是林木资源重要的组成部分。我国是裸子植物种类资源较为丰富的国家之一，不同物种在各地分布不同。虽然裸子植物中木本药用植物数量不多，但是在药用研究和林业建设上占有十分重要的地位，并且很多种类是我国特有的保护级物种，如三尖杉与金钱松。因此对于这些珍贵的植物资源，应给予更多地重视与保护。

8.1.1.2 被子植物

木本药用植物中常见的被子植物种类有很多，约有 200 种。物种涵盖最多的是芸香科与蔷薇科，其次是木兰科、樟科、桑科、云实科、桃金娘科、大戟科、无患子科、漆树科、夹竹桃科、马鞭草科和木樨科。八角科是单一属科，仅有一个物种——八角。

（1）双子叶植物

木本药用植物的双子叶类植物分布广泛。其中，长江流域和长江以南的江西、浙江、福建、广东、广西、云南等地所分布的物种最多，一半以上的双子叶木本植物都分布在这些地区，像芸香科、木兰科、樟科、桑科等科属植物。其次主要分布地是我国的华北和西南，例如：金缕梅科的檵木，桑科的构树、无花果等。分布较少的为我国华中和东北等地区，常见植物有松科的华山松、马尾松、油松；木兰科的玉兰、厚朴；榆科的榆树以及芸香科的黄檗、枳和花椒等。

近年来，很多双子叶木本药用植物成为科学家们研究的热点。例如，皂荚是云实科多年生落叶乔木，在我国大部分地区均有分布，兼具多种生态、经济和医用性能。皂荚木材坚实，有很强的耐腐耐磨的特性，是很好的林木树种，也是优良的园林绿化树种。2008年，我国学者探讨了皂荚提取物对人食管鳞癌细胞的生长抑制作用及其作用机制，发现皂荚提取物可诱导细胞凋亡，讨论了临床中含皂荚复方中药的抗癌机制。此外，皂荚皂苷还具有抗心肌缺血，减低血脂，预防和治疗冠心病、心绞痛等缺血性心脏病的作用。文冠果（*Xanthoceras sorbifolium*）是我国特有树种，以枝叶入药，对于风湿性关节炎、疥癣及活血化瘀等病症有显著疗效。喜树（*Camptotheca acuminata*）是我国珍贵的阔叶树种，喜树果中提取的喜树碱类化合物对于治疗各种癌症有非常显著的疗效。黄檗（*Phellodendron amurense*），是我国名贵中药关黄檗的药源植物，具有清热燥湿等功效。

（2）单子叶植物

木本药用植物中，单子叶植物所占比例很小。一般比较常见是棕榈科的槟榔和棕榈。槟榔树主要分布于我国福建、云南等南方地区，喜光喜湿。槟榔干燥成熟的种子含各种生物碱，以槟榔碱为主。槟榔碱对胃肠运动有促进作用，用于治疗食积气滞等病症。除药用疗效外，槟榔也是一种食品原料。棕榈在我国境内分布十分广泛，也是我国栽培历史最早的一种棕榈类植物。以其果实、叶柄入药，对水肿、止血有很显著的疗效。此外，棕榈还是国际市场上贸易量最大的植物油品种之一。

虽然木本药用植物中的被子植物种类所占的比例很大，但是真正投入重点研究的物种目前还不到总数的一半。除了几种对某些疑难杂症具有显著治疗效用的物种，如文冠果、喜树、中国沙棘、杜仲、吴茱萸等外，还有很多珍贵木本药用植物有待研究与开发。我国有着很丰富的木本药用植物资源，尤其是中医中药的药源植物资源。所以，人们首先应该提高对资源的保护意识，然后针对我国的木本药用资源植物的形态特征、生态特征、适应条件、栽培管理、药效成分、加工利用等各个方面进行深入研究，使我国木本药用植物资源得到最充分的保护与利用。

8.1.2 木本药用植物的药用价值

药用植物中的木本植物，除了应用在林业建设上，在药用成分的开发上也有着非常高的研究价值。随着人们健康意识的提高，越来越多的药用木本植物成为国内外研究者重点研究的对象。接下来从药用疗效的几个方面出发，简单介绍目前世界上几种重点研究的木本植物。

8.1.2.1 富含抗癌药效成分的木本药用植物

在医药研究开发中，抗癌药物是研究的重点、热点和难点。近几年来，人们越来越关注中药对一些恶性肿瘤的明显治疗效果及其潜在医疗价值。常见的几种用于研究抗癌疗效的植物有三尖杉、中国粗榧、红豆杉、东北红豆杉、柘树、桑、无花果、皂荚、槐、柽柳、枇杷、牡丹、喜树、山茱萸、臭椿、川楝、楤木、女贞、猕猴桃、忍冬、核桃、槲寄生等。其中，裸子类植物虽然种类比较少，但是像三尖杉、红豆杉、中国粗榧这几种木本植物是研究抗癌药物的重点植物，因为这几种裸子植物中含有丰富且针对各种癌症非常有疗效的内含物。

三尖杉的根、枝、叶及种子中可提取出多种生物碱，这些生物碱可用于治疗白血病、绒毛膜癌、肺癌等疾病。特别是简称双酯碱的三尖杉酯碱和高三尖杉酯碱，对治疗血癌和恶性淋巴瘤有特殊疗效。自然界现存的三尖杉非常稀少，而且雌雄异株，结实量非常小。又因为三尖杉的野生植株被过度砍伐，野生资源数量急剧减少，现今已处于濒危状态。所以在加强开发新药资源的同时，要十分重视植物药源地的保护与可持续性发展。由于三尖杉多混生于常绿阔叶林中，因此，除优化栽培技术外，保护各地现存的常绿阔叶林也是一种保护三尖杉的有效措施。

粗榧也是三尖杉科三尖杉属植物，主要以种子、枝叶入药，可从其中提取三尖杉碱、粗榧碱、异粗榧碱等。粗榧碱对于急性单核细胞性白血病及恶性淋巴瘤具有一定的疗效，也可用来治疗红细胞增多症、慢性粒细胞性白血病及早幼粒细胞性白血病等。目前，粗榧是一种急需保护与种植栽培的珍贵物种。粗榧喜温暖、潮湿，但在天然林中，由于其庇荫程度高、授粉率低，野生粗榧的结实量很少。粗榧的种子活力宜在阴湿的环境下保存或发芽，种子晒干或风干后很容易丧失发芽能力，自然更新很弱，萌发率低，幼苗萌生稀少。另外由于人为过度砍伐，导致资源日益枯竭。因此应该加强对母树的保护，扩大栽培与种植。

红豆杉是红豆杉属的植物，已被我国列为国家一级保护野生植物，自然分布极少。红豆杉主要以根、茎、枝、叶入药，具有药用疗效的是其内含物紫杉醇、紫杉碱和双萜类等化合物，这些化合物可以用于对卵巢癌、乳腺癌和非小细胞肺癌等癌症疾病的治疗。此外，红豆杉在研究抑制糖尿病和心脏病相关药物方面也是重要的资源。天然红豆杉分布非常稀疏，极少成林，资源有限。保护天然红豆杉野生资源，有序开发人工栽培林，对实现红豆杉资源可持续利用的问题显得极其重要。

8.1.2.2 用于治疗心血管疾病的木本药用植物

治疗心血管疾病是当今医学界的一个重点课题。西药在疾病治疗中虽然有显著疗效，但是也带有损害健康的副作用。很多种类的西药的副作用对人体健康有极大伤害。随着人们健康意识的提高，以天然植物为原料的药物越来越受到研究者的重视。木本药用植物中，有很多化合物都对治疗心血管疾病具有显著疗效。在这方面研究比较深入的植物有银杏、核桃、桑、山楂、槐、中国沙棘、降真香、吴茱萸、海杧果等。

核桃油中含有不饱和脂肪酸，有预防动脉硬化的功效。核桃仁中含有锌、锰等人体不可缺少的微量元素。铬有促进葡萄糖利用、胆固醇代谢和保护心血管的功能。常食核桃，能减少肠道对胆固醇的吸收，很适合患有动脉硬化、高血压和冠心病等疾病的病人食用。

降真香($Dalbergia\ odorifera$)是芸香科的常绿乔木。降真香的根、叶、果及木材均可入药；其树皮含鲍尔烯醇、草酸钾和降真香碱。临床上，降真香与丹参配合，常用以治疗因冠心病引起的心绞痛。

8.1.2.3　用于治疗各种炎症的木本药用植物

木本植物中，可用于治疗各种炎症的植物非常多，包含了很多科属种的植物，常见的有木兰科的玉兰、望春玉兰，金缕梅科的枫香树，桑科的构树、无花果、榕树，桦木科的栗树、白桦树，梧桐科的胖大海，木棉科的木棉，红木科的红木，柽柳科的柽柳，杨柳科的垂柳、毛白杨、旱柳，柿树科的君迁子，蔷薇科的山杏、木瓜、枇杷，千屈菜科的紫薇，瑞香科的白木香，桃金娘科的柠檬桉、蓝桉、番石榴，使君子科的诃子，冬青科的枸骨，黄杨科的黄杨，大戟科的巴豆、白背叶、乌桕，无患子科的荔枝、无患子、文冠果，橄榄科的橄榄、乌榄，漆树科的黄栌，苦木科的鸦胆子、苦木，楝科的灰毛浆果楝、川楝、香椿，芸香科的酸橙、黎檬、柚、三叉苦、黄檗、枳，五加科的楤木、无梗五加，夹竹桃科的灯台树、鸡蛋花，茄科的木本曼陀罗，鞭草科的裸花紫珠、路边青、黄荆、杜荆，木樨科的女贞，玄参科的毛泡桐，紫葳科的梓树、木蝴蝶，忍冬科的接骨木等。

8.1.3　中国木本药用植物在林业上的应用

木本药用植物中具有很丰富的森林木材物种，不仅树干端直、材质优良，而且出材效率很高。例如，柠檬桉、白蜡、枫香树、侧柏、胡桃、檀香等。木本植物是森林资源的重要组成部分，我们在进行森林经营管理和绿化荒山的同时，还可以考虑森林的多功能性和林木的综合利用，做到林药结合、材药两用。

木本药用植物可以防风固沙、涵养水源、开山造林及绿化环境。在木本药用植物中，除高大乔木外，更多的是常绿乔木、落叶乔木、小乔木与灌木，很多物种在公园、街道等处多有栽培，如玉兰、皂荚、茶花、枸骨等。在近200种木本药用植物中，约有二三十个物种属于高大乔木，如裸子植物中的华山松、马尾松、油松、云南松和侧柏，被子植物杨柳科的旱柳、毛白杨等，都是非常优良的造林树种，遍布我国各个地区。

8.1.4　木本药用植物可持续发展的建议

裸子植物种类中，除了银杏科的银杏，其余几种常见木本药用植物都是我国濒危稀有物种，如苏铁科和三尖杉科等，目前仅有栽培种，多数无野生种或极少野生种。其原因，一方面是人们的不合理利用，乱砍滥伐，使植物本身的生长周期遭到破坏，难以持续存活；另一方面由于裸子植物本身是种子植物中进化较为低等的一类，属于原始的种子植物，它们自身适应环境变化的能力有限，导致其野生资源越来越匮乏。我们可以通过建设自然保护区，加大迁地保护力度，从而保护现存野生木本药用植物资源。同时，提高操作人员自身育种、栽培技术水平，因地制宜地引进适合当地自然条件的药源品种。由此可在一定程度上解决野生物种资源短缺、不足的问题，有效保存药用植物基因资源。

8.2 采集加工

我国资源丰富，药用植物种类繁多，截至目前，我国 11 146 种药用植物中，木本药用植物仅占 500 余种，但是木本药用植物与其他森林植物一样，在保护药用植物生长所需的生态环境方面起到了不可低估的作用，所以说木本药用植物既是药用植物不可缺少的资源，更是保护生态环境的重要组成部分。我国农村采集加工野生中药材的历史悠久，已成为传统的副业生产行业之一。随着医药卫生的科学普及，中药材的用量不断增长，现在有许多品种在市场上供不应求。人工种植技术虽有很大发展，但随着农业生产结构的调整，有许多品种得不到有效种植，药材货源紧俏；而许多野生中药材埋在深山中，常被人们所忽视。因此，药用植物的采集加工尤为重要。在采集野生资源时必须注意合理采集，保护资源，确保其可持续利用。

8.2.1 皮类生药

皮类生药如杜仲皮、黄檗、厚朴等，通常在春季或初夏采集。用锋利的刀，先在树干上纵割两刀，再每隔 30~40 cm 横切一刀，便可将树皮剥下。桂皮、厚朴皮等可用此法。割取的树皮要求长短一致，宽窄相仿，符合药材收购的标准规格。为保护资源，在剥取树皮时，应避免伤害幼嫩的韧皮部，割后用塑料薄膜包裹，使树干再长新皮，便于 3 年之后的采割。

8.2.1.1 杜仲

杜仲别名丝棉木，属杜仲科落叶乔木。单叶互生，叶椭圆形，叶缘具锯齿，有柄，无托叶，花期为 3~4 月。坚果带翅，长椭圆形，扁平而薄，成熟时呈棕褐色或栗褐色。药理研究证明，杜仲既能降压，又可减少胆固醇的吸收，且有镇痛作用。杜仲有补肝肾、强筋骨、安胎、降血压之功效。临床用于治疗肝肾不足所引起的腰脊疼痛、足膝无力、阳痿遗精及肾经虚寒所引起的胎动不安、胎漏胎坠。杜仲药理研究表明，杜仲及杜仲叶提取物具有较好的抗氧化效果。杜仲叶提取物具有促进脂肪水解等作用。

杜仲种植后 10 年就可以剥皮利用。剥下的树皮，用稻草垫底摊开重叠堆放，上面用木板盖上，并且将石块盖上把皮压平，然后覆盖稻草使其"发汗"。5~6 d 后，树皮内呈紫栗色时，就可取出晒干，刮去粗皮备用，贮藏需置通风干燥处。

8.2.1.2 黄檗

黄檗别名黄皮树，属芸香科小乔木。叶对生，叶轴及叶柄粗大，小叶 7~13 枚，背面被柔毛。雌雄异株，花序圆锥状，小花淡黄色。果实圆球形，直径 1~1.2 cm，有核 5~6

个。10月下旬果实成熟，呈黑色。黄檗树皮、枝皮和根皮均可入药，中医将其称作黄柏。黄檗酮有降血糖、利尿、扩张血管、降血压等作用。黄檗适宜在温和、湿润的气候环境中生长。生产上用实生苗造林。

黄檗造林需10余年后收获。在清明前后将树连根挖起，锯成段后剥下树皮、枝皮和根皮，待晒到半干时，叠放成堆，再用石板压平，然后刮去粗皮，但不要显黄和伤及内皮。晒干后可入药。

黄檗树皮中含有多种生物碱，主要为小檗碱，含量0.6%~2.5%，其次有巴马亭、木兰花碱、黄檗碱、药根碱、康迪辛碱等，还含有苦味质黄檗酮、黄檗内酯、白藓内酯、β及γ-谷甾醇、7-去氢豆甾醇、脂肪油和黏液质等。小檗碱（图8-1）分子式为$(C_{20}H_{18}NO_4)^+$，相对分子质量为336.37，羟基化物为黄色针状结晶（乙醚），熔点为145 ℃，氯化物的二水合物为黄色结晶，微溶于冷水，易溶于沸水，几乎不溶于冷乙醇、三氯甲烷和乙醚。

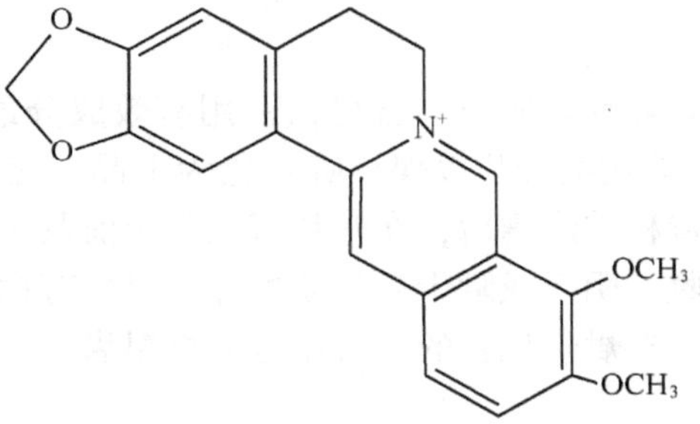

图8-1 小檗碱的结构

8.2.1.3 厚朴

厚朴（*Houpoea officinalis*）别名重皮，属木兰科落叶乔木。叶革质，簇生于枝条顶端，倒卵状椭圆形，长25~45 cm，背面有灰白色粉末。花期4~5月，花白色，单生幼枝顶端，与叶同时开放。聚合果长卵圆形，9月下旬至10月成熟。种子呈三角状倒卵形，外皮鲜红色，内皮黑色。厚朴具有松弛肌肉的作用；小剂量可使肠管平滑肌兴奋，而大剂量具有抑制作用；具有抗溃疡的作用；有显著的中枢抑制作用；降血压；抗病原微生物；抗肿瘤；还有抗血小板和抑制细胞内钙流动等作用。厚朴喜凉爽、湿润气候，高温不利于生长发育，宜在海拔800~1 800 m的山区生长。凹叶厚朴喜温暖、湿润气候，一般多在海拔600 m以下的地方栽培。二者均为山地特有树种，耐寒，均为阳性树种，但幼苗怕强光。它们又都是生长缓慢的树种，1年生苗高仅30~40 cm，幼树生长较快。

厚朴种植20年以上才能剥皮，宜在4~8月生长旺盛时，剥取干皮和枝皮，然后3~5段卷叠成筒，运回加工。厚朴皮先用沸水烫软，直立放屋内或木桶内，覆盖棉絮、麻袋等使之"发汗"，待皮内侧或横断面都变成紫褐色或棕褐色，并呈油润光泽时，将皮卷成筒状，用竹签扎紧，暴晒至干即成。凹叶厚朴皮只需要放在室内风干即成。

厚朴树皮含厚朴酚、四氢厚朴酚、异厚朴酚、和厚朴酚及挥发油类成分，挥发油主要成分为桉叶醇，还含有木兰箭毒碱。厚朴酚及和厚朴酚（图8-2）分子式为$C_{18}H_{18}O_2$，相对分子质量为 266.32，前者熔点为 102 ℃，后者熔点为 87.5 ℃，后者溶于常用有机溶剂及苛性碱。

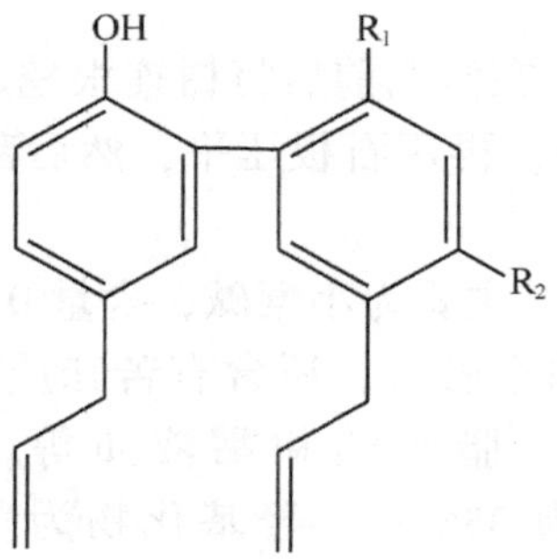

图 8-2　厚朴酚(R_1=—OH，R_2=—H)及和厚朴酚(R_1=—H，R_2=—OH)

8.2.2　叶类生药

树干枝梢生长旺盛期是叶片最肥厚、含可供药用有效成分最多的叶期(开花前不宜采摘)，应及时采集。古柯、蓝桉的叶片以保持鲜绿色为上品，应从健壮的植株上采摘完整的叶片；桑叶、黄栌叶要待秋季降霜后，在叶片落地入土前及时收集。为使叶类生药保持鲜绿颜色，适合在晴天采收，阴干或晒干后包装贮存。对含有挥发油的油类生药，应抽扎成小束，挂在通风处阴干；有烘干设备的，可用电力控温烘干。

8.2.2.1　枇杷叶

枇杷(*Eriobotrya japonica*)别名巴叶、芦桔叶，属常绿小乔木。枇杷叶呈长椭圆形或倒卵形，长 12~30 cm，宽 3~9 cm。上表面灰绿色、黄棕色或红棕色，下表面灰白色或棕绿色，密被黄色茸毛，主脉于下表面显著突起，侧脉羽状，叶柄极短，被棕黄色茸毛。革质而脆，易折断，气微，味微苦。以完整、色灰绿者为佳。枇杷叶全年均可采收。其性微寒、味苦，有清肺止咳、降逆止呕的功效，常用于治疗肺热咳嗽、肺燥咳嗽、气逆喘急、胃热呕逆、烦热口渴等病症。枇杷叶性寒清热，质地清润，既能清肺止咳又能润肺止咳，且有一定的止血作用。枇杷叶根据炮制方法的不同分为枇杷叶、蜜枇杷叶、炒枇杷叶，炮制后贮干燥容器内，蜜枇杷叶、炒枇杷叶密闭，置阴凉干燥处。枇杷叶分生用和蜜炙。生用时，用水喷润，切丝，干燥。蜜枇杷叶，取枇杷叶丝，用蜜水拌炒，至放凉后不黏手为度。每 100 kg 枇杷叶丝，用炼蜜 20 kg。

枇杷叶常种养于村边、平地、坡地。全国各地均有栽培，于四川、湖北有野生。全年均可采收，多在 4~5 月采叶，晒至七八成干时扎成小把，再晒干，晒干后存储，需置干燥处。

8.2.2.2　侧柏叶

侧柏(*Platycladus orientalis*)属常绿乔木。树冠广卵形，小枝扁平；叶小，鳞片状，紧贴小枝上，呈交叉对生排列，叶背中部具腺槽。雄球花黄色，由交互对生的小孢子叶组成，每个小孢子叶生有 3 个花粉囊，珠鳞和苞鳞完全愈合。喜光，幼时稍耐阴，适应性强，对土壤要求不严，在酸性、中性、石灰性和轻盐碱土壤中均可生长。耐干旱，萌芽能力强，耐寒力中等，耐强太阳光照射，耐高温、浅根性，在山东只分布于海拔900 m以下，以海拔400 m以下者生长良好。抗风能力较弱。侧柏耐旱，常为阳坡造林树种，也是常见的庭园绿化树种，木材可供建筑和家具等用材，叶和枝入药，可收敛止血、利尿健胃、解毒散瘀，种子有安神、滋补强壮之效。

侧柏叶四季都可以收集，其中夏天和秋天采收者最好。把它们的大枝去掉，等天气干燥的时候取出小枝叶，把它们都扎成一把，这样不容易散，放在有风的地方进行风干，阴干，千万不可以暴晒。可以生用也可以炒炭用。侧柏叶炮制：把侧柏叶的硬梗和上面的杂质去掉。取干净的侧柏叶放入到锅内，用大火把它加热，再把侧柏叶放进去翻炒，表面呈黑褐色里面是焦黄色即可。

侧柏叶含有松柏苦味素、侧柏酮、槲皮苷、小茴香酮及挥发油，还含有缩合型鞣质和树脂，油主要成分为蒎烯、倍半萜醇、丁香烯等。槲皮苷（图8-3）分子式为$C_{21}H_{20}O_{11}$，相对分子质量为448.37，二水合物为黄色针状结晶（稀乙醇），在95~97 ℃成为无水物，熔点为314 ℃。

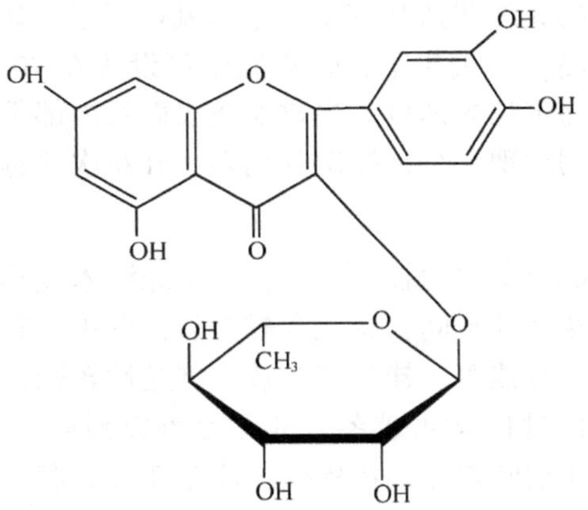

图8-3 槲皮苷的结构

8.2.2.3 柏木叶

柏木叶又名柏树叶、柏叶，为柏科植物柏木（*Cupressus funebris*）的枝叶。柏木属常绿乔木，高可达20 m，直径可达1 m。树皮平滑，灰褐色，枝条下垂。叶细小鳞片形，先端锐尖，紧密贴生于小枝上，但在较大的枝上，叶尖不紧贴而成刺状突出，叶面黄绿色或灰绿色。小枝棕褐色。柏木叶广泛用于治疗各种内出血而属热证者（血色鲜红、口干咽燥、脉弦数），止血效果较好，为中药止血药中较可靠的药物之一，常配艾叶使用；用于治疗慢性气管炎（有热咳、燥咳而无痰者较适用），前人认为本品能"养阴滋肺"，现已证实其作用为镇咳、祛痰；将柏树嫩叶，嚼烂敷可治刀伤。全年可以采收，要剪取枝叶，放置在阴凉处阴干。

8.2.3 花类生药

花类生药，绝大多数是尚未开枝或即将开放的花蕾，如辛芙、丁香等。为防止其香气逸散，需要在花蕾待放时及时采摘；玫瑰、凌霄的色泽鲜艳，应在开放初期就摘收。采收时间适宜在上午 10:00 左右，并且应随采随干。若花蕾、花瓣过多，一时不能全部干燥的，可利用仓库、阁楼等通风良好的地方阴干，每天翻动 1~2 次，同时及时排放湿气。

8.2.3.1 玫瑰花

玫瑰（*Rosa rugosa*）别名徘徊花、刺客，是蔷薇属的落叶灌木。枝干多针刺，奇数羽状复叶，小叶 5~9 片，椭圆形，有边刺。花瓣倒卵形，重瓣至半重瓣，花有紫红色、白色。枝条较为柔弱软垂且多密刺，每年花期只有一次，因此较少用于育种，主要被重视的特性为抗病性与耐寒性。玫瑰喜阳光充足、耐寒、耐旱，喜排水良好、疏松肥沃的壤土或轻壤土，在黏壤土中生长不良，开花不佳；宜栽植在通风良好、离墙壁较远的地方，以防日光反射，灼伤花苞，影响其开花。药用价值主要是利气、行血、治风痹、散疲止痛。玫瑰花及全株都有收敛性，可用于妇女月经过多，赤白带下以及肠炎、下痢、肠红半截出血等。也可用来理气解郁、和血散瘀。

玫瑰采摘宜在日出之前或晨露见少时进行，采摘花朵初开、花瓣尚叠合、雄蕊未显露的玫瑰花最佳，可将采收的玫瑰花摊开置于阴凉通风处阴干。如果有条件烘干更好，但需注意的是烘干温度不宜过高，文火烘干，烤箱温度可设置在 70 ℃ 左右，烘干期间应注意观察烘干程度，达到干燥而不焦糊即可。当玫瑰花表面及内部都充分干燥后，宜密封放入冰箱保存。实践证明，食用玫瑰品种采摘次数越多，开花次数越多，故建议随开随采。

8.2.3.2 桂花

桂花（*Osmanthus fragrans*）又名岩桂，系木樨科常绿灌木或小乔木，质坚皮薄，叶长椭圆形面端尖，经冬不凋。花生叶腋间，花冠合瓣四裂，形小，其园艺品种繁多，最具代表性的有金桂、银桂、丹桂、月桂等。桂花喜温暖，抗逆性较强，既耐高温，也较耐寒。因此在中国秦岭、淮河以南的地区均可越冬。桂花也可以耐阴，在全光照下其枝叶生长茂盛，开花繁密，在阴处生长枝叶稀疏、花稀少。桂花性好湿润，切忌积水，但也有一定的耐干旱能力。桂花淡黄白色，芳香，可提取芳香油、制桂花浸膏，可应用于食品、化妆品，可制糕点、糖果，并可酿酒。桂花可散寒破结，化痰止咳，用于治疗牙痛，咳喘痰多，经闭腹痛等病症。

何礼军等研究发现，桂花的孕蕾期较长，盛花期较短，从始花到谢花，一般仅 7~9 d。采摘过早，花蕾养分较少，品质不高，而且难以脱落，不便采收。采摘过迟，花朵芳香散失，品质降低。所以，桂花采摘要把握好时机，一般应在桂花含苞欲放，花蕾裂口露黄，呈虎爪形时采摘为好。此时的桂花香气浓，品质好。采花过程为确保鲜花质量，严禁浸水。浸水会使桂花花瓣的蜡质遭到破坏，易导致微生物入侵繁殖，使花内芳香醇分解，进而发酵变质。采摘下来的桂花应放入清洁、干燥、无异味的竹箩筐内，上面用干净、湿润的白布覆盖，及时运往花库或加工厂。利用桂花加工成桂花浸膏和桂花油，是配制桂花香精的重要原料。以石油醚为溶剂，对桂花进行浸提，然后对浸提液进行澄清、过滤、常压浓缩和脱醚，即成桂花清膏。再用乙醇对桂花浸膏进行反复抽提，便可制成桂花纯油。

8.2.4 种子、果实类生药

乌梅、酸橙以香酸味苦为上品，应在果实尚未充分成熟时采摘；川楝子深秋后，果实变黄,越老采收越饱满;山茱萸果实经霜后,变红才能采收;山楂、石榴在成熟后采收。多汁果实容易破损,采收时应小心,最好在清晨或傍晚,气温较低时采集。

8.2.4.1 山楂

山楂(*Crataegus pinnatifida*)又名山里果、山里红,蔷薇科山楂属,落叶乔木,高可达6 m。树皮粗糙,暗灰色或灰褐色;刺长1~2 cm,有时无刺;小枝圆柱形,当年生枝紫褐色,无毛或近于无毛,疏生皮孔,老枝灰褐色;冬芽三角卵形,先端圆钝,无毛,紫色。果实近球形或梨形,直径1~1.5 cm,深红色,有浅色斑点;小核3~5 cm,外面稍具棱,内面两侧平滑;萼片脱落很迟,先端留一圆形深洼。山楂适应性比较强,喜凉爽、湿润的环境,既耐寒又耐高温,在-36~43 ℃均能生长。并且对土壤要求不严格,但在土层深厚、质地肥沃、疏松、排水良好的微酸性砂壤土生长良好。山楂果营养丰富,富含维生素C、钙、铁、磷、果胶及黄酮类物质,居各种鲜果之首;同时还具有较高的抗氧化性、软化血管、降血脂、降血压、抗癌、健脾开胃、消食化积、活血化瘀等多种医疗保健功效,药用与经济价值较高。

鲜食用的山楂需达到生理成熟时采摘,加工用的于8~9月成熟时采摘。两种采摘方法:人工采摘法,用棍棒敲打击落后,人工集中收集;人工直接采摘时最好戴手套,所用筐具内置软衬,以免刺伤果实。激素催落法,在果实成熟前7 d左右用40%乙烯利水剂500~600倍液喷冠,7 d后将篷布铺在树下后轻摇树干,待果实下落后收集。

山楂果实含有左旋表儿茶精、槲皮素、金丝桃苷、绿原酸、枸橼酸及其单酯、二甲酯、三甲酯、蔗糖、黄烷聚合物和熊果酸等,果实中含黄酮约3%,熊果酸约0.5%,游离糖约20%。金丝桃苷(图8-4)分子式为$C_{21}H_{20}O_{12}$,相对分子质量为464.37,淡黄色针状结晶(乙醇),熔点为237~239 ℃,易溶于甲醇、乙醇、丙酮及吡啶。

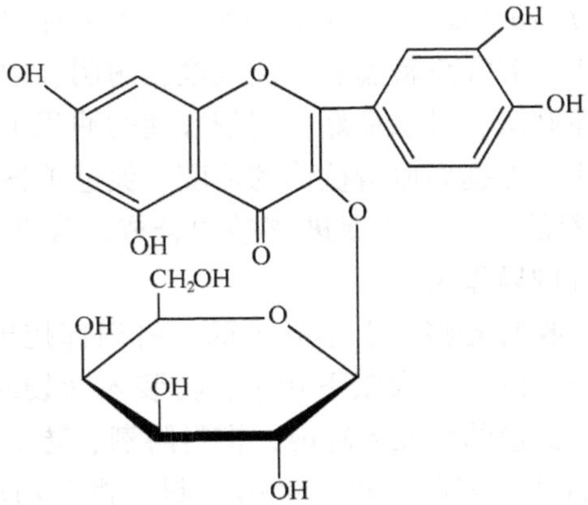

图8-4 金丝桃苷的结构

8.2.4.2 山茱萸

山茱萸(*Cornus officinalis*)别名薯枣、鸡足、山萸肉,落叶乔木或灌木;树皮灰褐色;小枝细圆柱形,无毛。叶对生,纸质,上面绿色,无毛,下面浅绿色;叶柄细圆柱形,上面有浅沟,下面圆形。核果长椭圆形,红色至紫红色;核骨质,狭椭圆形,有几条不整齐的肋纹。山茱萸为暖温带阳性树种，较耐阴但又喜充足的光照，生长适温为 20~30 ℃，超过 35 ℃ 则生长不良。抗寒性强，可耐短暂的 -18 ℃ 低温，生长良好。果肉内含有 16 种氨基酸，另外，含有大量人体所必需的元素。山茱萸含有生理活性较强的皂苷原糖，多糖、苹果酸、酒石酸、酚类、树脂、鞣质和维生素 A、C 等成分。其味酸涩，具有滋补、健胃、利尿、补肝肾、益气血等功效。主治血压高、腰膝酸痛、眩晕耳鸣、阳痿遗精、月经过多等症。

山茱萸果实的采收正值"三秋"大忙季节，果实小，数量大，比较费工费时，要合理安排劳力和时间。采收时用手或带有钩的长杆将枝干拉弯，用手将成熟果实摘下，每株树可分 2~3 次采完。雨天、雨刚过后或露水未干时不宜采收。一般应当天采，当天晾，不宜堆压，以防腐烂变质。果实成熟时，枝条上已着生许多花芽，因此采收时要注意保护枝条和花芽，做到不损芽，不折枝，以免影响翌年产量。山茱萸采摘后，应放在沸水中烫 2~3 min，捞出后再把果肉、种子分离，晾干透。

山茱萸含熊果酸、山茱萸苷、莫罗忍冬苷、獐牙菜苷、番木鳖苷、鞣质等，还含有没食子酸、苹果酸、酒石酸、原维生素 A 以及皂苷。

8.2.5　根和根皮类生药

秋季药用树木落叶后到翌年早春枝干尚未萌芽前，是采收根或根皮的适宜期。此时，根或根茎中贮藏的营养物质最为丰富，通常所含有效成分也比较高。常用掘取法，即用锹、镐等从根部的一端开始顺序挖掘、划取。五加皮、地骨皮等木本药用植物根部距地面很近，可一次把根全部挖出，切取供药用的部分，再将幼嫩根条重新栽入土中。

8.2.5.1　五加皮

五加皮（*Eleutherococcus leucorrhizus* var. *scaberulus*），别名加皮、五加，五加科五加属植物。药用部分为其干燥根皮。五加皮喜温和湿润气候，耐阴、耐寒。宜选向阳较潮湿的山坡、丘陵、河边，土层深厚肥沃，排水良好，稍带酸性的冲积土或砂质壤土栽培。五加皮有抗炎、镇痛、镇静的作用，能提高血清抗体的浓度、促进单核巨噬细胞的吞噬功能，有抗应激作用，有刺激性激素的作用，能促进核酸的合成，降低血糖，并能抗肿瘤、抗诱变、抗溃疡，且有一定的抗排异作用。

五加皮在秋季采收，采收时先将地上茎叶砍除，将根部挖出。抖去泥土，除净须根，洗净后剥取根皮，抽出木心，摊开在太阳下晒干，再装入麻袋或编织袋内。要注意防霉、防虫蛀，宜置通风干燥处。少量的可放入缸内，密封防潮、防虫蛀、防霉变及香气走失。

五加皮炮制分生用、酒炒、姜制 3 种。生用炮制需将五加皮用清水洗干净，捡去骨心，切成约 6 mm 长，晒干或文火烘干，筛去灰屑。酒炒炮制按每 50 g 五加皮用白酒 15 g 的比例，将生五加皮放入锅内炒热后，将酒分次淋入，炒至酒全部吸收后取出，冷却。姜制炮制按每 50 g 五加皮用生姜 10~15 g 的比例，先将生姜捣烂，加少许清水，去渣。再把五加皮放入锅内，置文火上炒热后，加入姜汁拌炒，至姜汁全部吸干后取出。

8.2.5.2　地骨皮

地骨皮，为茄科枸杞属植物枸杞（*Lycium chinense*）或宁夏枸杞（*Lycium barbarum*）的干燥根皮。本品呈筒状或槽状，长 3~10 cm，宽 0.5~1.5 cm，厚 0.1~0.3 cm。外表面呈灰黄色至棕黄色，有不规则纵裂纹，易成鳞片状剥落。内表面黄白色至灰黄色，较平坦，有细纵纹。体轻，质脆，易折断，断面不平坦，外层黄棕色，内层灰白色。具有凉血除蒸、清肺降火的功效。主治阴虚发热，盗汗骨蒸，肺热咳嗽，血热出血等。

8.3 提取物制备

药用植物中含有的化学成分相当复杂，其中主要有萜类、糖苷、氨基酸、生物碱、黄酮、香豆素、蛋白质等。另外，还有纤维素、叶绿素、树脂等，一般认为无药用价值。提取与分离出药用植物中的有效成分是进行资源开发利用的基础。具体的方法有很多，在实践中根据具体情况灵活选用。

8.3.1 溶剂提取法

一般指从中草药中提取有效成分的方法，即根据中草药中各种成分在溶剂中的溶解性，选用对活性成分溶解度大、对不需要溶出成分溶解度小的溶剂，从而将有效成分从药材组织内溶解出来的方法叫溶剂提取法。

通常按相似相溶原理来选择提取溶剂。一般对溶剂的要求是：①溶解性能好，即溶剂对有效成分溶解度大，对杂质溶解度小，或反之；②惰性，即溶剂不能与中草药成分发生化学反应，即使反应也属于可逆性的；③经济安全，即在选择溶剂时要考虑经济易得，毒性小，便于回收和反复使用等因素，同时，选择的溶剂需具有一定的安全性，对环境污染小。

常用的溶剂可分为强极性溶剂、亲水性有机溶剂和亲脂性有机溶剂 3 大类。常见溶剂的亲脂性的强弱顺序为：石油醚>苯>氯仿>乙醚>乙酸乙酯>丙酮>乙醇>甲醇。几种常用的溶剂提取方法如下。

8.3.1.1 水加热提取

这是大多数中草药的传统提取方法。大多数中草药的有效成分都能用水加热提取出来。同时，由于各种化学成分间的相互促溶作用，一些溶解度并不好的物质也能随着其他成分一道被提取出来。但是水提取液容易发霉变质，不易保存，在蒸发浓缩时费时耗能。一些含多糖类，特别是含有大量果胶、黏液质的中药材，其水提取液的过滤较为困难。

8.3.1.2 醇提

乙醇常用于中药有效成分的提取，它是生物碱（游离或盐）、内酯、单宁、皂苷、挥发油、有机酸、黄酮和叶绿素等成分的良好溶剂。不同浓度的乙醇对提出的成分影响很大。例如：85%乙醇溶液是生物碱、挥发油、树脂和叶绿素的适宜溶剂；60%~70%乙醇溶液适合于皂苷的提取；40%~50%乙醇溶液用于强心苷及单宁的提取；20%~30%乙醇溶液则可用来提取蒽醌及其苷类。

甲醇也是溶解性较好的一种溶剂，但由于毒性较大，在制药工业中的应用受到限制。不过在药用植物化学成分的基础研究中，甲醇和乙醇都是普遍使用的溶剂，几乎能将中草药中的各种成分提取出来,对于全面分析从而阐明化学成分以及进行活性筛选尤为有利。醇提法可采用热提(加热回流)、冷浸(室温浸提)和渗滤等方式,提取药用成分时视具体情况进行选择。

8.3.1.3 其他有机溶剂提取

对于脂溶性的挥发油、甾醇、脂肪油、叶绿素、内酯等针对性的提取,选择石油醚、乙醚等非极性溶剂比较合适。氯仿和二氯甲烷多用于提取游离的生物碱。有时可选用混合有机溶剂以达到选择提取的目的。其他有机溶剂提取也可采用热提、冷浸和渗滤等方式。

8.3.2 水蒸气蒸馏法

水蒸气蒸馏是提取中草药挥发油和挥发性成分,如槟榔碱、麻黄碱、丹皮酚等的常用方法,有时也用于成分的分离和精制以及挥发性杂质的去除。如果是从中药材中直接提取挥发性成分,在用水蒸气蒸馏前,要先加适量水使之充分浸润后再进行操作,才能有效地将挥发性成分蒸出;有时在中草药水浸液中加入一定量食盐以提高其沸点,将有利于挥发性成分的蒸出。但要注意,被提取或分离的物质应能随水蒸气蒸馏且不被破坏。一般挥发油在水中溶解度较小,水蒸气蒸出后能与水分层。对一些在水中溶解度较大的成分可采用蒸馏液再次蒸馏的办法,收集最先馏出部分,使挥发油分层,或用非极性溶剂将蒸馏液中的挥发性成分萃取出来。

8.3.3 超临界流体提取法

超临界流体萃取原理见 7.3.1。该技术对挥发油、生物碱、香豆素是一种有效的提取方法,也能提取其他亲脂性、相对分子质量小的化合物,如醌类等。

挥发油类成分的相对分子质量比较小,具有亲脂性和低沸点的特点,在超临界 CO_2 中有良好的溶解性,大多数可直接萃取。操作温度一般较低,避免了有效成分的破坏和分解,且收率较高。Sargenti 等利用超临界流体技术萃取柠檬中的挥发油,发现化学修饰剂的种类和比率的选择对萃取结果有直接影响。

香豆素的传统提取方法为溶剂法、碱溶酸沉法,再结合层析、多次萃取法等。超临界 CO_2 萃取可通过多级分离,或传统提取方法与超临界萃取结合而得到有效成分含量很高的提取物。对于相对分子质量大或极性较强的成分,有时需加入夹带剂。

8.4 提取物的分离纯化

8.4.1 膜分离纯化技术

膜分离技术是 20 世纪 60 年代以后得到快速发展的新技术,目前已成为一种重要的分离手段。膜分离过程有微滤、超滤、纳滤、反渗透、渗透、电渗析、气体分离、渗透蒸发、乳化液膜等形式,其中以微滤、超滤、反渗透和电渗析技术最为成熟,应用也最广。膜分离技术由于具有如下优点而使其能在提取物分离和纯化过程中发挥作用:处理效率高,设备容易放大;可在室温和低温下操作,适宜于热敏物质分离浓缩;化学与机械强度最小，减少失活；不外加化学物，透过液（酸、碱或盐溶液）可循环使用，降低了成本，并减少对环境的污染。各种膜分离过程特征见表8-1。

表 8-1　各种膜分离技术分离范围

膜过程	分离机理	分离对象	孔径/nm
粒子过滤	体积大小	固体粒子	>10 000
微　滤	体积大小	0.05~1.0 μm 的固体粒子	50~10 000
超　滤	体积大小	1 000~1 000 000 U 的大分子，胶体	2~50
纳　滤	溶解扩散	粒子、相对分子质量<100 的有机物	<2
反渗透	溶解扩散	粒子、相对分子质量<100 的有机物	<0.5
渗透蒸发	溶解扩散	粒子、相对分子质量<100 的有机物	<0.5

几种主要膜分离技术特征见表8-2。

表 8-2　几种主要膜分离技术特征

名　称	膜结构	驱动力	应用对象	示　例
微　滤	对称微孔膜 （0.05~10 μm）	压　力 （0.05~0.5 MPa）	清毒、澄清、细胞收集	溶液除菌、澄清，果汁澄清，细胞收集，水中颗粒物去除
超　滤	非对称微孔膜 （2~50 nm）	压　力 （0.1~1 MPa）	细粒子胶体去除可溶性中等或大分子分离	生物大分子澄清、果汁澄清、除菌、酶及蛋白质分离、浓缩纯化，乳化液分离浓缩
纳　滤	非对称微孔膜、复合膜 （0.5~2 nm）	压　力 （0.2~1.5 MPa）	分离溶剂、单价及部分二价离子	截留相对分子质量大于 300 的有机大分子
反渗透	带皮层的不对称膜、复合膜 （<1 nm）	压　力 （1~10 MPa）	小分子溶质脱除与浓缩	低浓度乙醇浓缩，糖及氨基酸浓缩，苦咸水、海水淡化，超纯水制备
渗　透	对称的或不对称的膜	浓度梯度	分离相对分子质量低的物质及离子	截留相对分子质量大于 1 000 的物质

渗透法是膜分离法的一种，是利用某些化学成分在溶液中能通过半透析膜的性质而达到的一种分析方法，如将皂苷、蛋白质、多糖等分子较大的成分与单糖、无机盐等其他分子较小的成分分离时可采用此法。通常所用的渗透法分离速度较慢，采用电透析法可增加透析的速度。中草药提取液用电透析法分离时，生物碱等碱性成分向阴极移动，有机酸、酚类等酸性成分向阳极移动，中性成分及大分子化合物则留在由半透膜隔开的透析器中间。此法用于电阻较大的溶液时，电极附近的温度升高，可能会使易分解的成分遭到破坏，应引起注意。

将溶液中的固体粒子分离出来最简单的办法就是过滤。一般过滤采用滤纸便可，如果用孔径很细的过滤器，还可将细菌和细小的悬浮颗粒过滤出来（微孔过滤）；但是即便用最细孔径的过滤器，对于蛋白质、多糖等大分子来说，其孔径还是过大。大多数中药的有效成分是小分子化合物，如生物碱、黄酮、萜类、强心苷等，其相对分子质量大都在 1 000

以下，用相对分子质量截留值为 10 000~30 000 的超滤膜基本上可以让这些成分通过，而鞣质、蛋白质、淀粉等相对分子质量较大的杂质则被阻拦。对于一些活性多肽或多糖，选择适当的膜组合工艺，一方面可除去小分子化合物；另一方面还可将相对分子质量更大的化合物挡住，达到分离精制的目的。

膜分离装置主要由膜器件、泵、阀、仪表、平衡缸及管路等构成，如图 8-5 所示。其中膜器件是一种将膜以某种形式组装在一个基本单元设备内，然后在外界驱动力作用下实现对混合物中各组分分离的器件，它又被称为膜组件或膜分离器。在膜分离的工业装置中，根据生产规模的需要，一般可设置数个至数千个膜器件。除选择适用的膜外，膜器件的类型选择、设计和制作的好坏将直接影响最终的分离效果。

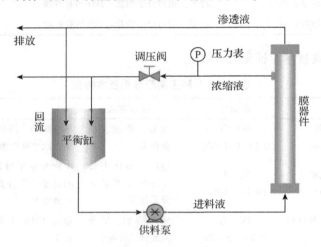

图 8-5 膜分离装置的结构示意图

膜器件通常是由膜元件和外壳(容器)组成。在一个膜器件中，有的只装一个元件，也有装多个元件的。工业上常用的膜器件形式主要有板框式、管式、卷式、中空纤维式和毛细管式 5 种类型。

8.4.2 分馏法

对于沸点不同的液体物质，通过常压或减压分馏可达到分离和纯化的目的，该方法常用于中草药挥发油成分的分离。由于挥发油成分复杂，有些成分沸点相差不大，因此本法只能达到初步分离，要得到单体化合物往往还需结合其他方法。

分馏法的效果与分馏柱的理论塔板值直接相关。分馏柱的类型有很多种，常用的有填套管式、充物式、回转式等，其中以填充物式分馏柱较为简单，应用较多。常用的填充料有玻璃或不锈钢螺旋圈、线网柱体、三角线圈等。为了防止柱体散热而影响气液两相平衡，常在柱体外加保温装置，如镀银真空保温套或电热丝加热保温套等，在蒸馏柱不长和要求不高时，也可用石棉线或布缠紧蒸馏柱达到一定的保温目的。

应用分馏法分离化合物时，要选用效能适当的分馏柱。在操作时要注意选择适当的回流比(单位时间内回流量和馏出量的比值)，回流比过小，馏出速度快，操作时间短，但不利于保持气液两相平衡，而降低柱的效能；回流比过大，馏出速度慢，所需时间长。一般以回流比约等于分馏柱的理论塔板值为宜。

8.4.3 吸附法

吸附法是利用吸附剂吸附溶液中的一些化学成分的性质,可用于除去杂质,也可用于分离有效成分的方法。当分离有效成分时,可将一定量的吸附剂加入溶液中,搅拌后滤取吸附剂,再用适当的溶剂将有效成分从吸附剂上洗脱,洗脱液浓缩后便可得到所需的有效成分。当用吸附剂除去杂质,可将加入吸附剂的溶液过滤,杂质同吸附剂一同弃掉,滤液浓缩后便可得到有效成分。吸附是指固体物质表面对气体或液体分子产生的吸着现象,通常把固体物质称为吸附剂,被吸附的物质称为吸附质。固体或液体中的分子或原子都是处在其他分子或原子的包围中,分子或原子之间的相互作用是均等的。但在表面上却不同,分子或原子向表面之外的一侧没有受到包围,存在着与其他分子相互作用的剩余力,吸附就是由这种剩余力所引起的。

常用的吸附剂有活性炭、分子筛、硅胶、氧化铝、氧化镁、大孔吸附树脂等,表 8-3 列出了几种典型吸附剂的特性。

表 8-3 典型吸附剂的特性

吸附剂	比表面积/(m^2/g)	孔容积/(cm^3/g)	颗粒密度/(g/cm^3)	堆积密度/(g/cm^3)
活性炭(煤基)	1 050~1 150	0.80	0.80	0.48
活性炭(椰壳基)	1 150~1 250	0.70	0.85	0.44
分子筛 5A/孔径 0.5 nm,钙型	—	0.32~0.33	1.15	0.71
分子筛 5A/孔径 1.0 nm,钠型	395	0.41	1.13	0.72
普通型硅胶	750~800	0.43	1.13	0.75
低密度型硅胶	340	1.15	0.60	0.40
球形活性氧化铝	325	0.50	1.40	0.77
无定形活性氧化铝	250	—	1.60	—

树脂吸附技术是通过固体树脂对天然植物中不同组分的吸附能力的差异,而对其进行有效分离的一种手段。树脂吸附技术的核心是吸附剂的性能和相关的应用工艺,两者对分离纯化具有重要影响。随着吸附理论的不断完善和发展,更多的树脂材料陆续被开发出来。对于含大量皂苷成分的中草药,常采用水煮提取,将水提取液通过大孔吸附树脂柱,让所需成分吸附在树脂上,待糖类、无机盐等被水充分洗净后,再用乙醇或甲醇洗脱便可获得粗总皂苷。

8.4.4 沉淀及盐析法

沉淀法是利用某些中药成分可与特定的试剂作用产生沉淀从而达到分离或除去杂质的目的的方法。对于产生的沉淀为所需成分的情况来讲,沉淀反应是可逆的。最常用的沉淀反应是铅盐法,中性乙酸铅或碱性乙酸铅在水或烯醇溶液中能与许多中药成分生成难溶性的铅盐或络盐沉淀,沉淀过滤后加入合适的溶剂,通入硫化氢气体使之分解并将铅转化为不溶性硫化铅沉淀而除去，溶液中多余的硫化氢可通入空气或二氧化碳让气泡带出。脱铅时生成的硫化铅有吸附性，可用溶剂将被吸附物质洗脱。脱铅也可用硫酸、磷酸、硫酸钠、磷酸钠等，不过生成的硫酸铅或磷酸铅在水中有一定溶解度，脱铅不彻底，但方法简便，在实验室中仍常采用。此外，还有乙醇沉淀法和酸碱沉淀法。乙醇沉淀是使不溶于乙醇的杂质如淀粉、蛋白质等水溶性大分子成分从水溶液中沉淀出来。酸碱沉淀是利用某些成分在酸（或碱）性溶液溶解度减小产生沉淀的性质达到分离的目的。

盐析法常用的无机盐有氯化钠、硫酸钠或硫酸铵等，在中药的水提取液中加入无机盐至一定浓度或饱和状态，可使某些成分在水中的溶解度降低，析出沉淀。如从三七的水提取液中加硫酸镁至饱和，可析出三七皂苷沉淀。

8.4.5　升华法

固体物质加热时，不经过液态而直接变成气态，冷却后凝结成原来的固体，这种现象称为升华。药用植物中的一些成分具有升华性质，可采用此法进行纯化，如樟木中的樟脑，茶叶中的咖啡因，一些植物中存在的苯甲酸等。升华法简单易行，但常伴有分解现象，产率较低。与减压蒸馏相似，为了降低升华温度，避免分解，可采用减压下加热升华的方法。对在常压下蒸汽压偏低的一些物质采用减压升华的方法也可使之分离。中药材或粗提取物为原料时，在操作中要注意充分干燥样品，且样品颗粒要细，升华过程中温度要控制适当，不可升温过快，否则易产生过热现象而使某些成分分解。升华法作为精制纯化的手段有一定的局限性，很少用于大规模制备。

8.4.6　萃取法

萃取法指液—液分配萃取，是利用混合物中各种成分在两种互不相溶的溶剂中，由于分配系数不同而溶解的量不一样，从而达到分离的目的。萃取时，如果各成分在两相溶剂中差别越大，则萃取效率越高。一般若所需成分是亲脂性物质，则用非极性和低极性有机溶剂，如乙醚、苯、氯仿等与水进行液—液萃取；若所需成分是亲水性物质，则用极性较大的有机溶剂，如乙酸乙酯、丁醇等与水进行液—液萃取。有时可用多种溶剂来配成两两相互不相溶的溶剂进行萃取，如在石油醚、氯仿或二氯甲烷与水的萃取体系中加入适量甲醇或乙醇等。对于内酯类化合物，可利用其遇碱时内酯环打开形成羧酸盐而溶于水，加酸酸化后可重新形成内酯环而不溶于水的性质，进行酸碱溶剂萃取，使之与其他物质分开。

萃取法只适合于分离在两相溶剂中分配系数相差较大的成分，通常一次萃取是不完全的，要反复萃取。对于分配系数相差较小的成分，经过很多次反复萃取也可达到分离的效果。

8.4.7　色谱分离法

色谱分离法包括两个相，一个相是固定相，通常为表面积很大的多孔性固体；另一个相为流动相，是液体或气体。当流动相流过固定相时，由于样品混合物中各组分理化性质的差异，导致在两相间的分配情况不同，经过多次差别分配而达到分离。色谱分离法根据流动相和固定相不同，可分为以气体作为流动相的气液色谱、气固色谱，以液体作为流动相的液液色谱、液固色谱，流动相是在接近它的临界温度和压力下工作的超临界色谱。

根据分离原理的不同，色谱法包括吸附柱色谱、分配柱色谱、离子交换色谱、大孔吸附树脂纯化技术、凝胶色谱、干柱层析、高效液相色谱。在实际应用中，需要根据混合物中各个组分的性质和特点，选用不同形式的色谱。葡聚糖凝胶色谱适用于水溶性成分如苷类、氨基酸、肽、蛋白质及多糖的分离。葡聚糖网孔的大小可由制备时添加不同比例的交联剂来控制。交联度大的孔隙小，膨胀少，用于相对分子质量小的物质的分离；交联度小的孔隙大，吸水多，膨胀大，适用于相对分子质量大的物质的分离。交联度大小用每克干凝胶吸水量 G 来表示，G 大表示吸水量大，二交联度小。葡聚糖凝胶性能及分离范围见表 8-4。

表 8-4 葡聚糖凝胶性能及分离范围

型 号	吸水量(干凝胶)/ (g/g)	膨胀体积(干凝胶)/ (g/g)	分离范围(相对分子质量)		最小溶胀时间 (20~25 ℃)/h
			肽与蛋白质	多 糖	
葡聚糖 G-10	1.0±0.1	2~3	<700	<700	3
葡聚糖 G-15	1.5±0.2	2.5~3.5	<1 500	<1 500	3
葡聚糖 G-25	2.5±0.2	5	100~5 000	100~5 000	3
葡聚糖 G-50	5.0±0.3	10	150~30 000	500~50 000	24
葡聚糖 G-75	7.5±0.5	12~15	3 000~70 000	1 000~50 000	72
葡聚糖 G-100	10.0±1.0	15~20	4 000~150 000	1 000~100 000	72
葡聚糖 G-150	15.0±1.5	—	5 000~400 000	1 000~150 000	72
葡聚糖 G-200	20.0±2.0	—	5 000~800 000	1 000~200 000	72

8.4.8 毛细管电泳技术

毛细管电泳技术，又称高效毛细管电泳技术或毛细管电泳分离法。毛细管电泳仪是一类以毛细管为分离通道、以高压直流电场为驱动力的新型液相分离技术。在电场作用下，电解质溶液中的带电粒子会以不同的速度向其所带电荷相反方向迁移，这种现象叫电泳。毛细管电泳所用的石英毛细管在 pH >3 时，其内表面带负电荷和溶液接触形成一双电层。在高电压作用下，双电层中的水合阳电子层引起毛细管内的溶液整体向负极移动，形成电渗流。带电粒子在毛细管内电解质溶液中的迁移速度等于电泳和电渗流二者的矢量和，各种粒子因迁移速度不同而实现分离。

（1）在生物碱类化合物分离分析中的应用

王桂芳等建立了一种用毛细管电泳同时测定苦参药材及其复方制剂中槐定碱、苦参碱、氧化苦参碱含量的方法，以硼砂缓冲溶液作为电泳液，氯霉素为内标，200 nm 波长检测，3 组分完全分离且呈良好线性关系。

（2）在黄酮类化合物分离分析中的应用

宋秀荣等利用毛细管电泳技术测定桑叶中的有效成分时，用甲醇、水、乙酸混合液提取样品。75 μm×50.6 cm 毛细管，0.01 mol/L 磷酸盐和 0.02 mol/L 硼砂混合液，pH 值为

8.6，运行电压 20 kV，检测波长 254 nm。

(3) 在蒽醌类化合物分离分析中的应用

宗玉英等用胶束电动毛细管色谱法分离、测定掌叶大黄、唐古特大黄和藏边大黄中的大黄素、芦荟大黄素和大黄酸的含量，缓冲液为 0.025 mol/L 的 3-环己氨基-1-丙烷磺酸，内含 0.025 mol/L 十二烷基硫酸钠-乙腈（100∶10）（pH = 10.96），内标物为 1,8-二羟基蒽醌。

8.4.9 结晶和重结晶法

药用植物化学成分分离纯化的最后阶段往往需要采用结晶、重结晶和分步结晶的精制方法。结晶是构成物质的原子按一定的空间晶格排列而成的，一般在形成的过程中其他不同的分子便被排除在外，从而达到精制纯化的目的。纯的化合物的结晶有一定的熔点和结晶学特征，是判断化合物性质的重要物理参数之一。值得注意的是，有的化合物在结晶溶剂、温度等条件不同时，生成的晶型可能不一样，而表现出不同的熔点和结晶学特性。

并不是所有的晶体都是纯的化合物，性质类似的物质常形成混晶。在同种中草药中，往往类似的化学成分很多，在结晶纯化前如果不进行较好的分离，得到的结晶常会是混晶。有时可利用物质在某些溶剂中溶解度的差别，使溶解度小的化合物先结晶出来而达到分离的目的，称为分步结晶。

结晶的形成需要一定的过程，如溶液放置后没有结晶析出，可加入微量的晶种，诱导结晶的形成。结晶过程中，溶液浓度高、降温快，则析出结晶的速度也快，但结晶的颗粒较小，杂质也较多。如果结晶析出的速度过快，超过化合物晶核的形成和分子定向排列速度，有时只能得到无定形粉末。溶液浓度过高、黏度大，也不利于结晶的析出，所以通过控制溶液浓度和降温速度，确保得到颗粒大、晶形完整、纯度高的结晶。结晶性纯净物质都有一定的晶形、色泽、熔点和熔程（单体化合物的熔程一般 0.5 ℃），可以作为鉴定化合物的初步依据。

8.4.10 高速逆流色谱法

高速逆流色谱技术是 20 世纪 80 年代发展起来的一种新型逆流色谱技术，是基于液—液分配原理，利用螺旋管的方向性与高速行星式运动相结合，产生一种独特的动力学现象，使两相溶剂在螺旋管内实现高效的接触、混合、分配和传递，从而对具有不同分配比的样品组分实施分离。高速逆流色谱技术分离效率高、超载能力强、溶剂用量少，不需要固体载体，可避免因不可逆吸附而引起的样品损失、变性、失活等问题，具有应用范围广，回收率高，制备量大等优点。

高速逆流色谱技术特别适用于极性化合物的分离，如分离多糖皂苷等极性强的化合物时，适宜的两相溶剂系统应使用极性较强的有机相乙酸乙酯、正丁醇或其混合物。当使用乙酸乙酯-甲醇-水体系时，增大甲醇比例可使分配系数增大。当使用乙酸乙酯-正丁醇-水体系时，增大正丁醇比例可使分配系数增大。不同极性化学成分高速逆流色谱两相溶剂系统选择原则见表 8-5。

表 8-5　不同极性化学成分的两相溶剂系统选择原则

水溶性和强极性	中等极性(三氯甲烷溶解)	弱极性(正己烷溶解)
正丁醇-醋酸-水	三氯甲烷-甲醇-水	正己烷-乙腈
正丁醇-甲醇-水(缓冲液)	乙酸乙酯-甲醇-水	正己烷-甲醇-水
正丁醇-乙酸乙酯-水(缓冲液)	正己烷-乙酸乙酯-甲醇-水	正己烷-乙酸乙酯-甲醇-水
乙酸乙酯-水(缓冲液)	石油醚-乙酸乙酯-甲醇-水	石油醚-乙酸乙酯-甲醇-水

（1）高速逆流色谱在黄酮类化合物分离纯化中的应用

金莲花水浸膏片对急性阑尾炎、痢疾、上呼吸道感染及绿脓杆菌感染等有较好的疗效，其中主要活性成分为荭草苷和牡荆苷。冯顺卿等用高速逆流色谱分离长瓣金莲花中的黄酮类物质，采用乙酸乙酯-甲醇-水(体积比为 4∶1∶5)为溶剂系统，以上相作为固定相，下相作为流动相，仪器转速 800 r/min，流动相流速 2.00 mL/min，分离结果得到牡荆苷纯品。

（2）高速逆流色谱在生物碱类化合物分离纯化中的应用

袁黎明等在弱碱性生物碱紫杉醇的分离中使用正己烷-乙酸乙酯-乙醇-水体系(体积比为 6∶3∶2∶5)，杨福全等在中等极性生物碱苦参碱和拉巴乌头碱的分离中分别用甲基异丁酮-水体系(体积比为 1∶1)和氯仿-甲醇-水体系(4∶3∶2)，强极性生物碱分离中使用氯仿-甲醇-盐酸体系(体积比为 2∶1∶1)。

（3）高速逆流色谱在多糖类化合物分离纯化中的应用

巢志茂等使用水性二相系统通过高速逆流色谱分离纯化牛膝中的多糖成分，使用 X-axis CPC 高速逆流色谱仪，溶剂系统为 12.5%聚乙二醇(PEG)-16%磷酸钾缓冲溶液(pH=6.8)组成的水性二相系统，上层为流动相，下层为固定相，流速 0.58 mL/min，转速 500 r/min，可以成功地分离出多糖部分和蛋白多糖部分。

8.4.11　反应—分离法

反应—分离耦合技术是将化学反应与分离纯化过程一体化，使反应与分离纯化操作在同一设备中完成，如反应蒸馏、反应萃取、反应吸收、膜生物反应分离等，反应—分离耦合可以利用反应促进分离或利用分离促进反应，提高过程产率，降低设备投资，简化生产工艺流程。反应蒸馏可显著提高化学反应的选择性，减少副反应；对于可逆反应，可大大改变化学反应的平衡，提高反应的收率；对于放热反应，可有效利用反应热，减少热能消耗。

酶解反应分离可在常温常压及温和酸碱度下高效进行。酶对底物有高度的专一性。微生物反应分离利用微生物自身丰富的酶系、生命过程与某特定元素关联关系以及体内细胞对重金属离子强的亲和力，可以在温和条件下进行高效、经济、简便的分离，如去除水溶液中低浓度重金属等。

8.5 应用实例

8.5.1 红豆杉的加工利用

药用红豆杉(*Taxus wallichiaan var. chinensis*)占红豆杉总资源的68.7%，且主要集中在紫杉醇相关原料药及制剂的加工利用，高附加值的紫杉醇制剂，如注射剂、片剂和胶囊等药品和保健品具有广阔的市场前景和可观的经济效益。紫杉醇分子式为$C_{47}H_{51}NO_{14}$(图8-6)，相对分子质量为853.91。紫杉醇为白色结晶性粉末，无臭，无味，易溶于甲醇、乙腈、氯仿、丙酮等有机溶剂，微溶于乙醚，几乎不溶于水。

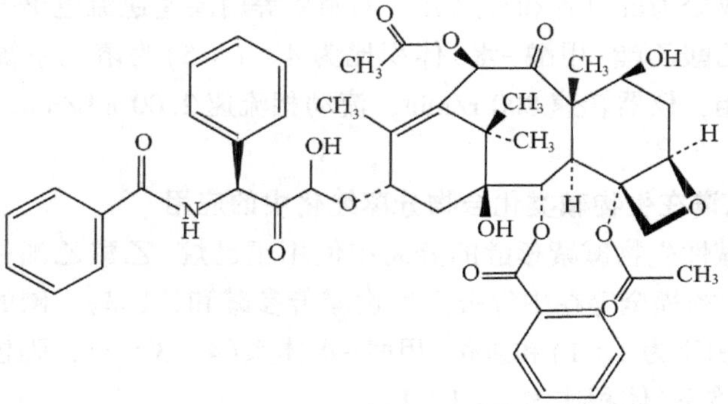

图 8-6 紫杉醇结构

8.5.1.1 红豆杉的采集

人工栽培的红豆杉一般在第三年后即可适当采收枝叶。鲜叶一年四季均可采收。但根据有效成分含量的积累，枝以嫩枝为好，叶以老叶为好。10月为其最佳采收期。采收后如不作鲜加工用，应及时摊开通风阴干或晒干。

8.5.1.2 红豆杉中紫杉醇的提取

目前，紫杉醇的常用提取方法主要为溶剂浸提法和固相萃取法等。紫杉醇在甲醇、乙醇、乙酸乙酯/丙酮、氯仿等有机溶剂中具有一定的溶解度，因此，可通过有机溶剂对红豆杉进行浸提，脱除有机溶剂后可得相应浸膏。通过调整提取温度、提取时间、提取次数来优化提取工艺。但初提得到的浸膏中杂质过多，需要进一步分离和提纯处理，从而获得一定纯度的浸膏粗品。

固相萃取过程包括4个步骤，即固定相活化、样品上柱、淋洗、样品的洗脱。流速稳定控制在5~8 mL/min。固定相活化，即取乙酸乙酯10 mL加入柱中，抽空。依次加入甲醇10 mL和0.01 mol/L的乙酸铵缓冲液10 mL(乙酸铵水溶液)，将液面维持在胶层上1~2 mm。上样及淋洗，即将样品溶于80%~90%的甲醇乙酸铵溶液中，取0.5 mL加入柱中，抽空。依次用0.01 mol/L的乙酸铵溶液10 mL、50%的甲醇乙酸铵溶液淋洗，抽空。紫杉醇的洗脱，即在淋洗好的柱子中加入80%的甲醇乙酸铵溶液10 mL，收集洗脱液，减压蒸干。

8.5.1.3 红豆杉中紫杉醇的分离提纯

紫杉醇的常用分离和提纯方法主要包括液—液萃取法、氧化铝柱层析法、薄层层析法、硅胶柱层析法等。

(1) 液—液萃取法

取浸膏滤液，加 CH_2Cl_2（浸膏与 CH_2Cl_2 的重量比为 1:50）充分溶解，再加入与 CH_2Cl_2 等量的纯化水，充分混合后静置分层，取有机相，弃水相。有机相再加纯化水萃取，重复 3 次。将洗涤后的有机相减压浓缩蒸出 CH_2Cl_2，所得固相浓缩物溶解于甲醇中。

(2) 薄层层析法

用 GF254 硅胶自制 100 mm×200 mm 层析薄板，105 ℃ 活化 0.5 h，样品用 CH_3OH 溶解，配成 10 mg/mL 的溶液。毛细管点样，成线状，每板点样量在 2 mg 左右。在对照板中点标准品和样品，用氯仿-甲醇(95:5)展开，254 nm 紫外光下确定紫杉醇的 R_f 值。切割并收集制备板上的紫杉醇带，用 CH_3OH 洗脱下硅胶上吸附的紫杉醇。

(3) 硅胶柱层析法

硅胶用 $CHCl_3$ 浸泡，超声波脱气 5 min，重力沉降法装柱（ϕ15 mm×260 mm），用 $CHCl_3$ 充分洗出硅胶中的杂质至柱床透明。样品溶解于 $CHCl_3$ 后上柱，再用 $CHCl_3$ 充分洗去未被吸附的杂质，然后用 3:97(V/V) 的 CH_3OH—$CHCl_3$ 进一步洗脱，收集洗脱峰，柱层析过程在常温常压下操作。

(4) 氧化铝柱层析法

CH_3OH、$CHCl_3$ 用分子筛脱水，层析用氧化铝 190 ℃ 真空干燥 6 h 后，用脱水 $CHCl_3$ 浸泡，超声波脱气 5 min 装成 ϕ15 mm×260 mm 的层析柱。清洗柱后上样，用 $CHCl_3$ 洗去未被吸附的杂质，再用 1% 的 CH_3OH、$CHCl_3$ 淋洗，最后用 5% 的 CH_3OH 溶液洗脱出紫杉醇，柱层析过程在常温常压下操作。

金洪顺等以超声提取法提取红豆杉枝叶中紫杉醇，将提得的浸膏用液—液萃取、固相萃取、硅胶层析、氧化铝层析、薄层层析共 5 种方法分离纯化，结果表明氧化铝层析法纯化倍数可达 40.5 倍，回收率为 138.5%，远远优于其他纯化方法。由于浸膏与氧化铝接触会有热效应，会使得一些紫杉烷类物质转化为紫杉醇，使得回收率变高，所以，使用氧化铝柱层析法十分有利。

8.5.2 银杏的加工利用

银杏为银杏科银杏属植物。银杏加工一直备受国际科研工作者的重视，产业链长，包括银杏木材、银杏叶、银杏提取物和制剂、银杏白果加工等产业。银杏产业涉及食品、生物医药、化妆品、生物农药、生物饲料、生物材料及苗木、景观、休闲旅游、家居、建筑等。

8.5.2.1 银杏的采集

银杏叶含白果内酯、银杏型内酯、黄酮类化合物（银杏素）、银杏酸、甾醇、白果酮、芝麻素等。银杏素（白果双黄酮、银杏黄素）分子式为 $C_{32}H_{22}O_{10}$，相对分子质量为 554.49，熔点为 344 ℃。银杏酸（白果酸）分子式为 $C_{22}H_{34}O_3$，相对分子质量为 346.49，针状结晶

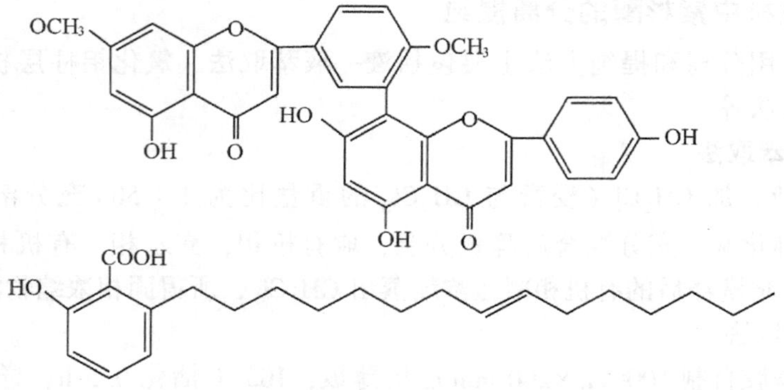

图 8-7 银杏素及银杏酸的结构

(石油醚),熔点为 41~42 ℃ (图 8-7)。

银杏叶提取物(GBE)是以银杏叶为原料,采用适当溶剂提取的有效成分富集的一类产品。银杏叶提取物含有黄酮及内酯等多种药用成分,对治疗心脑血管疾病、阿尔茨海默病、哮喘、癌症等有很好疗效。以 GBE 为原料制成的各种制剂,广泛应用于药物、保健品、食品添加剂、功能性饮料、化妆品等领域。银杏叶提取物加工技术涉及提取和分离等多种工艺。

8.5.2.2 银杏黄酮的提取

银杏叶总黄酮的提取工艺主要有溶剂提取、溶剂—物理场微波辅助提取、离子液体提取、酶辅助提取、氧化石墨烯辅助乙醇回流法等提取方法。

(1)溶剂—物理场辅助提取法

采用溶剂法提取银杏叶总黄酮,通常以水、乙醇等作为提取介质。崔润丽和李楠对乙醇含量、固液比、提取时间、辅助提取功率进行单因素试验,通过正交实验确立了银杏叶中总黄酮类化合物的最佳提取条件。结果表明,超声波辅助外场强化提取法仅用 10 min,其提取效率比乙醇浸提 5 h 的提取率高出 9%,比微波辅助外场强化提取法高出 61%。因此,超声波辅助外场强化提取法为较理想的提取方法。

超声波辅助外场强化提取技术是在水浸提的同时加超声波辅助,此法不仅缩短了提取时间,提高了提取率,同时避免了高温对有效成分的影响。例如:罗教等利用超声辅助乙醇水溶液提取银杏叶中总黄酮,首先对影响黄酮提取率的提取温度、提取时间、固液比、乙醇浓度等 4 个因素进行单因素探索,并进行了正交试验。结果表明,最佳之条件为 70%的乙醇作溶剂,1∶30 的固液比,保持 75 ℃下超声 20 min。此工艺条件下总黄酮得率为 2.781%。

微波与超声波辅助外场强化提取技术是将超声波与微波分阶段联合或协同提取植物成分的一种方法。此法具有提取速度快、提取安全、操作方便、节约能源等优点。例如冯靖等利用醇提法与微波—超声波辅助联合提取的方法提取银杏叶中总黄酮,以微波时间、液料比、超声时间、超声功率为单因素,探究最佳试验条件,用响应面的方法优化试验条件。最佳试验条件为微波时间 2 min、液料比 20∶1(mL/g)、超声时间 4 min、超声功率 228 W 的条件下,得到黄酮类化合物的最佳提取得率为 24.31 mg/g,响应面与实际值相差

0.05%。微波—超声联合提取的方法可以明显地提高黄酮类化合物的提取量。

(2) 离子液体提取法

离子液体是一种新型溶剂,相比传统有机溶剂有很多优点,并且在提取天然产物方面有良好的分享效率。周艳红等以离子液体浓度、提取时间、提取温度、料液比为考察因素,以银杏叶总黄酮提取率为评价指标,采用响应面法优化超声辅助离子液体提取银杏叶总黄酮。结果表明,在料液比为 1:40(g/mL)、提取时间为 22 min、离子液体浓度为 1.1 mol/L、提取温度为 54 ℃的最优条件下,银杏叶总黄酮提取得率可达到 26.48 mg/g。该方法稳定可行,重复性好,可用于提取银杏叶总黄酮。

(3) 酶解预处理提取法

酶制剂能有效地破坏植物细胞壁的纤维组织,破坏细胞壁完整性,加快植物中的成分溶出,提高生产效率。例如:冯自立等采用酶法预处理银杏叶,考察酶用量、酶解时间、酶解温度、pH 值对银杏叶总黄酮和总内酯提取率的影响。结果表明,采用复合酶(纤维素酶:果胶酶=1:1)用量为银杏叶的 1/300、酶解 4.0 h、温度 50 ℃、初始 pH 值为 5.0 时,总黄酮提取率为 92.38%,总内酯提取率为 91.74%。

(4) 纤维素酶—微波辅助提取法

经纤维素酶预处理后,样品更为疏松,对银杏叶细胞壁的破裂更为完全,有效成分更容易被溶剂吸收、溶解,溶质由固体向主体溶剂扩散的传质阻力减少,银杏叶黄酮的提取率显著提高。例如:李保同等研究了纤维素酶—微波辅助提取银杏叶总黄酮的工艺,并对乙醇提取法、纤维素酶辅助提取法、微波辅助提取法、纤维素酶—微波辅助提取法 4 种工艺进行了对比,结果表明采用纤维素酶—微波辅助提取法工艺效果最佳,最佳条件为纤维素酶质量分数为 5%(与银杏叶的质量比)、酶解时间为 1 h,酶解温度为 50 ℃,累计微波时间为 2 min,乙醇质量分数为 70%,液料比为 30:1,银杏叶总黄酮的得率达到 3.96%,是乙醇提取法提取率的 2.6 倍。

(5) 超声辅助酶法提取银杏叶总黄酮

超声酶法是将酶解作用与超声空化相结合,该法可缩短提取时间,具有反应条件温和、省时、省力等优点。例如:张杨洋等研究了超声波辅助酶法提取银杏叶总黄酮的最佳工艺条件,考察了酶的添加量、超声温度、超声时间、乙醇体积分数 4 个条件对银杏叶黄酮提取率的影响,单因素实验和正交试验结果表明,银杏叶黄酮的最佳提取工艺为:液料比 20:1,酶的添加量为 0.16 g(纤维素酶 0.08 g、果胶酶 0.08 g),超声温度 50 ℃,超声时间 45 min,乙醇体积分数 60%,在此条件下黄酮的得率为 4.66%。

(6) 氧化石墨烯辅助乙醇回流提取

氧化石墨烯辅助乙醇回流法,在不破坏其结构的前提下,能显著提高银杏叶黄酮的提取率。巩秋艳研究了银杏黄酮含量的测定方法,结果表明 $NaNO_2-NaOH-Al(NO_3)_3$ 比色法测定银杏黄酮操作简单,误差较小,且精密度好,RSD 为 0.88%,平均加标回收率为 104.50%。然后比较了水提、乙醇提、氧化石墨烯辅助水提、氧化石墨烯辅助乙醇提 4 种方法对银杏黄酮提取率的影响,结果表明氧化石墨烯辅助乙醇提法对银杏黄酮的提取率最高,并通过 Box-Behnken 法对提取工艺参数进行优化,得到最优提取条件为:温度 80 ℃、乙醇浓度 73%、氧化石墨浓度 85.23 mg/L,此时银杏黄酮的提取率 83.79%。

8.5.3 杜仲的加工利用

杜仲是我国特有的经济树种,其工业及药用价值越来越受到人们关注。我国很早就开始了对杜仲药用价值的研究和利用。2 000多年前我国的《神农本草经》就将之列为中药上品。现代医学根据药理实验和临床应用,证明了杜仲治疗高血压症颇有疗效;能降低肌体胆固醇含量,可预防血管硬化;还有促进肌体功能、抗衰老、抗癌的效果。杜仲除木质部分外,全树各种组织和器官中都含有一种硬质胶——杜仲胶。杜仲胶具有高度的绝缘性和很高的强度,是良好的电器绝缘材料,在航空、航天等许多高科技领域有巨大的应用价值。杜仲木材是良好的家具、农具、舟车及建筑材料。

8.5.3.1 杜仲的采集

采剥树皮,剥下的树皮置于通风避雨处,层层叠放,上覆稻草,使之压紧"发汗"。初夏时5~6 d,盛夏时1~2 d,树皮内皮由白转为棕褐色即发汗完成,取出晾干压平。最后用刨刀刨去外皮再用棕刷将泥灰刷净即可。杜仲主要含松脂醇二葡萄糖苷、绿原酸、果酸、树脂、维生素C及微量生物碱。松脂醇二葡萄糖苷分子式为$C_{32}H_{42}O_{16}$,相对分子质量为682.66,熔点为225~227 ℃。绿原酸分子式为$C_{16}H_{18}O_9$,相对分子质量为354.30,半水合物为针状结晶(水),110 ℃变为无水化合物,熔点为208 ℃。25 ℃水中溶解度为4%,热水中溶解度更大,易溶于乙醇及丙酮(图8-8)。

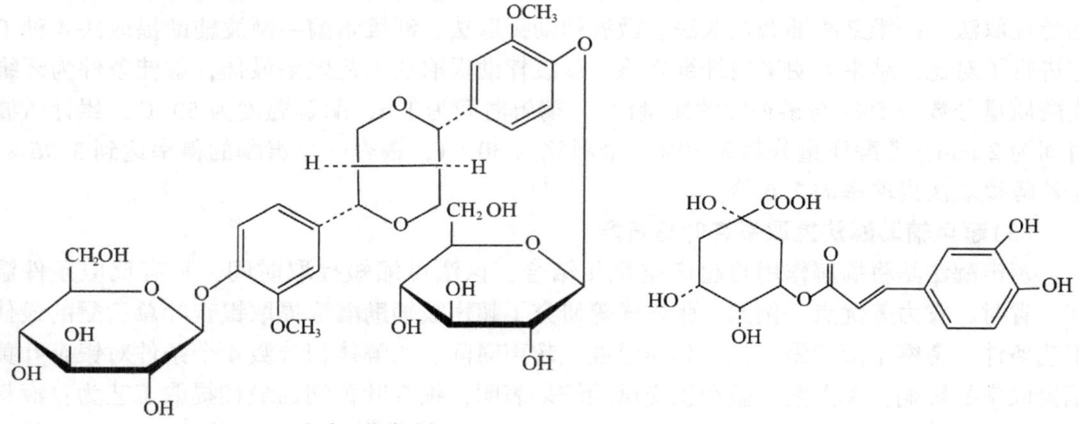

(a)松脂醇二葡萄糖苷　　　　(b)绿原酸

图8-8　松脂醇二葡萄糖苷及绿原酸的结构

8.5.3.2 杜仲绿原酸的提取

绿原酸(3-O-咖啡酰奎尼酸),具有显著的药理活性,对消化系统、血液系统和生殖系统均有疗效。根据绿原酸在植物中的存在状况和植物材料情况,可采用各种不同的提取方法。从各种植物材料中提取绿原酸的方法有以下几种。

(1)水提法

水提法提取杜仲叶中的绿原酸时,可通过调整提取温度、料液比、提取时间以及提取次数提高绿原酸的得率。该方法简单、成本低。

(2) 醇沉提取法

生药用 10 倍量和 8 倍量水煎煮提取两次，浓缩至 1∶1，加入乙醇使其含量达 80%左右，提取液中的蛋白质、黏液质等杂质沉淀析出，静置，过滤，滤液浓缩至干即得绿原酸粗品。此法可使提取物中的绿原酸含量从 15%提高到近 20%。或采用分步醇沉的方法，使浓缩物中的乙醇含量依次达到一定浓度，分别将每次所得沉淀进行合并，从而提高绿原酸得率。

(3) 超声波辅助水提法

利用超声波辅助水提法是提取绿原酸的新方法。通过用安全的水萃取替代有毒有机溶剂萃取，在经济上和环保上都具有较大的优势。通过超声波辅助水提法可有效提高绿原酸在水中的溶解度，提高绿原酸的提取率，此法可降低提取温度，从而维持杜仲和提取物的生物活性。

(4) 混合辅助提取法

通过酶解—超声提取联用的方法，可大幅度提取绿原酸的提取效果。通过调整提取溶剂的 pH、料液比、酶解温度、超声提取时间来提高提取效果。酶解和超声波结合的提取方法，可先让酶发生作用后，降解细胞壁上的部分纤维素，甚至促使一些细胞破裂，从而提高超声波的破壁作用，促使绿原酸释放。

8.5.3.3 杜仲绿原酸的分离纯化

(1) 铅沉法

将杜仲叶用氯仿或乙醚回流脱脂，然后用 95%的乙醇回流提取。提取液浓缩成膏后，加入硅藻土，混合均匀。加入热水，搅拌溶解，滤去不溶物。向滤液中加入饱和中性乙酸铅溶液至不再产生沉淀为止。用离心法收集沉淀并用水洗涤。将沉淀悬浮于水中，通入硫化氢气体至 PbS 沉淀为止。用抽滤法除去 PbS，滤液用乙酸乙酯反复萃取。合并萃取液，浓缩。将浓缩液放入冰箱冷藏室静置。析出绿原酸粗品。粗品用水重结晶，可得绿原酸纯品。

(2) 石硫醇法

先将钙盐过滤后将沉淀悬浮于乙醇中，加入 50%硫酸至 pH 值为 3~4，绿原酸钙盐分解，产生硫酸钙沉淀，析出，绿原酸成为游离酸溶于水中。加入 40%的 NaOH 中和至 pH 值 6.5~7，过滤，将滤液浓缩、干燥，得到绿原酸粗品。粗品绿原酸含量一般为 20%~30%，收率较低，为 1%~2%。但粗品中常含有较多的 NaCl。

(3) 超滤膜法

通过调整超滤温度、超滤时间、超滤压力以及膜截留相对分子质量来改变绿原酸的转移率。通常采用超滤温度为 40 ℃、超滤时间为 20 min、超滤压力为 0.36 MPa 以及膜截留相对分子质量为 200 000，即可使绿原酸的转移率最高。超滤膜技术应用于分离纯化杜仲叶中的绿原酸，效果较好，可以在产业化中应用。

(4) 薄层色谱法

先用氯仿脱除杜仲叶粗提物粉末中脂溶性成分，其次进行乙醇超声提取，再经过适当的萃取除去杂质后，经过两次制备薄层色谱的纯化得到纯度较高的绿原酸。此法可使绿原酸纯度达到 92%。该纯化制备的方法直观、简便，对绿原酸的分离效果较好，适合数百毫克级到克级的制备。

复习思考题

1. 木本药用植物在园林中的应用发展状况是什么？
2. 木本药用植物有哪些种类？常见的木本药用植物有哪些？
3. 请阐述草本植物和木本植物的异同。
4. 从植物中依次提取不同极性的成分，对于乙醇、乙酸乙酯、乙醚、水4种溶剂，应采取怎样的提取顺序？说明理由。
5. 提取木本药用植物中有效成分的方法有哪些？

推荐阅读书目

1. 刘春生，2016. 药用植物学［M］. 北京：中国中医药出版社.
2. 郭巧生，2017. 药用植物资源学［M］. 北京：高等教育出版社.
3. 肖培根，陈士林，2021. 中国珍稀药用植物图典［M］. 长沙：湖南科学技术出版社.

参考文献

陈斌,2020. 植物多糖在化妆品中的应用研究进展[J]. 中国野生植物资源,39(4):44-47.
陈冬梅,2011. 林区山野菜干制技术[J]. 现代农业科技(18):359-360.
陈功,王莉,2002. 山野菜保藏储藏与加工[M]. 北京:中国农业出版社.
陈健,戚辉,易燕群,等,2013. 油茶活性成分作为护肤因子在化妆品领域的研究进展[J]. 中国美容医学,22(1):223-225.
陈文田,2018. 红萝卜色素产品异味成分鉴定及控制研究[D]. 无锡:江南大学.
陈曦,赵晨辉,卢明艳,等,2014. 吉林省浆果资源及加工利用[J]. 吉林农业科学,39(4):71-74,79.
陈振超,倪张林,莫润宏,等,2018. 7种木本油料油脂品质综合评价[J]. 中国油脂,43(11):80-85.
崔润丽,李楠,2018. 银杏叶中黄酮类化合物提取方法研究[J]. 山西化工,38(3):4-7,13.
邓小锋,孟宏,李丽,等,2015. 炮制技术在化妆品植物原料开发中的应用[J]. 日用化学工业,45(4):226-229,240.
狄飞达,张驰松,郑亭,等,2019. 桂花功能性成分提取及加工应用进展[J]. 农产品加工(11):75-77.
丁湖广,1986. 综合利用与加工10种根类野生植物药材的采集与加工[J]. 中国野生植物(2):35-37.
董银卯,邓小锋,2016. 化妆品植物原料现状、应用与发展趋势[J]. 轻工学报,31(4):30-38.
范田慧,孙延平,乔威杰,等,2021. 半乳甘露聚糖的提取纯化、结构特征以及应用研究进展[J]. 化学工程师,308(5):46-50.
方文,2003. 药、食用菌发酵茶通过鉴定[J]. 食品与发酵工业,22(3):91.
冯靖,彭效明,李翠清,等,2019. 微波-超声辅助联合提取银杏叶中总黄酮的工艺研究[J]. 食品研究与开发,40(9):68-75.
傅玉成,1992. 杜仲胶记忆材料的性质与应用[J]. 高分子材料科学与工程,8(4):123-126.
傅政,2013. 橡胶材料及工艺学[M]. 北京:化学工业出版社.
高海生,张小军,李育华,等,1998. 绿色山野菜软罐头的生产工艺研究[J]. 食品工业(5):36-37.
郜海燕,徐龙,陈杭君,等,2013. 蓝莓采后品质调控和抗氧化研究进展[J]. 中国食品学报(6):1-8.
巩秋艳,2019. 氧化石墨烯辅助乙醇回流法提取银杏叶黄酮及其机理研究[D]. 合肥:合肥工业大学.
谷婷婷,宋焕玲,丑凌军,等,2020. 油脂加氢催化剂研究进展[J]. 分子催化,34(3):242-251.
郭立玮,2009. 中药分离原理与技术[M]. 北京:人民卫生出版社.
国家药典委员会,2015. 中华人民共和国药典[M]. 北京:中国医药科技出版社.
韩学俭,2004. 五加皮的采收与加工技术[J]. 中国农村科技(4):42.
韩亚兰,刘伟,邓海平,2007. 食用菌的营养保健价值及功能食品的开发[J]. 江西食品工业(4):29-31.
何凤平,雷朝云,范建新,等,2019. 植物精油提取方法、组成成分及功能特性研究进展[J]. 食品工业科技,40(3):307-312,320.
何礼军,王珊崇,杨园园,等,2013. 桂花的育花与贮藏及加工技术[J]. 现代农业科技(17):189-191.
贺近恪,李启基,1997. 林产化学工业全书:第二卷[M]. 北京:中国林业出版社.

侯瑞明，2018. 食用菌的经济价值及其加工利用分析[J]. 农产品加工(5)：74-76.
黄璐瑶，梁鹏，2017. 食用油脂氧化的控制措施研究进展[J]. 食品安全导刊(21)：31.
霍颖，2017. 中国浆果类果品加工副产物综合利用研究综述[J]. 农业工程技术，37(14)：64-66.
姜保本，朱小强，许君莉，等，2006. 山茱萸采收、加工与贮藏技术[J]. 陕西农业科学(3)：152-153.
蒋建新，唐蒙，韩明会，2020. 罗望子木葡聚糖结构、凝胶性质及应用研究进展[J]. 林业工程学报，5(6)：11-19.
蒋建新，张卫明，朱莉伟，等，2001. 半乳甘露聚糖型植物胶的研究进展[J]. 中国野生植物资源，20(4)：1-5.
蒋建新，朱莉伟，安鑫南，等，2006. NMR法研究我国主要植物胶资源的多糖化学结构[J]. 林产化学与工业，26(1)：41-44.
焦安英，李永峰，徐菁利，2008. 天然植物多糖的结构及应用[J]. 中国甜菜糖业(1)：33-35.
金琦，2006. 香料生产工艺学[M]. 北京：中国轻工业出版社.
金青哲，王丽蓉，王兴国，等，2015. 木本油料油脂和饼粕产品开发[J]. 中国油脂，40(2)：1-7.
李春英，赵春建，2012. 植物色素概论[M]. 哈尔滨：黑龙江科学技术出版社.
李文茹，施庆珊，莫翠云，等，2013. 几种典型植物精油的化学成分与其抗菌活性[J]. 微生物学通报，40(11)：2128-2137.
李湘洲，周军，旷春桃，2018. 姜黄资源高值化开发与利用[M]. 北京：化学工业出版社.
李亚东，唐雪东，袁菲，等，2011. 我国小浆果生产现状、问题和发展趋势[J]. 东北农业大学学报，42(1)：1-10.
廖阳，李昌珠，于凌一丹，等，2021. 我国主要木本油料油脂资源研究进展[J]. 中国粮油学报，36(8)：151-160.
刘守伟，蒋欣梅，于锡宏，2007. 哈尔滨市山野菜资源和开发利用探讨[J]. 东北农业大学学报，38(4)：573-576.
刘宇红，琚瑶，2016. 化妆品植物提取物安全风险评估体系建设[J]. 北京日化(2)：23-27.
罗教，杨玉萍，党宗福，2019. 银杏叶总黄酮提取条件研究[J]. 辽宁化工，48(4)：310-312，336.
罗金岳，安鑫南，2005. 植物精油和天然色素加工工艺[M]. 北京：化学工业出版社.
马莺，2009. 野生食用植物资源加工技术[M]. 北京：中国轻工业出版社.
马莺，王振宇，于殿宇，等，2009. 野生食用植物资源加工技术[M]. 北京：轻工业出版社.
美国银胶菊专门小组，1980. 银胶菊——天然胶的另一资源[R]. 海口：华南热带作物研究院情报研究所.
聂谷华，向其柏，2007. 桂花研究现状及其存在的问题[J]. 九江学院学报(3)：85-87，90.
亓希武，陈泽群，房海灵，等，2021. 桃胶水解及脱色工艺研究[J]. 现代园艺，44(11)：44-46.
任多多，江伟，孙印石，等，2022. 果胶的分类、功能及其在食品工业中应用的研究进展[J]. 食品工业科技，43(3)：438-446.
任平，阮祥稳，王冬良，2004. 植物胶的特性及在食品工业中的应用[J]. 食品研究与开发，25(5)：39-44.
任倩倩，孙旭，李楠，等，2021. 化妆品植物原料(I)——在防晒化妆品中的研究与开发[J]. 日用化学工业，51(1)：10-16.
任倩倩，孙旭，吴华，等，2021. 化妆品植物原料(V)——抗氧化活性的植物原料的研究与开发[J]. 日用化学工业，51(9)：817-824.
桑瑜，2021. 发展木本油料产业，保障我国粮油供给安全[J]. 农经(3)：70-75.
单银花，王志祥，张丰，等，2008. 玫瑰精油提取与纯化工艺研究进展[J]. 精细与专用化学品(16)：

15-17.

石丽敏，楼肖成，赵军华，等，2008. 我国野生蔬菜资源的概况及研究现状[J]. 安徽农学通报，14(1)：152-153.

史宏艺，2017. 核桃青皮染色性能及机理研究[D]. 无锡：江南大学.

宋小妹，唐志书，2009. 中药化学成分提取分离制备[M]. 2版. 北京：人民卫生出版社

苏铁，林智熠，侯政杰，等，2021. 木本植物精油研究进展[J]. 世界林业研究，34(4)：61-66.

孙术国，2009. 干制果蔬生产技术[M]. 北京：化学工业出版社.

谭珍媛，邓家刚，张彤，等，2020. 中药厚朴现代药理研究进展[J]. 中国实验方剂学杂志，26(22)：228-234.

陶桂全，1989. 中国野菜图谱[M]. 北京：解放军出版社.

涂行浩，杜丽清，魏芳，等，2019. 我国7种典型热带木本油料加工研究现状[J]. 热带农业科学，39(4)：114-122.

万云洋，杜予民，2007. 漆酶结构与催化机理[J]. 化学通报(9)：662-670.

王承南，2011. 我国木本药用植物开发利用发展思路[J]. 中南林业科技大学学报，31(3)：71-75.

王春霞，2016. 香樟果色素/精油提取及其复合物制备和性能研究[D]. 无锡：江南大学.

王凤菊，2012. 国外生物橡胶资源开发动态[J]. 中国橡胶，28(13)：4-7.

王凤菊，2013. 关于杜仲胶规模化发展的思考[J]. 中国橡胶，29(9)：13-16.

王建新，孙培冬，2012. 化妆品植物原料大全[M]. 北京：中国纺织出版社.

王洁，邹惠玲，夏攀登，等，2019. 植物油脂氧化及其氧化稳定性研究进展[J]. 保鲜与加工，19(4)：207-210.

王丽琼，2009. 果蔬汁加工技术[M]. 北京：中国社会出版社.

王瑞元，2015. 2014年中国油脂油料的市场现状[J]. 粮食与食品工业，22(3)：1-5.

王瑞元，2020. 我国木本油料产业发展现状、问题及建议[J]. 中国油脂，45(2)：1-2.

王淑贞，2009. 果品保鲜贮藏与优质加工新技术[M]. 北京：中国农业出版社.

王霞，2020. 山楂加工产业现状及发展建议[J]. 中国果菜，40(6)：62-64，82.

王晓莉，余汉谋，姜兴涛，2015. 化妆品植物抗敏剂的研究进展[J]. 日用化学品科学，38(10)：16-19.

文连奎，冯永巍，韩安军，等，2006. 速冻果蔬加工制品质量及其控制[J]. 农产品加工(学刊)，61(4)：19-21.

吴清平，吴军林，韦明肯，2004. 食用菌深加工和质量安全技术研究进展[J]. 广东农业科学(6)：72-75.

吴章辉，赵鹏，何大礼，2017. 植物油基生物润滑油脂研究综述[J]. 润滑油，32(5)：1-6.

武艺，胡建忠，韩雪，等，2020. 不同海拔及品种的紫斑牡丹精油成分对比[J]. 北京林业大学学报，42(8)：150-160.

向燕茹，李祖皕，陈建伟，2019. 原桃胶的性质、加工及组分研究与食品、医药应用概况[J]. 食品工业科技，40(19)：321-325.

肖艳辉，何金明，2018. 芳香植物概论[M]. 北京：中国林业出版社.

谢玲，张学俊，季春，等，2021. 杜仲胶提取与规模化生产现状及其产业发展面临的问题[J]. 生物质化学工程，55(4)：34-42.

徐如意，2000. 桂花的采收和储存[J]. 农家科技(8)：32.

徐如意，胡业，1995. 木本药用植物采集方法[J]. 农村经济与技术(12)：34.

薛效贤，薛芹，2005. 鲜果品加工技术及工艺配方[M]. 北京：科学技术文献出版社.

杨海花，2012. 杨梅叶原花色素的研究[D]. 杭州：浙江大学.

杨君，张献忠，高宏建，等，2012. 天然植物精油提取方法研究进展[J]. 中国食物与营养，18(9)：31-35.

杨礼旦，陈应强，杨学成，2021. 贵州台江县野生木本油料植物资源特征分析[J]. 中国油脂，1-15.

易雪平，段鹏飞，何守峰，等，2017. 木本食用油料植物资源及其籽油的研究现状[J]. 中国野生植物资源，36(3)：62-69.

尹丹丹，李珊珊，吴倩，等，2018. 我国6种主要木本油料作物的研究进展[J]. 植物学报，53(1)：110-125.

岳立芝，2019. 发酵技术在化妆品植物资源开发中的应用[J]. 科技创新与应用(33)：171-172.

曾奥，陈元堃，罗振辉，等，2020. 茶籽油不同提取工艺的特点分析及研究进展[J]. 广东药科大学学报，36(1)：151-154.

张蓓蓓，刁婷婷，戴明珠，等，2016. 传统活血类中药的美容药理及其作为植物提取物在现代化妆品中的应用[J]. 中国现代应用药学，33(9)：1221-1226.

张斌，张璐，李沙沙，等，2013. 植物多糖与化妆品的联系[J]. 辽宁中医药大学学报，15(1)：109-111.

张存利，李琰，2000. 我国野菜资源开发利用现状与发展途径[J]. 中国林副特产，53(2)：39-40.

张飞龙，2010. 中国髹漆工艺与漆器保护[M]. 北京：科学出版社.

张复君，张秀省，齐辉，等，2004. 中国野生蔬菜资源与开发利用研究现状[J]. 聊城大学学报(自然科学版)，17(1)：47-50.

张弘，2013. 紫胶红色素提取技术及理化性质研究[D]. 北京：中国林业科学研究院.

张华新，庞小慧，刘涛，等，2006. 我国木本油料植物资源及其开发利用现状[J]. 生物质化学工程(S1)：291-302.

张介驰，2007. 食用菌类调味品的开发[J]. 中国调味品(9)：34-35, 50.

张乐乐，张雯，陈合，等，2021. 魔芋多糖膳食纤维特性及其对糖代谢作用研究[J]. 陕西科技大学学报，39(2)：42-49.

张立群，张继川，王锋，等，2013. 全球天然橡胶发展趋势及我国多元化发展之路[J]. 中国橡胶，29(21)：18-20.

张伟敏，张盛林，钟耕，2005. 魔芋胶与其他重要植物胶功能性质的比较[J]. 中国食品添加剂(6)：66-71.

张星，2021. 蓝莓与蓝靛果复合冻干粉加工贮藏稳定性及产品开发[D]. 北京：中国农业科学院.

张杨洋，朱肖月，仁增措姆，等，2020. 超声辅助酶法提取银杏叶总黄酮的研究[J]. 中国食品添加剂，31(3)：70-75.

张玉锋，王挥，宋菲，等，2018. 棕榈油加工技术研究进展[J]. 粮油食品科技，26(1)：30-34.

张运涛，2003. 树莓和蓝莓香味挥发物的构成及其影响因素[J]. 植物生理学通讯，39(4)：377-379.

张志军，刘西亮，李会珍，等，2011. 植物挥发油提取方法及应用研究进展[J]. 中国粮油学报，26(4)：118-122.

赵恒田，王新华，沈云霞，等，2004. 我国野菜资源人工开发利用及可持续发展[J]. 农业系统科学与综合研究，20(4)：300-302, 305.

赵启铎，贡济宇，高颖，等，2003. 超临界流体萃取技术在中草药成分研究中的应用[J]. 中医药学刊(5)：821-823.

赵斯琪，孟宏，易帆，2019. 计算机辅助药物设计用于化妆品植物源功效原料筛选的建议[J]. 日用化学工业，49(4)：253-258, 274.

赵铁蕊，2015. 中国杜仲产业发展态势、生产效率及优化策略研究[D]. 北京：北京林业大学.

郑红富，廖圣良，范国荣，等，2019. 水蒸气蒸馏提取芳樟精油及其抑菌活性研究[J]. 林产化学与工业，

39(3)：108-114.

钟慧，钟勇，卿朕，等，2015. 2种中药植物提取物抑菌活性初步研究[J]. 河南农业科学，44(9)：64-68.

周艳红，唐静，张川，2018. 响应面法优化超声辅助离子液体提取银杏叶总黄酮[J]. 化学与生物工程，35(10)：36-40.

朱虹，2020. 杜仲橡胶的研究进展[J]. 橡胶科技，18(11)：605-610.

朱建芬，2019. 食用玫瑰高产栽培技术[J]. 农村新技术(12)：11-13.

朱亮锋，吴萍，贾永霞，等，2020. 植物精油[M]. 武汉：华中科技大学出版社.

朱振宝，张亚莉，贾玮，等，2017. 超高效液相色谱-四极杆/静电场轨道离子阱质谱测定植物提取物中的7种合成色素[J]. 食品科学，38(24)：196-201.

祝钧，王昌涛，2009. 化妆品植物学[M]. 北京：中国农业大学出版社.

左青，左晖，2018. 试述我国油脂加工技术进展动态[J]. 粮食与食品工业，25(2)：3-12.

左宋林，2019. 林产化学工艺学[M]. 北京：中国林业出版社.

AGUILERA M P, BELTRAN G, ORTEGA D, et al., 2005. Characterisation of virgin olive oil of Italian olive cultivars: "Frantoio" and "Leccino", grown in Andalusia [J]. Food Chemistry, 89(3): 387-391.

ARVANITOYANNIS I, BLANSHARD J M, KOLOKURIS I, 1992. Crystallization kinetics of native (pure) and commercial gutta percha (transpolyisoprene) and the influence of metal salts, oxides, "thermoplast" and colouring agents on its crystallization rate [J]. Polymer International, 27(4): 297-303.

BA J, GAO Y, XU Q H, et al., 2012. Research Development of Modification of Galactomannan Gums from Plant Resources[J]. Advanced Materials Research, 482: 1628-1631.

BEMILLER J N, WHISTLER R L, 2012. Industrial Gums: polysaccharides and their derivative [M]. Academic Press.

BERTRAND M, 2010. Use of palm oil for frying in comparison with other high-stability oils [J]. European Journal of Lipid Science and Technology, 109(4): 400-409.

BRUMMER Y, CUI W, WANG Q, 2003. Extraction, purification and physicochemical characterization of fenugreek gum[J]. Food Hydrocolloids, 17 (3): 229-236.

CERQUEIRA M A, PINHEIRO A C, SOUZA B, et al., 2009. Extraction, purification and characterization of galactomannans from non-traditional sources [J]. Carbohydrate Polymers, 75 (3): 408-414.

CHATURVEDI T, KUMAR A, 2018. Chemical composition, genetic diversity, antibacterial, antifungal and antioxidant activities of camphor-basil (*Ocimum kilimandscharicum* Guerke) [J]. Industrial Crops and Products, 118: 246-258.

CHEN B, WU Q, LI J, et al., 2020. A novel and green method to synthesize a epoxidized biomass eucommia gum as the nanofiller in the epoxy composite coating with excellent anticorrosive performance [J]. Chemical Engineering Journal, 379: 122323.

CHEN S X, FAN G R, WANG Z D, et al., 2020. A method for extracting *Litsea cubeba* essential oil by rapid flash evaporation [P]. IP Australia, 2020101138

DAUQAN E, ABDULLAH A, 2013. Utilization of gum Arabic for industries and human health [J]. American Journal of Applied Sciences, 10 (10): 1270-1279.

DIMITROVA V, KANEVA M, GALLUCCI T, 2009. Customer knowledge management in the natural cosmetics industry[J]. Industrial Management & Data Systems, 109(8-9): 1155-1165.

DU Y, OSHIMA R, KUMANOTANI J, 1984. Reversed-phase liquid chromatographic separation and identification of constituents of uroshiol in the sap of the lac tree, Rhus vernicifera [J]. Journal of Chromatography,

295: 179.

ERHAN S Z, SHARMA B K, PEREZ J M, et al., 2006. Oxidation and low temperature stability of plant oil-based lubricants [J]. Industrial Crops and Products, 24: 292-299.

GHIFFARI R A, 2016. Development of eucalyptus oil agro-industries in kabupaten buru [J]. Procedia-Social and Behavioral Sciences, 227: 815-823.

HONDA T, LU R, MIYAKOSHI T, 2006. Chrome-free corrosion protective coating based on lacquer hybridized with silicate [J]. Progress in Organic Coatings, 56: 279-284.

HORII Y, TANIDA M, SHEN J, et al., 2010. Effects of Eucommia leaf extracts on autonomic nerves, body temperature, lipolysis, food intake, and body weight [J]. Neuroscience Letters, 479(3): 181-186.

HORII Z I, OZAKI Y, NAGAO K, et al., 1978. Ulmoprenol, a new type C_{30}-polyprenoid from Eucommia ulmoides Oliver[J]. Tetrahedron Letter, 5015-5016.

ISMAN M B, 2000. Plant essential oils for pest and disease management [J]. Crop Protection, 19(8-10): 603-608.

JIAN H L, LIN X J, ZHANG W A, et al., 2014. Characterization of fractional precipitation behavior of galactomannan gums with ethanol and isopropanol[J]. Food Hydrocolloids, 40: 115-121.

JIANG T, GHOSH R, CHARCOSSET C, 2021. Extraction, purification and applications of curcumin from plant materials-A comprehensive review[J]. Trends in Food Science and Technology, 112: 419-430.

JUMAT S, NADIA S, EMAD Y, et al., 2012. Industrial development and applications of plant oils and their biobased oleochemicals [J]. Arabian Journal of Chemistry, 5(2): 135-145.

KALA C P, 2015. Medicinal and aromatic plants: Boon for enterprise development [J]. Journal of Applied Research on Medicinal and Aromatic Plants, 2(4): 134-139.

LI F Z, LU Z L, TIAN D P, 2017. Combined experimental and molecular dynamics simulation study on the miscibility of Eucommia ulmoides gum with several rubbers [J]. Polymer Composites, 25(1): 87-92.

LIAO S L, WANG Z D, LUO H, et al., 2020. A method of extracting *Cinnamomum camphora* essential oil by steam distillation with twice continuous pressure regulations [P]. IP Australia, 2020102533

LIU Y T, LEI F H, HE L, et al., 2020. Comparative study on the monosaccharides of three typical galactomannans hydrolyzed by different methods[J]. Industrial Crops and Products, 157: 112895.

LU C, NAPIER J A, CLEMENTE T E, et al., 2011. New frontiers in oilseed biotechnology: meeting the global demand for vegetable oils for food, feed, biofuel, and industrial applications [J]. Current Opinion in Biotechnology, 22(2): 252-259.

MAHENDRAN G, VERMA S K, RAHMAN L U, 2021. The traditional uses, phytochemistry and pharmacology of spearmint: A review [J]. Journal of Ethnopharmacology, 278: 11426.

MATHUR N K, 2012. Industrial Galactomannan Polysaccharides [M]. Boca Raton: Crc Press.

MATTHÄUS B, 2012. Oil Technology [M]. New York: Springer.

MIRNA A M, MIRTA I, 2016. Recent developments in plant oil based functional materials [J]. Polymer International, 65(1): 28-38

MOHNEN D, 2008. Pectin structure and biosynthesis[J]. Current Opinion in Plant Biology, 11 (3): 266-277.

MUBARAKALI D, THAJUDDIN N, JEGANATHAN K, et al., 2011. Plant extract mediated synthesis of silver and gold nanoparticles and its antibacterial activity against clinically isolated pathogens[J]. Colloids and Surfaces B: Biointerfaces, 85(2): 360-365.

NCUBE B, FINNIE F, STADEN V, 2012. In vitro antimicrobial synergism within plant extract combinations from three South African medicinal bulbs[J]. Journal of Ethnopharmacology, 139(1): 81-89.

OBERLE M, LEWITS P, ENGEMANN J, et al., 2016. Modern direct bioautography for fast screening and characterization of active compounds in plant extracts used in cosmetics[J]. Planta Medica, 81(S 01): S1-S381.

OSHINA R, KUMANOTANI J, 1984. Structural studies of plant gum from sap of the lac tree, Rhu svernicifera [J]. Carbohydrate Research, 127: 43-57.

PARK Y H, 2016. Anti-wrinkle effect of herbal medicine plant and its applications in cosmetics[J]. Journal of the Korean Chemical Society, 60(4): 235-238.

POURMORTAZAVI S M, HAJIMIRSADEGHI S S, 2007. Supercritical fluid extraction in plant essential and volatile oil analysis [J]. Journal of Chromatography A, 1163(1-2): 2-24.

PRAJAPATI V D, JANI G K, MORADIYA N G, et al., 2013. Galactomannan: A versatile biodegradable seed polysaccharide [J]. International Journal of Biological Macromolecules, 60(9): 83-92.

QIANG Z, SU Y, ZHANG J, 2013. Seasonal difference in antioxidant capacity and active compounds contents of *Eucommia ulmoides* oliver leaf [J]. Molecules, 18(2): 1857-1868.

RYAN E, GALVIN K, O'CONNOR T P, et al., 2006. Fatty acid profile, tocopherol, squalene and phytosterol content of brazil, pecan, pine, pistachio and cashew nuts [J]. International Journal of Food Sciences And Nutrition, 57: 219-228.

SAHA S, ENUGUTTI B, RAJAKUMARI S, et al., 2006. Cytosolic triacylglycerol biosynthetic pathway in oilseeds, molecular cloning and expression of peanut cytosolic diacylglycerol acyltransferase [J]. Plant Physiology, 141: 1533-1543.

SARGENTI S R, LANÇAS F M, 1997. Supercritical fluid extraction of Cymbopogon citratus (DC.) Stapf [J]. Chromatographia, 46(5-6): 285-290.

STANCIU G, OANCEA A, OANCEA E, et al., 2017. Evaluation of antioxidant capacity for some wild plant extracts used in cosmetics[J]. Revue Roumaine De Chimie, 62(6-7): 553-558, 458.

SUN M, LI Y, WANG T, et al., 2018. Isolation, fine structure and morphology studies of galactomannan from endosperm of *Gleditsia japonica* var. *delavayi* [J]. Carbohydrate Polymers, 184: 127-134.

SUNDARAM U M, ZHANG H H, HEDMAN B, et al., 1997. Spectroscopic investigation of peroxide binding to the trinuclear copper cluster site in laccase: correlation with the peroxy-level intermediate and relevance to catalysis [J]. Journal of American Chemical Society, 119: 12525-12540.

TAN J, HUI I, SHAO X, et al., 2015. Determination of 17 characteristic ingredients of plant extracts in hair growth cosmetics by ultra high performance liquid chromatography[J]. Chinese Journal of Analytical Chemistry, 43(1): 110-114.

TERADA T, ODA K, OYABU H, et al., 1999. Lacquer—the Science and Practice [M]. Tokyo: Rikou Publisher.

TREHAN S, MICHNIAK-KOHN B, BERI K, 2017. Plant stem cells in cosmetics: current trends and future directions[J]. Future Science Oa, 3(4): FSO226.

UGBOGU O C, EMMANUEL O, AGI G O, et al., 2021. A review on the traditional uses, phytochemistry, and pharmacological activities of clove basil (*Ocimum gratissimum* L.) [J]. Heliyon, 7(11): e08404.

VALDERRAMA F, RUIZ F, 2018. An optimal control approach to steam distillation of essential oils from aromatic plants [J]. Computers & Chemical Engineering, 117: 25-31.

XU W, LIU Y T, ZHANG F L, et al., 2020. Physicochemical characterization of *Gleditsia triacanthos* galactomannan during deposition and maturation [J]. International journal of biological macromolecules, 144:

821-828.

XU Z G, CAO Z R, YAO H R, et al., 2021. The physicochemical properties and fatty acid composition of two new woody oil resources: *Camellia hainanica* seed oil and *Camellia sinensis* seed oil [J]. CYTA-Journal of Food, 19(1): 208-211.

YADAV H, MAITI S, 2020. Research progress in galactomannan-based nanomaterials: Synthesis and application[J]. International Journal of Biological Macromolecules, 163: 2113-2126.

YARKENT A, GÜRLEK C, Oncel S S, 2020. Potential of microalgal compounds in trending natural cosmetics: a review[J]. Sustainable Chemistry and Pharmacy, 17: 100304.

YEOMANS M, 2014. Natural cosmetics demand pushing pomegranate popularity in Asia[J]. Indian Perfumer, 58(3): 10-11.

ZHANG X J, CHENG C, ZHANG M M, et al., 2008. Effect of alkali and enzymatic pretreatments of Eucommia ulmoides leaves and barks on the extraction of gutta percha [J]. Journal of Agricultural & Food Chemistry, 56 (19): 8936-8943.